Mein Mathematikbuch

5|6

Volk und Wissen Verlag

Herausgeberin: Dr. Christina Zühlke
Illustrationen: Barbara Schumann

Autoren: Astrid Reichelt, Birgit Schlabitz, Dr. Christina Zühlke
Berater für den Geometrieteil: Dieter Schmidt

Der Inhalt des Werkes folgt der reformierten Rechtschreibung
und Zeichensetzung.
Währungsangaben erfolgen in Euro.

Bildnachweis
Fotos: Gerd Schnürer/Ullstein Bilderdienst (44); Hans Joachim Boldt, Berlin (47 o.);
Deutsche Bahn AG (47 Mitte l.); Werkfoto, Frankfurter Flughafen GmbH (47 Mitte r.);
Bernd Ducke/Superbild, Berlin (47 u.); Archiv vwv (133)
Geometrische Darstellungen: Karl-Heinz Wieland, Berlin (48 o.)

Umweltschonendes Papier chlorfrei

ISBN 3-06-009503-5

1. Auflage
5 4 3 2 1 / 05 04 03 02 01
Alle Drucke dieser Auflage sind im Unterricht parallel nutzbar.
Die letzte Zahl bedeutet das Jahr dieses Druckes.

Printed in Germany
Redaktion: Ursula Höthe
Typografische Gestaltung: Marina Goldberg
Umschlag: atelier vwv, unter Verwendung
eines Originals von Barbara Schumann
Repro: deutsch-türkischer fotosatz, Berlin
Druck und Binden: Druckhaus Berlin-Mitte

Inhalt

Wiederholung im Zahlenraum bis 100

Der Zahlenraum bis 1 000

Addieren und Subtrahieren

Geometrie

Addieren und Subtrahieren

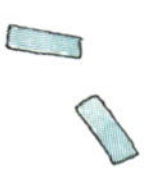

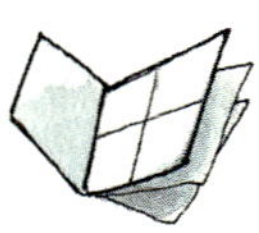

Multiplizieren und Dividieren

Der Zahlenraum bis 10 000

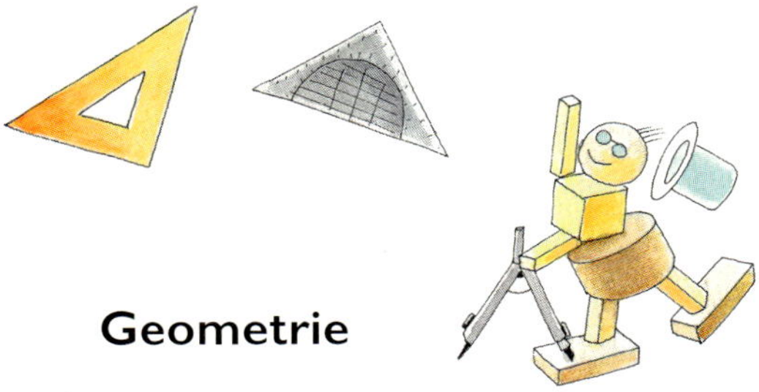

Geometrie

Multiplizieren und Dividieren

Mit ✳ gekennzeichnete Seiten: Einführung/Wiederholung von Einheiten in Übungen mit Größen.

Wiederholung im Zahlenraum bis 100

Die Zahlen bis 100

1	2	3		5	6	7	8		10
11	12		14	15	16	17	18	19	
21	22	23	24	25	26	27	28	29	30
	32	33	34		36	37	38	39	40
41	42	43	44	45	46		48	49	50
51			54	55	56	57	58	59	60
61	62	63	64	65		67	68	69	70
71	72	73	74	75		77	78	79	
81	82	83		85	86	87	88	89	90
	92	93	94	95	96	97		99	100

1 Schreibe die fehlenden Zahlen in dein Heft!

2 Nenne Vorgänger und Nachfolger von 16, 27, 49, 54, 80, 91!
Schreibe so: 24, <u>25</u>, 26

3 Zähle vorwärts von 77 bis 86!

4 Zähle rückwärts von 63 bis 55!

5 < = > ? Vergleiche! Lege auch mit Rechengeld!

23 ● 36	94 ● 97	52 ● 25	89 ● 58	45 ● 56	37 ● 25
41 ● 14	63 ● 83	43 ● 34	73 ● 92	82 ● 82	95 ● 93

6 Ordne! Beginne mit der kleinsten Zahl!
a 94, 12, 77, 31, 45, 29
b 17, 66, 9, 83, 52, 73

7 Gerade und ungerade Zahlen
a Suche alle geraden Zahlen zwischen 45 und 55 heraus!
b Suche alle ungeraden Zahlen zwischen 26 und 36 heraus!

8 ★ Schreibe die Zahlen heraus, die auf den Diagonalen liegen!
Untersuche die Folgen! Was stellst du fest?

a
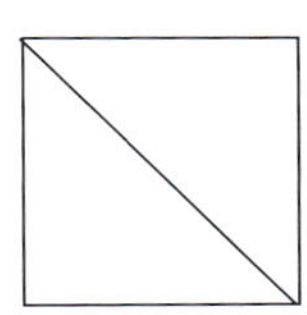

b
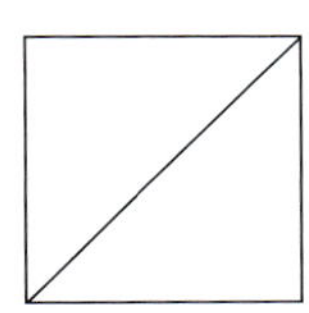

Wir bilden Zahlwörter:

1 Schreibe die Zahlen in dein Heft!
siebenunddreißig, neunundneunzig, achtzehn, sechsundzwanzig, einhundert, zweiundzwanzig, einundachtzig, fünfzehn

2 Diktiert euch die Zahlen gegenseitig! 44, 65, 56, 13, 31, 45, 54

3 **a** Zerlege die Zahlen aus Aufgabe **1** und **2** in Zehner und Einer!
Beispiel: 76 = 7 Z + 6 E

b Trage die Zahlen aus Aufgabe **1** und **2** in die Stellentafel ein!
Suche mit deiner Partnerin/deinem Partner weitere Zahlen und bilde die Zahlwörter!

H	Z	E

4 Feriengeschichten

a Sybille und Frank waren mit ihren Eltern im Urlaub.
Beim Kauf der Fahrkarten schrieb die Mutter einen Scheck aus.
Schreibe den Geldbetrag als Zahl auf!

b 64 Jungen und 46 Mädchen waren im Sommer im Trainingslager. 42 Kinder trainierten Kunstturnen, 33 Kinder trainierten Akrobatik und 35 Kinder gehörten zur Gruppe der Eiskunstläufer.
Ordne nach der Größe der Gruppen!

c Peter war in den Ferien 21 Tage verreist. Sabines Reise mit den Eltern dauerte 17 Tage. Stefan erzählt, dass er 12 Tage mit seinen Eltern verreist und 13 Tage im Ferienlager war.
Wie lange war Stefan insgesamt verreist?
Wer war am längsten verreist? Ordne!

Addieren und Subtrahieren

Sabine hat während der Ferienreise einen Wetterkalender geführt. An 9 Tagen war schönes Wetter und an 8 Tagen hat es geregnet.
Wie lange war Sabine verreist?

9 + 8 = 17	17 − 8 = 9
9 + 1 + 7	17 − 7 − 1

Formuliere einen Antwortsatz!
Bilde eine Sachaufgabe zur Subtraktionsaufgabe!

1

a	b	c	d
3 + 9	10 + 9	12 − 4	20 − 7
6 + 6	17 + 3	11 − 6	16 − 6
5 + 8	11 + 6	18 − 9	18 − 5

2 Tauschaufgaben – Umkehraufgaben

9 + 5	14 − 5
5 + 9	14 − 9

Bilde immer 4 Gleichungen! 7, 9, 16 | 13, 8, 5 | 11, 9, 20 | 15, 9, 6

3 Ergänze die fehlenden Summanden!

a	b	c
12 = 6 + ☐	20 = ☐ + 10	16 = ☐ + 8
13 = 6 + ☐	19 = ☐ + 7	11 = 4 + ☐
14 = 6 + ☐	15 = ☐ + 5	14 = ☐ + 9

4

a	b	c	d	e
24 + 4	79 − 7	42 —☐→ 48	60 —(−4)→ ☐	75 —(−5)→ ☐
88 + 2	98 − 8	39 —☐→ 35	50 —(−0)→ ☐	19 —(+1)→ ☐
54 + 0	45 − 1	57 —☐→ 51	100 —(−8)→ ☐	26 —(−6)→ ☐

5 Im Sportverein

a 21 Mädchen im Alter von 12 Jahren haben bisher Volleyball gespielt.
7 Mädchen sind nun noch dazugekommen.
Bilde selbst eine Frage und löse die Aufgabe!

b Bei den Fußballern sind von 38 Jungen 7 Jungen weggegangen, 5 sind neu dazugekommen.
Wie viele Jungen trainieren nun Fußball?

1 a 34 + 6, 99 + 1, 62 + 8
b 95 − 5, 47 − 7, 72 − 2
c 55 + 4, 55 + 5, 55 + 6
d 34 − 3, 34 − 4, 34 − 5

55 —(+ 6)→ □
55 —(+ 5)→ □ —(+ 1)→ □

2 a 65 + 8, 27 + 9, 74 + 7, 26 + 5
b 87 − 8, 52 − 3, 64 − 7, 33 − 6
c 96 − 7, 39 + 2, 41 − 8, 49 + 3
d 21 = 18 + □, 54 = 46 + □, 45 = □ + 6, 32 = □ + 9

34 —(− 6)→ □
34 —(− 4)→ □ —(− 2)→ □

Addieren				
79	+	6	=	85
Summand		Summand		Summe

Subtrahieren				
58	−	30	=	28
Minuend		Subtrahend		Differenz

3 Im Parkhaus

a Parkdeck A hat 84 Plätze.
9 Plätze sind noch frei.
Wie viele Plätze sind besetzt?

b Von den 64 Plätzen im Parkdeck C sind um 16 Uhr noch 58 belegt.
Wie viele Plätze sind frei?

★ c Im Parkdeck B sind um 11 Uhr alle 54 Plätze besetzt.
Bis 12 Uhr fahren 8 Autos weg und 6 Autos hinein.
Wie viele Plätze sind um 12 Uhr besetzt?

4 a 67 —(+ 8)→ □; 28 —(− 9)→ □
b 44 —(− 5)→ □; 17 —(+ 8)→ □
c 89 —(□)→ 93; 71 —(□)→ 64
d 33 —(□)→ 27; 56 —(□)→ 47

5 a 20 + 50, 40 − 40, 100 − 60
b 40 + 40, 10 + 60, 90 − 70
c 27 + 40, 66 − 30, 51 − 50
d 45 = 25 + □, 96 = 56 + □, 59 = □ + 50
e 44 − □ = 24, 99 − □ = 89, 61 − □ = 21

6 Bilde immer 4 Gleichungen!

30, 40, 70 | 20, 80, 100 | 10, 40, 50 | 60, 90, 30 | 10, 100, 90

1
a 25 + 4 | 25 + 14 | 25 + 44
b 37 + 3 | 37 + 13 | 37 + 23
c 52 + 8 | 52 + 18 | 52 + 38
d 77 − 6 | 77 − 16 | 77 − 56
e 94 − 4 | 94 − 14 | 94 − 74

37 + 29 = 66
37 + 20 + 9

Wir addieren schrittweise.
Dazu zerlegen wir den 2. Summanden.

66 − 29 = 37
66 − 20 − 9

Wir subtrahieren schrittweise.
Dazu zerlegen wir den Subtrahenden.

Schreibe so:

37 + 29
37 + 20 = 57
57 + 9 = 66
37 + 29 = 66

66 − 29
66 − 20 = 46
46 − 9 = 37
66 − 29 = 37

oder so:

37 —(+ 29)→ 66; 37 —(+ 20)→ 57; 57 —(+ 9)→ 66

66 —(− 29)→ 37; 66 —(− 20)→ 46; 46 —(− 9)→ 37

2 Lege mit Rechengeld! Schreibe die Gleichungen!

a 28 Euro sind in der Geldbörse.
19 Euro werden dazugelegt.

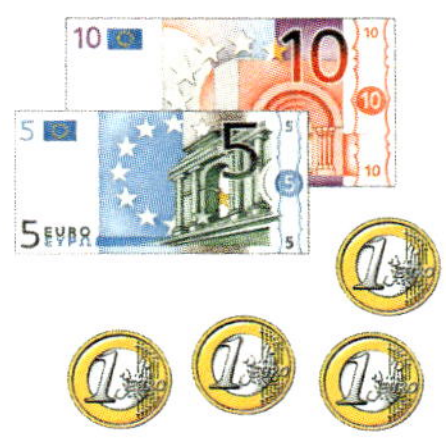

b 47 Euro sind in der Geldbörse.
19 Euro werden herausgenommen.

3 Rechne! Entscheide selbst, wie viele Rechenschritte du aufschreibst!

a 56 + 12 | 36 + 21 | 23 + 68 | 44 + 49
b 43 − 32 | 95 − 37 | 56 − 29 | 69 − 69
c 16 —(+ 35)→ ▢ | 42 —(+ 49)→ ▢ | 67 —(+ 24)→ ▢
d 73 —(− 48)→ ▢ | 84 —(− 37)→ ▢ | 61 —(− 56)→ ▢
e★ 36 —( )→ 72 | 54 —( )→ 27 | 92 —( )→ 46

4 Eine Jugendherberge hat 70 Plätze.
Berechne, wie viele Plätze reserviert und wie viele Plätze noch frei sind!
Lege dazu eine Tabelle an!

Datum	Gruppe	Plätze: reserviert	frei
5.-9.10.	Erfurt	25	
	Köln	33	

a Vom 5. bis 9. 10. sind 25 Plätze für eine Gruppe aus Erfurt und 33 Plätze für eine Gruppe aus Köln reserviert.

b Vom 22. bis 26. Oktober kommen zwei Gruppen mit jeweils 34 Gästen aus Berlin.

c★ Vom 1. bis zum 5. 11. sind 18 Plätze für eine Gruppe aus Dresden, 22 Plätze für eine Gruppe aus Hof und 26 Plätze für eine Gruppe aus Rostock reserviert.

1 In jeder Tabelle sind 9 Aufgaben.

+	25	36	48
24			
12			
51			

–	27	44	35
87			
44			
69			

2 Im Fußballstadion

a Peter kauft eine Karte zu 18 Euro. Stefan bezahlt für seine Karte 28 Euro. Wie viel kosten beide Karten zusammen? Berechne auch den Unterschied!

b Elke kauft 2 Karten zu je 21 Euro. Wie viel muss sie bezahlen?

c Herr Schmidt möchte 3 Karten zu je 28 Euro haben.

d Bilde weitere Aufgaben!

> 8 + 55 = 63   55 + 8 = 63
>
> Summanden kann man vertauschen, die Summe bleibt gleich.

3 Überlege zuerst, wie du am leichtesten rechnen kannst!

a
3 + 19
6 + 51
17 + 33
23 + 58
4 + 26

b
5 + 28
11 + 77
9 + 46
27 + 44
2 + 98

4 ★ Rechne vorteilhaft!

56 + 12 + 4

Beispiel: 56 + 4 = 60
60 + 12 = 72

a
36 + 19 + 4
34 + 7 + 33
92 − 31 − 12
66 + 18 − 6

b
5 + 22 + 45
65 − 15 − 8
29 − 9 − 18
49 − 10 + 1

5 Sammler

a Stefan hat 36 Autohefte gesammelt. Peter hat 15 Hefte mehr als Stefan. Uwe besitzt 19 weniger als Peter. Wie viele Autohefte hat jeder Junge? Rechne und ordne dann!

b Die Mädchen sammeln Karten von Promis. Antje hat 51 Karten gesammelt. Kerstin hat 25 Karten von Sportlern und 36 Karten von Sängern. Grit hat 7 Karten weniger als Kerstin. Wie viele Karten hat jedes Kind? Rechne und ordne dann!

Multiplizieren und Dividieren

In einer Packung sind 6 Faserstifte.
Wie viele Faserstifte sind in 4 Packungen?

6 + 6 + 6 + 6 = 24

4 · 6 = 24

Multiplizieren

4	·	6	=	24
Faktor		Faktor		Produkt

1

a	b	c	d	e	f
2 · 6	3 · 9	4 · 5	4 · 4	2 · 8	3 · 7
9 · 6	5 · 9	7 · 5	8 · 4	5 · 8	6 · 7
5 · 6	2 · 9	9 · 5	2 · 4	8 · 8	8 · 7

Petra und Uwe legen Plättchen.

Petra legt so:

3 · 4 = 12

Uwe legt so:

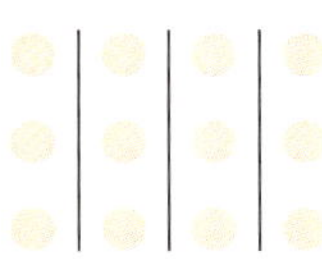

4 · 3 = 12

2 Male Punktbilder und rechne!

3 · 5 = ▒	5 · 3 = ▒
9 · 2 = ▒	2 · 9 = ▒
4 · 6 = ▒	6 · 4 = ▒

Faktoren kann man vertauschen. Das Produkt bleibt gleich.

3 Rechne zu jeder Aufgabe auch die Tauschaufgabe!

a	b	c	d	e	f
2 · 5	7 · 3	4 · 7	4 · 2	2 · 6	3 · 8
9 · 5	2 · 3	2 · 7	9 · 2	8 · 6	5 · 8
6 · 5	9 · 3	5 · 7	3 · 2	4 · 6	7 · 8

4 Vertausche die Faktoren, wenn du das Ergebnis dadurch leichter findest!

2 · 7	3 · 9	5 · 9	6 · 4	8 · 4
3 · 2	6 · 3	6 · 5	3 · 6	4 · 7
2 · 6	3 · 7	5 · 7	6 · 5	4 · 5
9 · 2	8 · 3	3 · 5	7 · 6	4 · 10

Gerd verteilt an seine drei Freunde 12 Schokotaler.
Wie viele Schokotaler bekommt jeder?

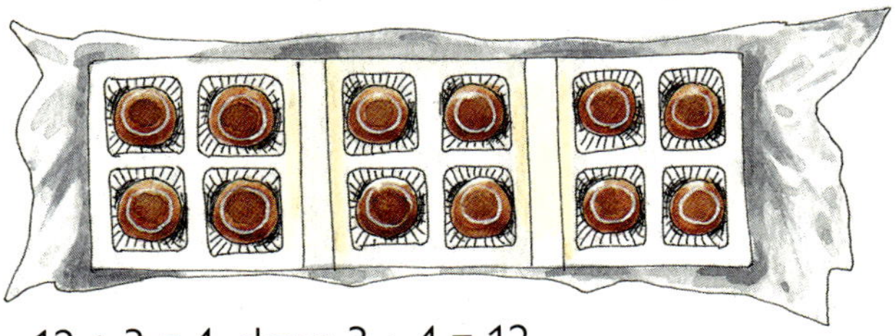

12 : 3 = 4, denn 3 · 4 = 12

Dividieren

12	:	3	=	4
Dividend		Divisor		Quotient

1 Ute leert eine Bonbontüte. 18 Bonbons liegen auf dem Tisch.

a Sie möchte jedem Kind 3 Bonbons schenken.
Wie viele Kinder bekommen Bonbons?
Zeichne ein Bild zur Aufgabe! Bilde die Aufgabe und löse sie!

b Wie vielen Kindern kann Ute Bonbons schenken,
wenn jedes 2 (6, 9) Bonbons bekommt?

2 In wie viele gleiche Teile wurden die Plättchen geteilt?
Schreibe zu jedem Bild die Aufgabe und löse sie!

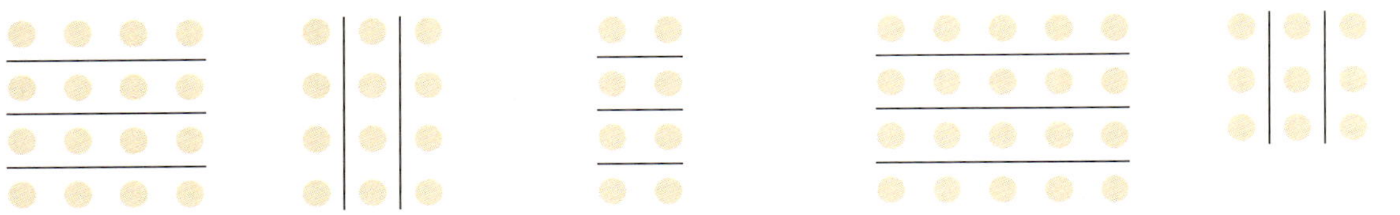

16 : ▢ = ▢   12 : ▢ = ▢   8 : ▢ = ▢   20 : ▢ = ▢   9 : ▢ = ▢

3 Lege 30 Plättchen! In jeder Reihe sollen 5 (10, 3, 6) Plättchen liegen.
Zeichne ein Bild zu jeder Aufgabe! Schreibe die Aufgaben und löse sie!

4 Lege 18 (15, 21, 24) Plättchen! Teile die Mengen in 3 gleich große Teile!
Schreibe die Aufgaben und löse sie!

5 Zeichne Punktbilder zu den Aufgaben!

a 15 : 5   15 : 3   **b** 14 : 7   14 : 2   **c** 18 : 6   18 : 3

6

a	b	c	d	e	f
12 : 2	12 : 3	12 : 4	12 : 6	28 : 7	24 : 6
20 : 10	20 : 2	20 : 4	20 : 5	24 : 8	24 : 4
27 : 9	45 : 5	40 : 8	35 : 7	72 : 9	56 : 7

In einer Gaststätte wird eine Feier für 28 Personen vorbereitet. An jedem Tisch können 4 Personen sitzen. Wie viele Tische müssen eingedeckt werden?

Stefan bildet die Aufgabe 28 : 4 und rechnet so:

Ich weiß: 4 · 7 = 28
also ist 28 : 4 = 7

Antwortsatz: 7 Tische müssen eingedeckt werden.

Divisionsaufgaben kann man über die Umkehraufgabe lösen.

1 Bilde immer vier Aufgaben und löse sie!

Beispiel:

42 → 6, 7

42 = 6 · 7
42 = 7 · 6
42 : 6 = 7
42 : 7 = 6

40 → 5, ☐ 32 → 8, ☐ 63 → 9, ☐ 56 → 7, ☐ 24 → 4, ☐

2 Suche dir 4 Zahlen aus! Schreibe die Multiplikations- und die Divisionsaufgaben dazu in dein Heft!

Beispiel: 20

20 = 5 · 4
20 = 4 · 5
20 : 5 = 4
20 : 4 = 5

63 18 42 24 32 30

3 Finde Teiler zu den Zahlen! Für jeden Teiler steht ein Kästchen.

Beispiel: 12: 2, 3, 4, 6

16: ☐ ☐ ☐ 21: ☐ ☐ 24: ☐ ☐ ☐ ☐ 25: ☐ 36: ☐ ☐ ☐

4 Rechne und kontrolliere! *Beispiel:* 40 : 8 = 5, denn 8 · 5 = 40

a	b	c	d	e	f
21 : 7	35 : 5	18 : 3	72 : 9	30 : 6	81 : 9
64 : 8	40 : 8	70 : 7	27 : 3	12 : 2	63 : 7
28 : 7	24 : 3	100 : 10	9 : 3	54 : 6	72 : 8

5

a	b	c	d	e
6 · ☐ = 42	81 = 9 · ☐	16 : 4	20 : ☐ = 5	☐ : 5 = 9
5 · ☐ = 25	64 = 8 · ☐	21 : 3	15 : ☐ = 3	☐ : 7 = 9
3 · ☐ = 6	42 = 6 · ☐	45 : 9	25 : ☐ = 5	☐ : 6 = 9

Rechnen mit Größen

1 Herr Schneider verkauft Luftballons.

a Katja kauft 4 Luftballons.
Wie viel bezahlt sie dafür?

b Maik hat 30 Cent.
Wie viele Luftballons kann er kaufen?

2 Susi und Andre haben je 45 Euro gespart.
Susi gibt von ihrem Gesparten 9 Euro aus.
Wie viel Geld haben beide noch?

3 Frau Schubert kauft ein. Sie bezahlt 35 Euro.
Wie viel Euro bekommt sie zurück, wenn sie mit einem 50-Euro-Schein bezahlt?

4 Klaus war drei Wochen an der Ostsee.
Wie viele Tage waren das?

5 **a** Ordne folgende Längen! Beginne mit der kleinsten Länge!
30 cm, 42 cm, 98 cm, 53 cm, 64 cm

b Ergänze nun immer bis 100 cm!
Beispiel: 30 cm + ▒ cm = 100 cm

6 Berechne die Länge der folgenden Strecken!
Prüfe: Welche Strecken kannst du in dein Heft zeichnen?

a 40 m + 13 m	**b** 4 · 6 m	**c** 23 m + 70 m	**d** 97 mm − 96 mm
80 m + 18 m	5 · 5 m	8 m + 9 m	7 · 9 mm
72 mm − 20 mm	9 · 8 mm	54 cm − 32 cm	76 cm − 67 cm

7 Kai zersägt ein 60 cm langes Stück Holz in 6-cm-Stücke.
Wie viele Holzstücke erhält er?

8 Während der Ferien war Ines 14 Tage verreist und Jana 2 Wochen.
Wer war länger verreist?

9 Welcher Walkman ist am billigsten?

a Ordne! Beginne mit dem niedrigsten Preis!

b Welche Geräte kosten weniger als 50 Euro?

Der Zahlenraum bis 1000

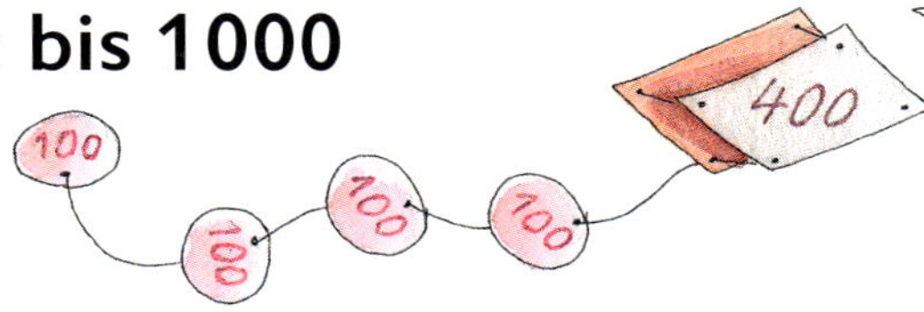

Die Zahlen bis 100

1	2	3	4	5	6	7	8	9	10
11	12	13	14	15	16	17	18	19	20
21	22	23	24	25	26	27	28	29	30
31	32	33	34	35	36	37	38	39	40
41	42	43	44	45	46	47	48	49	50
51	52	53	54	55	56	57	58	59	60
61	62	63	64	65	66	67	68	69	70
71	72	73	74	75	76	77	78	79	80
81	82	83	84	85	86	87	88	89	90
91	92	93	94	95	96	97	98	99	100

Vielfache von 10

1 · 10 = 10
2 · 10 = 20
3 · 10 = 30
4 · 10 = 40
5 · 10 = 50
6 · 10 = 60
7 · 10 = 70
8 · 10 = 80
9 · 10 = 90
10 · 10 = 100

Stellentafel

Z	E
4	0

Zahl: 40

Zahlwort:
vierzig

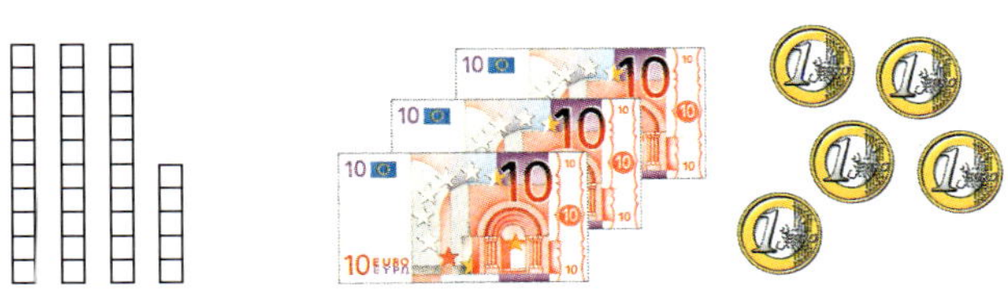

Stellentafel

Z	E
3	5

Zahl: 35

Zahlwort:
fünfunddreißig

In der Hundertertafel stehen neun **einstellige** Zahlen, neunzig **zweistellige** Zahlen und eine **dreistellige** Zahl.

1 Schreibe die Zahlen in dein Heft! Schreibe so: 2 Z + 9 E = 29

3 Z + 6 E	4 Z + 5 E	0 Z + 8 E	2 Z + 9 E	7 Z + 0 E
8 Z + 8 E	5 Z + 4 E	5 Z + 1 E	0 Z + 0 E	6 Z + 3 E

2 Zerlege die Zahlen in Zehner und Einer! Schreibe so: 72 = 7 Z + 2 E
66, 31, 80, 47, 95, 78, 44, 23

Dreistellige Zahlen

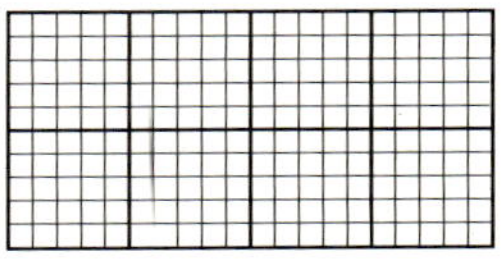

H	Z	E
2	0	0

200
zweihundert

100 + 100 = 200
2 · 100 = 200

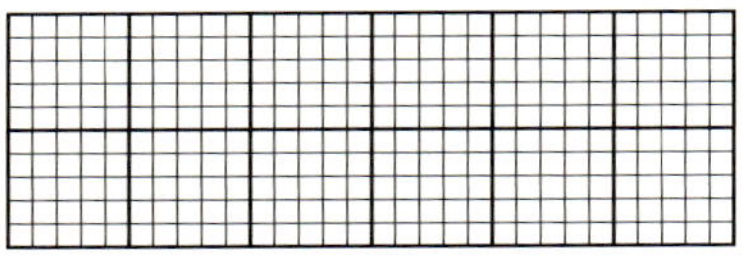

H	Z	E
3	0	0

300
dreihundert

100 + 100 + 100 = 300
3 · 100 = 300

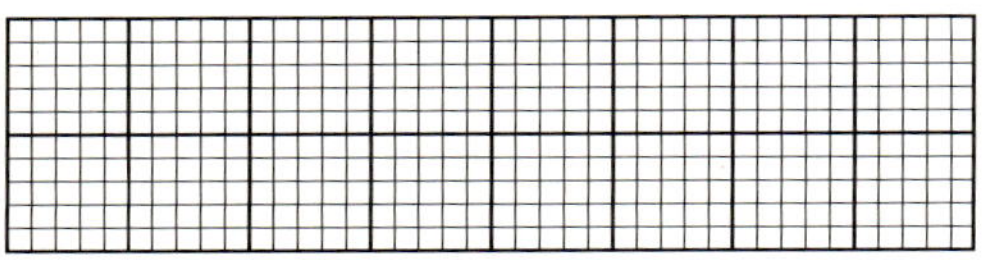

H	Z	E
4	0	0

400
vierhundert

100 + 100 + 100 + 100 = 400
1 H + 1 H + 1 H + 1 H = 400
4 · 100 = 400

Bilde weitere Hunderterzahlen! Lege mit Rechengeld!

Vielfache von 100 sind: 100, 200, 300, 400, 500, 600, 700, 800, 900, 1 000.

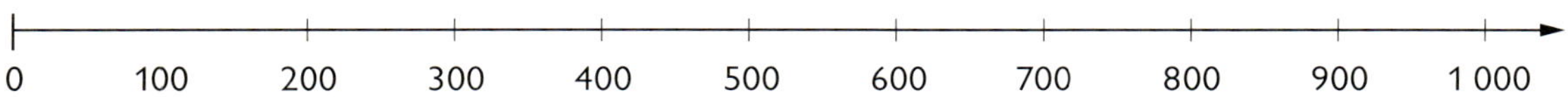

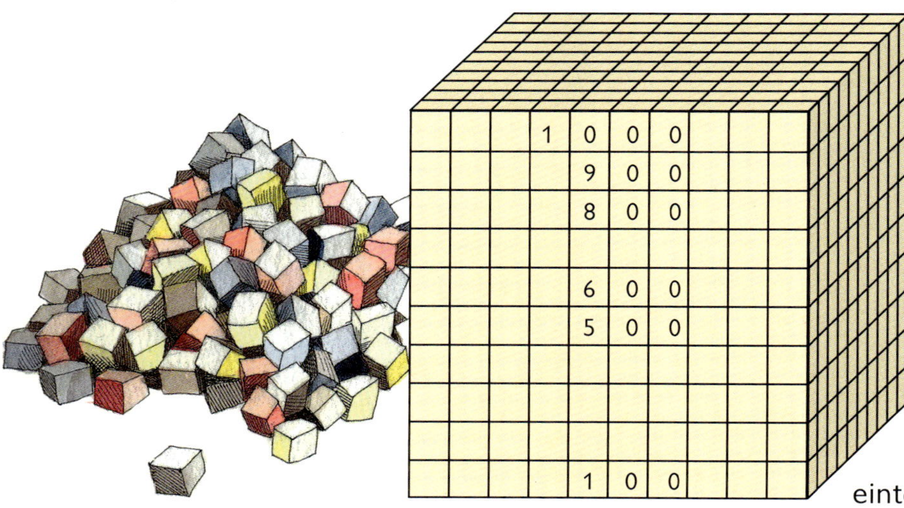

1 · 100 = 100
2 · 100 = 200
3 · 100 = 300
4 · 100 =
5 · 100 = 500
6 · 100 = 600
7 · 100 =
8 · 100 = 800
9 · 100 =
10 · 100 = 1000

eintausend Würfel

1 Rechne!

a	b	c	d
100 + 100	600 − 100	400 + 200	1 000 − 400
700 + 100	1 000 − 100	300 + 600	1 000 − 200
400 + 100	100 − 100	100 + 800	1 000 − 500
900 + 100	400 − 100	500 + 300	1 000 − 900

2 Ergänze!

a	b	c	d
400 + □ = 800	800 − □ = 200	3 H + □ = 7 H	6 H + □ = 7 H
200 + □ = 700	400 − □ = 100	7 H − □ = 1 H	6 H − □ = 4 H
500 + □ = 500	900 − □ = 600	8 H − □ = 3 H	5 H + □ = 9 H

3 Ergänze die fehlenden Faktoren!

a	b	c	d
700 = □ · 100	□ · 100 = 100	5 · □ = 500	500 = □ · 100
100 = □ · 100	□ · 100 = 300	7 · □ = 700	□ · 100 = 200
1000 = □ · 100	□ · 100 = 900	1 · □ = 100	9 · □ = 900

4 Vergleiche!

a	b	c	d
600 ○ 500	700 ○ 800	60 ○ 600	70 ○ 7
200 ○ 300	100 ○ 900	400 ○ 40	500 ○ 90
20 ○ 100	100 ○ 1 000	30 ○ 300	100 ○ 10

5 Ordne! Beginne mit der kleinsten Zahl!
300, 600, 100, 200, 1 000

6 Ordne! Beginne mit der größten Zahl!
500, 50, 70, 900, 400

7 Schreibe die Zahlen in eine Stellentafel!
vierhundert, eintausend, siebenhundert, neunzig, zehn, dreihundert, fünfzig, einhundert

8 Am Kiosk

a Von der Zeitschrift „Fernsehen – ganz aktuell“ werden 5 Bündel geliefert. In einem Bündel sind 100 Zeitschriften. Wie viele Zeitschriften können verkauft werden?

b Von „Fernsehen rund um die Uhr“ bekommt der Kiosk 200 Zeitschriften weniger als von „Fernsehen – ganz aktuell“. Wie viele Zeitschriften werden geliefert?

c Die Zeitung „Immer aktuell“ wird täglich 100-mal verkauft. Wie viele werden in einer Woche verkauft?

100 + 20 = 120

H	Z	E
1	2	0

120

einhundertzwanzig

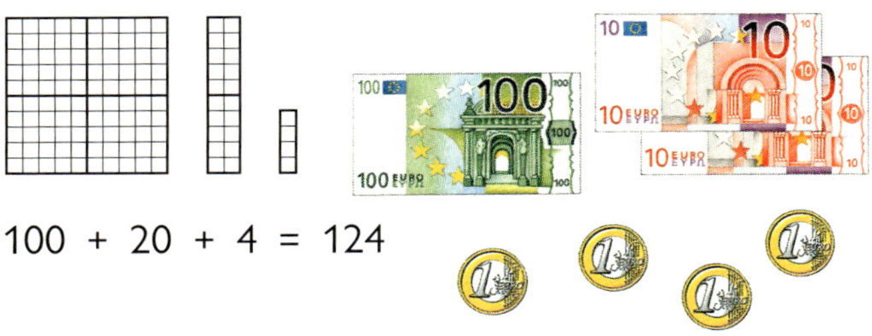

100 + 20 + 4 = 124

H	Z	E
1	2	4

124

einhundert-
vierundzwanzig

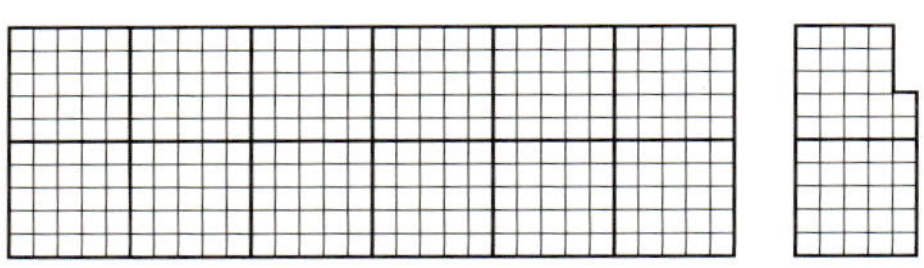

300 + 40 + 7 = 347

3 H + 4 Z + 7 E = 347

$3 \cdot 100 + 4 \cdot 10 + 7 \cdot 1 = 347$

H	Z	E
3	4	7

347

dreihundert-
siebenundvierzig

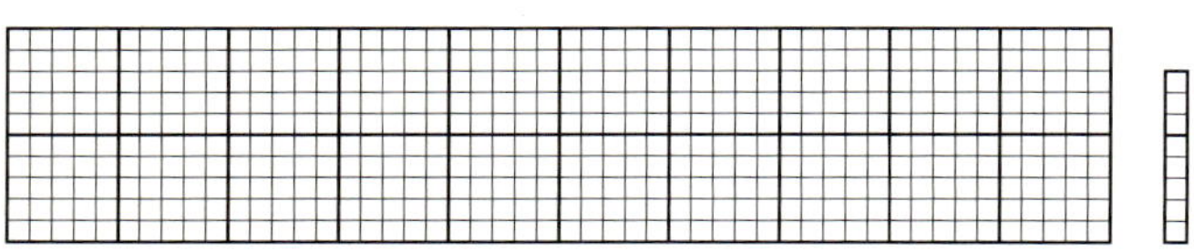

H	Z	E
5	0	8

508

fünfhundertacht

500 + 8 = 508

5 H + 8 E = 508

$5 \cdot 100 + 8 \cdot 1 = 508$

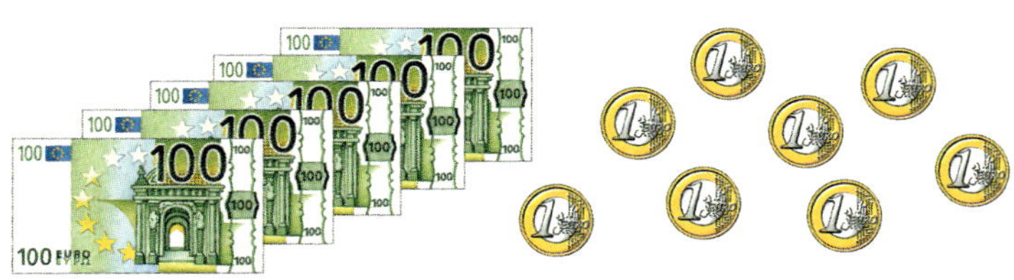

Dreistellige Zahlen werden aus Hundertern, Zehnern und Einern gebildet.
Sie haben drei Stellen.

1 Trage in eine Stellentafel ein! 634, 383, 502, 990, 85, 197, 6, 444

S. 8

2 Schreibe die Zahlen in eine Stellentafel!
fünfhunderteinundachtzig
neunhundertzwei
siebenhundertsiebenundsiebzig
einhundertsechs
dreihundertfünfundvierzig

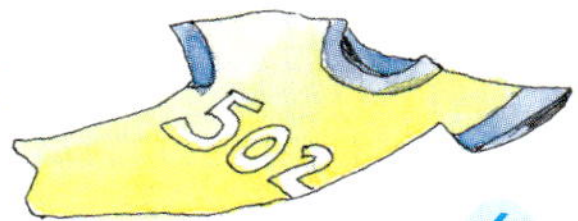

3 Schreibe die Zahlwörter auf!
864, 307, 650

4 Zerlege die Zahlen so:
731 = 7 H + 3 Z + 1 E
228, 109, 473, 980

5 Bilde Zahlen! Schreibe sie in eine Stellentafel!

600 + 6	5 H + 8 Z + 2 E
900 + 9	8 H + 0 H + 1 E
100 + 90	2 H + 5 Z + 1 E
400 + 40	9 H + 0 Z + 8 E

6 Welche Zahl ist dargestellt?
Schreibe sie auch in die Stellentafel!

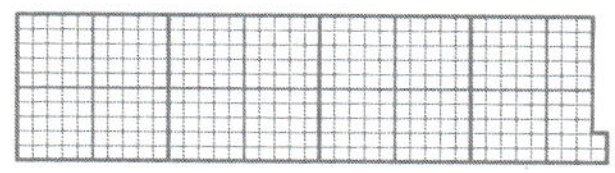

Stelle selbst Zahlen dar!

7 Schreibe alle Zahlen auf, die auf dem Zahlenstrahl markiert sind!

a
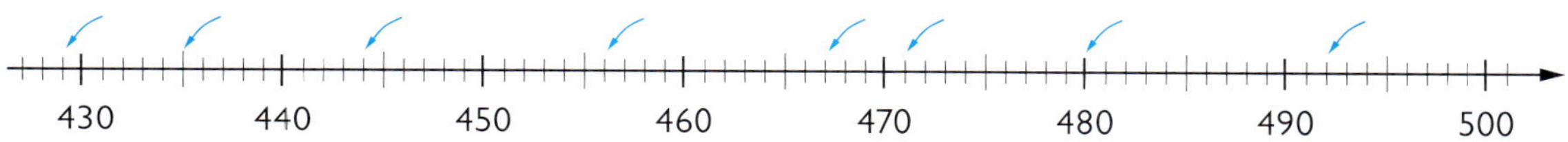

b
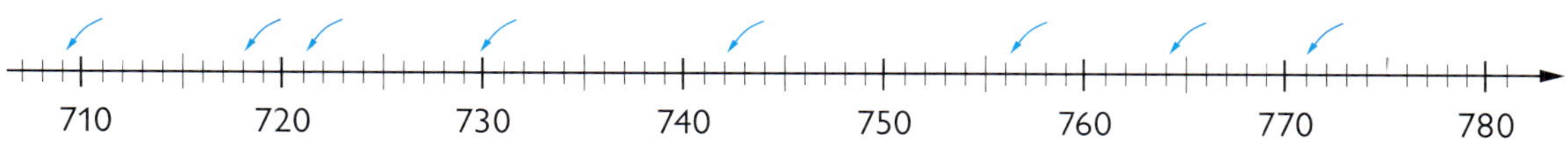

c
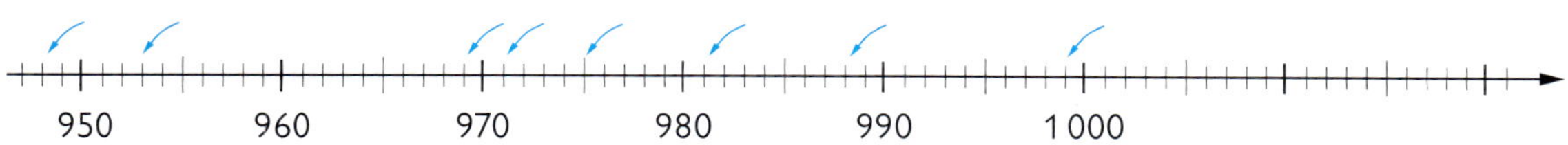

Zur Darstellung von Zahlen nutzen wir auch folgende einfache Bilder:

Hunderter 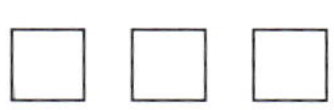 Zehner  Einer 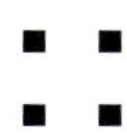

8 Welche Zahlen sind dargestellt? Schreibe sie auf!

a
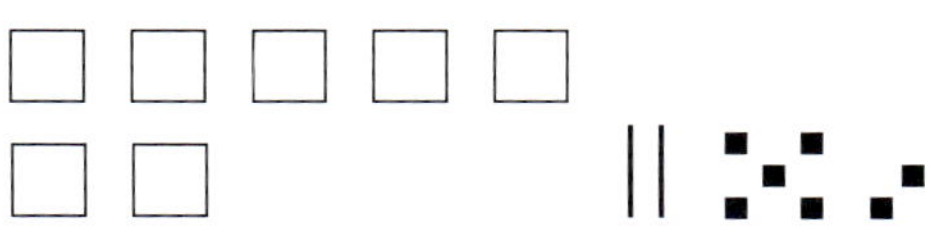

b
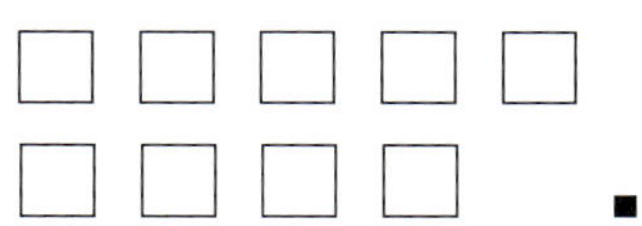

★ **9** Lege mit Ziffernkarten verschiedene dreistellige Zahlen!

9 3 5

a Trage die Zahlen in eine Stellentafel ein!
Wie viele verschiedene Zahlen kannst du bilden?

b Bilde weitere Zahlen mit anderen Ziffernkarten!

Die Ordnung der Zahlen

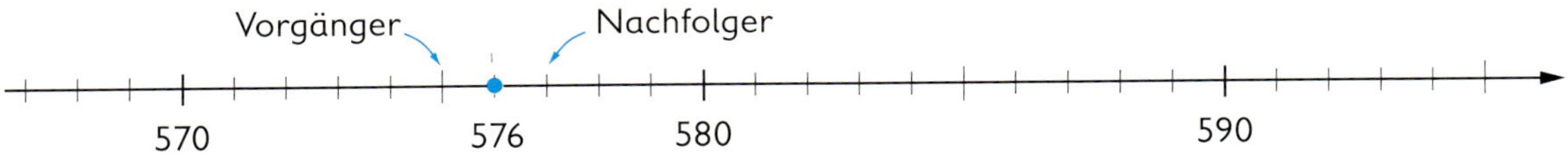

1 Nenne Vorgänger und Nachfolger! Schreibe dann so: 575, <u>576</u>, 577

a	b	c	d
33	21	47	59
333	421	647	259
733	521	947	859

2 **a** Zähle vorwärts!

von 538 bis 543
von 496 bis 501
von 807 bis 812

b Zähle rückwärts!

von 227 bis 222
von 663 bis 658
von 402 bis 397

c Zähle in Zehnerschritten!

von 460 bis 510
von 875 bis 935
von 281 bis 321

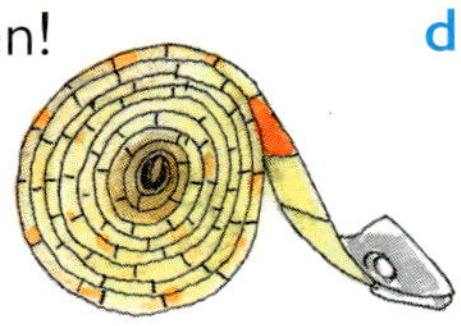

d Zähle in Hunderterschritten!

von 500 bis 1 000
von 420 bis 720
von 333 bis 833

3 Ergänze und schreibe die Zahlenfolge auf!

322 — 324 — ___ — ___ — ___ — ___ — 334

4 Welcher Hunderter liegt vor der Zahl, welcher danach?

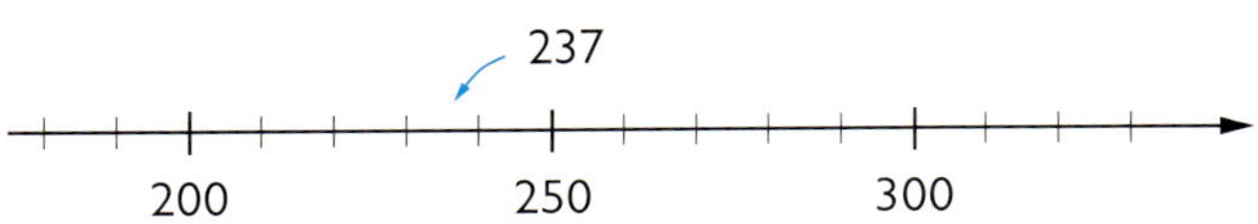

a
200 < 237 < 300
___ < 640 < ___
___ < 301 < ___
___ < 764 < ___
___ < 109 < ___

b
400 < 499 < ___
___ < 601 < ___
___ < 877 < ___
___ < 509 < ___
___ < 101 < ___

5 Welcher Zehner liegt vor der Zahl, welcher danach?

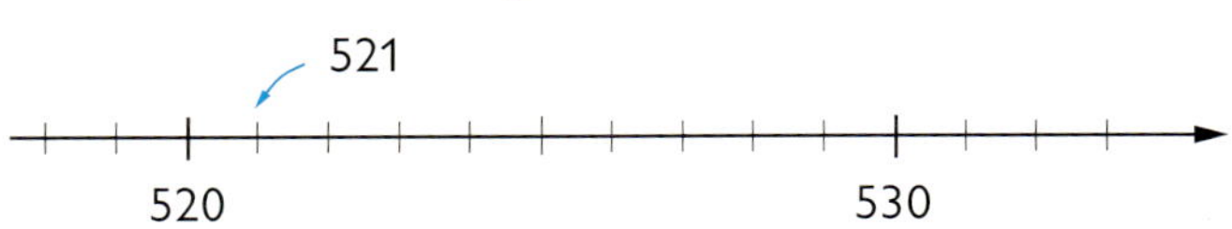

a
520 < 521 < 530
___ < 188 < ___
___ < 447 < ___
___ < 302 < ___

b
280 < 289 < ___
___ < 899 < ___
___ < 631 < ___
___ < 917 < ___

6 555 — 557 — ___ — ___ — ___ — ___ — 567

7 220 — 230 — ___ — ___ — ___ — ___ — ___ — 290

So vergleichen wir Zahlen bis 1000:

Vergleiche 73 mit 345!

73 < 345

H	Z	E
	7	3
3	4	5

Ich vergleiche zuerst die Anzahl der Stellen.

Vergleiche 254 mit 821!

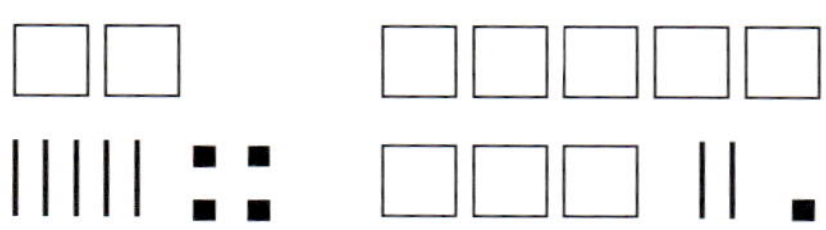

254 < 821

H	Z	E
2	5	4
8	2	1

Bei gleicher Stellenanzahl vergleiche ich zuerst die Hunderter.

Vergleiche 146 mit 173!

146 < 173

H	Z	E
1	4	6
1	7	3

Sind die Hunderter gleich, vergleiche ich die Zehner.

Vergleiche 363 mit 367!

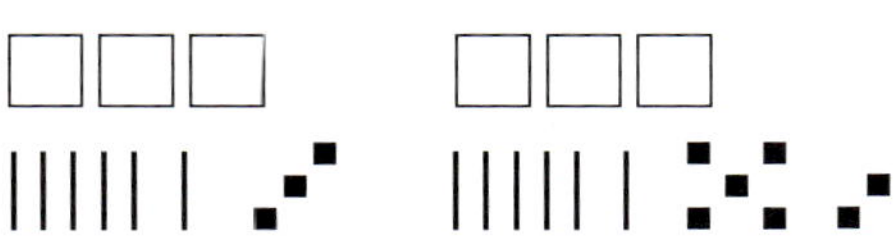

363 < 367

H	Z	E
3	6	3
3	6	7

Sind die Hunderter und die Zehner gleich, vergleiche ich die Einer.

Vergleiche 287 mit 287!

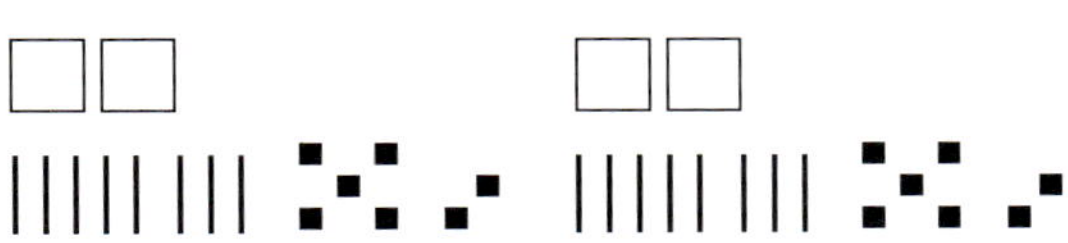

287 = 287

H	Z	E
2	8	7
2	8	7

Sind Hunderter, Zehner und Einer gleich, so sind die beiden Zahlen gleich.

1 Ordne die Zahlen in die Folgen ein!

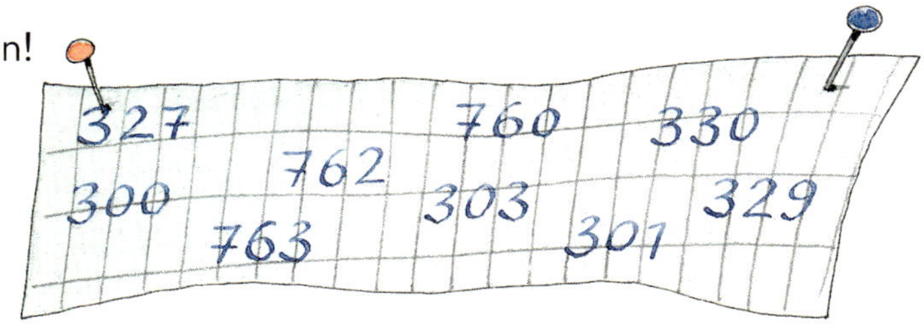

- **a** 325, 326, 328, 331
- **b** 765, 764, 761, 759
- **c** 298, 299, 302, 304

2 Vergleiche: <, > oder =?

a			b			c			d		
85	○	101	496	○	508	842	○	893	324	○	325
67	○	367	331	○	213	465	○	456	613	○	613
93	○	139	795	○	697	731	○	751	299	○	297
59	○	509	506	○	605	239	○	209	527	○	520

3 Suche jeweils die kleinste und die größte Zahl heraus!

a

b

c

4 Ordne! Beginne mit der kleinsten Zahl!

- **a** 437, 55, 268, 127, 9
- **b** 364, 722, 72, 685, 68
- **c** 902, 920, 209, 29, 92

5 Ordne! Beginne mit der größten Zahl!

- **a** 638, 411, 785, 96, 503
- **b** 408, 240, 69, 723, 519
- **c** 765, 98, 305, 990, 909

6

Würfelt mit drei Würfeln!
Bildet die größte dreistellige Zahl aus den gewürfelten Punkten!
Vergleicht gegenseitig:
Wer hat die größere Zahl?

7 ★

- **a** Bilde aus den Ziffern dreistellige Zahlen! Wie viele Zahlen findest du?   4   6   7
- **b** Ordne sie nach der Größe in eine Stellentafel ein! Beginne mit der kleinsten Zahl!
- **c** Bildet selbst mit verschiedenen Ziffernkarten solche Aufgaben!

8 Kannst du trotz der Kleckse vergleichen? Begründe!

7✱4	○	8✱4	✱98	○	1 000	✱86	○	4✱7	75✱	○	76✱
67✱	○	5✱9	✱25	○	✱36	23✱	○	2✱5	1 000	○	✱99

Geldwerte bis 1 000

Münzen **Scheine**

100 Cent = 1 Euro

1 Bestimme die Geldbeträge!

a

___ ct ___ ct ___ ct ___ ct

b

___ € ___ € ___ € ___ €

c

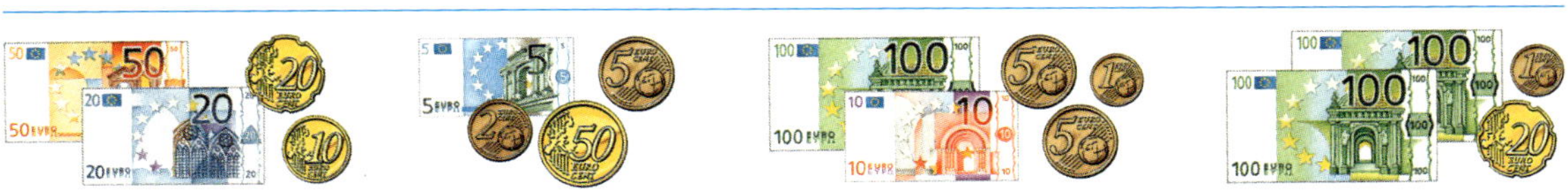

___ € ___ ct ___ € ___ ct ___ € ___ ct ___ € ___ ct

2 Lege auf verschiedene Weise mit Rechengeld!
100 €, 300 €, 700 €, 670 €, 250 €, 423 €

3 Frau Schmidt wechselt auf der Bank einen 500-Euro-Schein.
Sie möchte 20-Euro-Scheine, 50-Euro-Scheine und 100-Euro-Scheine.
Gib verschiedene Möglichkeiten an!

4 Frau Schuster kauft einen Kleiderschrank für 389 Euro.

a Mit welchen Münzen und Scheinen kann sie bezahlen?
Gib verschiedene Möglichkeiten an!

b Reicht ein 500-Euro-Schein aus, um den Schrank zu bezahlen?
Begründe deine Antwort!

Geldbeträge in Kommaschreibweise

1 Untersuche die Angaben für die Preise! Was stellst du fest?

3,95 € = 3 € 95 ct
Für 3 Euro und 95 Cent schreiben wir 3,95 €.

Wir lesen: 3 Euro und 95 Cent
oder 3 Euro 95
oder drei Komma neun fünf Euro

1 Euro = 100 Cent

€		ct
3	,	95

Beachte: Vor dem Komma stehen Euro, hinter dem Komma Cent.

2 **a** Lies die Preisangaben auf der Abbildung laut!
b Schreibe alle Preisangaben auf!
c Ordne die Preise nach ihrem Wert!

67 ct = 0 € 67 ct
= 0,67 €
Wir lesen: 67 Cent.

3 Übertrage in dein Heft und ergänze!

	€	ct
12,20 €	12	20
9,63 €		
4,05 €		
0,89 €		
25,72 €		
172,31 €		

12,20 € = 12 € 20 ct
9,63 € = ☐ € ☐ ct
4,05 € = ☐ € ☐ ct
0,89 € = ☐ € ☐ ct
25,72 € = ☐ € ☐ ct
172,31 € = ☐ € ☐ ct

4 Schreibe in Euro und Cent!

a
3,75 €
15,03 €
37,10 €
730,17 €

b
4,09 €
57,34 €
472,06 €
89,09 €

c
17,04 €
23,06 €
1,01 €
904,03 €

d

	EUR
Süßwaren	0,99
Jogurt	2,10
Obst	5,08
Milch	0,49

1 Susan trägt die Ausgaben der Familie in ein Heft ein.

Montag:	27 € 63 ct	Donnerstag:	10 € 80 ct
Dienstag:	9 € 80 ct	Freitag:	72 € 5 ct
Mittwoch:	2 € 98 ct	Samstag:	2 € 99 ct

a Lege die Beträge zuerst mit Rechengeld! Trage dann in eine Tabelle ein!

Lege:

Schreibe auf:

€	ct
27	63

b Schreibe die Beträge nun mit Komma!

Beispiel: 27 € 63 ct = 27,63 €

c An welchem Tag hat die Familie am wenigsten ausgegeben?

2 Schreibe mit Komma!

a	b
200 € 17 ct	77 ct
304 € 25 ct	12 ct
751 € 99 ct	4 ct
137 € 2 ct	80 ct
5 € 9 ct	125 ct

Beachte!
100 ct = 1,00 €
125 ct = 1,25 €
25 ct = 0,25 €
5 ct = 0,05 €

3 Vergleiche: <, > oder = ?

a	b	c
3 € ○ 3,46 €	3,66 € ○ 4 €	132,70 € ○ 123,70 €
5 € ○ 4,99 €	8,99 € ○ 8 €	634,29 € ○ 634,28 €
7 € ○ 7,01 €	0,99 € ○ 1 €	987,04 € ○ 978,04 €
1 € ○ 1,00 €	2,00 € ○ 2 €	102,50 € ○ 102,05 €

4 Diktiert euch die Beträge gegenseitig! Kontrolliert, ob ihr richtig geschrieben habt!

12,20 €, 26,06 €, 0,12 €, 1,06 €, 20,20 €

5 Mit welchen Scheinen und Münzen können die Beträge gezahlt werden?

Schreibe so: 45,60 € = 20 € + 20 € + 5 € + 50 ct + 10 ct

65,50 €, 40,03 €, 90,90 €, 0,85 €, 0,09 €

6 Welche Beträge kannst du mit einem 50-Euro-Schein bezahlen?

Schreibe so: 46,99 € < 50 €

46,99 €, 50,01 €, 49,70 €, 34,80 €, 52,20 €, 29,10 €, 68,50 €

7 Schreibe ohne Komma!

a	b	c
4,00 €	0,27 €	70,00 €
85,00 €	0,89 €	0,76 €
103,00 €	0,09 €	453,00 €

Beachte!
4,00 € = 4 €
0,50 € = 50 ct
0,05 € = 5 ct

Die Länge und Übungen mit Längenangaben

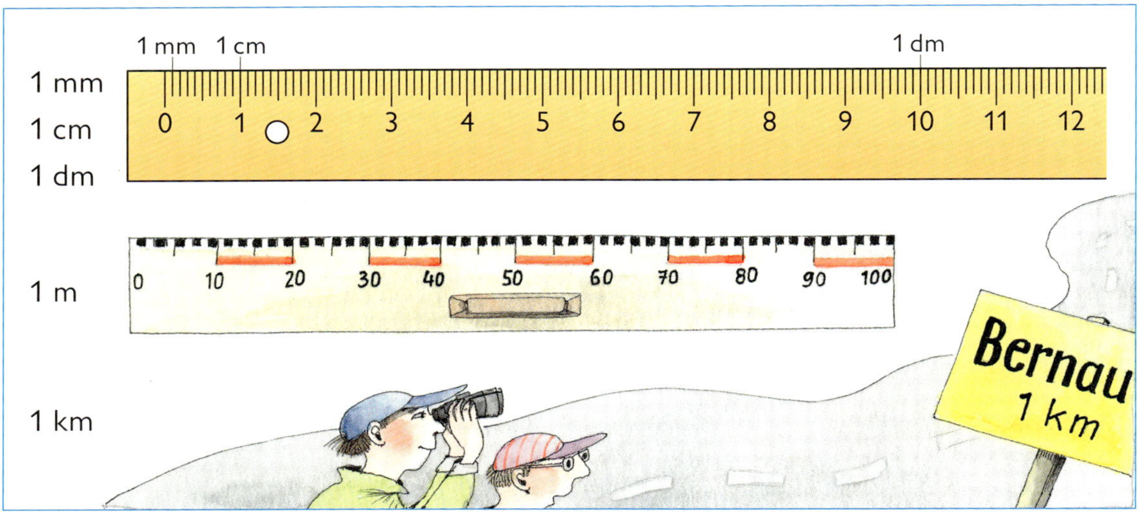

1

a Schätze: Wie lang, wie breit und wie hoch sind die Gegenstände?

b Miss und vergleiche mit dem geschätzten Wert!

2 **a** Schätze!
Wie breit ist dein Zeigefinger?
Wie lang ist der Schülertisch?
Wie dick ist dein Heft?
Wie hoch ist deine Schultasche?
Wie lang ist dein Radiergummi?

Das ist ungefähr:
1 mm  1 cm 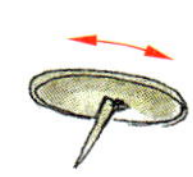
1 dm 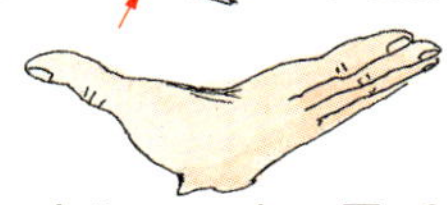
1 m Länge des Tafellineals

b Prüfe durch Messen, ob du richtig geschätzt hast!

3 Sucht aus eurer Schultasche Gegenstände heraus, die länger als 1 dm sind! Messt nach! 

4 **a** Zeichne Strecken mit folgenden Längen!
Schreibe unter jede Strecke, wie lang sie ist!
40 mm, 25 mm, 62 mm; 3 cm, 7 cm, 18 cm; 2 dm

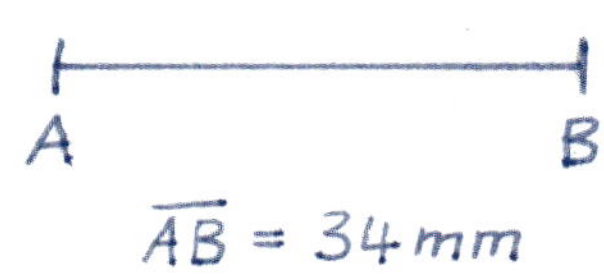

b Tauscht eure Hefte aus und kontrolliert gegenseitig! 

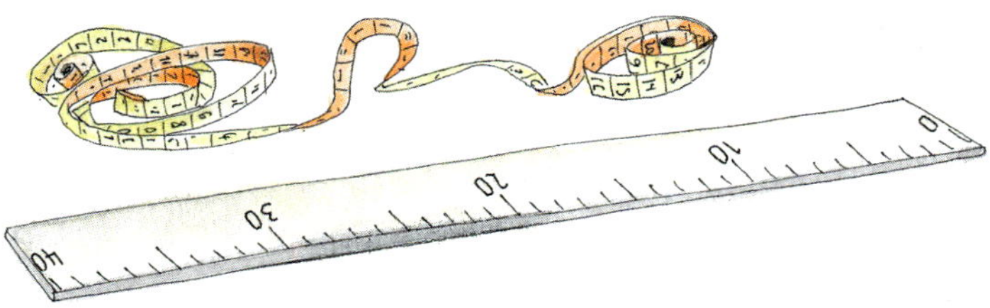

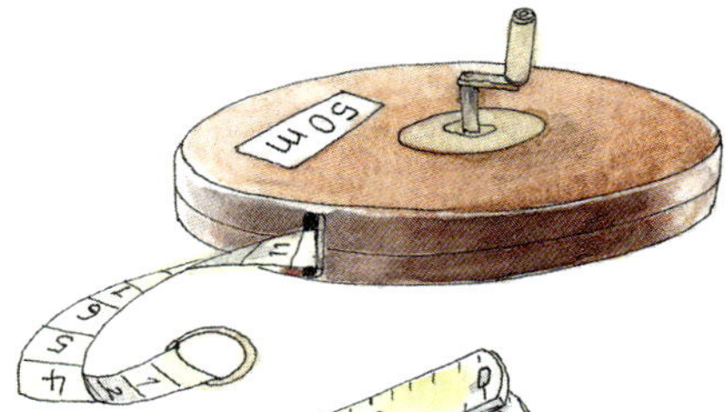

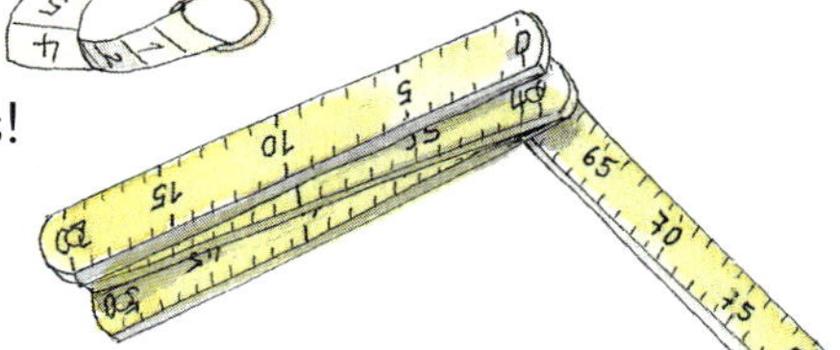

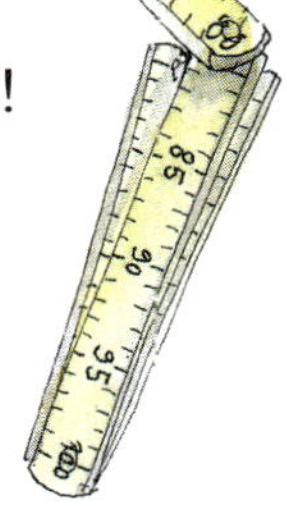

1 Miss die Breite und die Länge deines Klassenraumes!

a Wie viel Meter sind es jeweils ungefähr?

b Gib die Länge und die Breite in Zentimetern an!

2 Suche Gegenstände im Klassenraum, die 1 m lang oder länger als 1 m sind! Miss nach! Gib die Längen in Metern oder in Zentimetern an!

3 Miss deine Körperhöhe! Vergleiche sie mit der Körperhöhe deiner Partnerin/deines Partners! Gib an, wie viel Zentimeter du größer oder kleiner bist!

---

4 Welche Strecke ist länger:
3 cm oder 30 mm?
50 cm oder 5 dm?
1 m oder 100 cm?
Prüfe am Lineal oder am Tafellineal!

1 mm						
1 cm	=	10 mm				
1 dm	=	10 cm	=	100 mm		
1 m	=	10 dm	=	100 cm	=	1000 mm
1 km	=	1000 m				

5 Wandle um! Nutze dazu dein Lineal oder das Tafellineal!

a Wie viel Millimeter sind
5 cm, 4 cm, 9 cm, 7 cm, 18 cm?

b Wie viel Zentimeter sind
60 mm, 30 mm, 90 mm, 20 mm, 110 mm?

c Wie viel Zentimeter sind
3 dm, 9 dm, 4 dm, 20 dm?

d Wie viel Dezimeter sind
80 cm, 50 cm, 90 cm, 120 cm, 2 m, 4 m?

6 **a** Wandle in die nächstkleinere Einheit um! 9 cm, 5 cm, 10 dm, 4 dm, 3 m, 8 m

b Wandle in die nächstgrößere Einheit um! 40 mm, 70 mm, 60 cm, 80 dm, 40 dm

7 Im Sportstadion

a Die Laufbahn eines Stadions ist 400 m lang. Sie führt um den Innenraum herum. Wie viele Runden müssen bei einem 800-Meter-Lauf zurückgelegt werden?

b Der Anlauf beim Weitsprung beträgt 40 m. Die Sprunggrube ist 10 m lang. Sie ist 1 m vom Absprungbalken entfernt. Wie lang ist die Weitsprunganlage?

1 Ergänze immer die richtige Einheit! Schreibe die Sätze auf!

Paul fährt täglich 5__ mit dem Rad zur Schule.
Ein Kästchen im Rechenheft ist 5__ breit und 5__ hoch.
Für einen Rock kauft Frau Neumann 1__ Stoff.
Die Briefmarke ist 22__ breit und 26__ hoch.
Der Kalender ist 42__ hoch und 26__ breit.
Die Entfernung Rostock – München beträgt 771__.

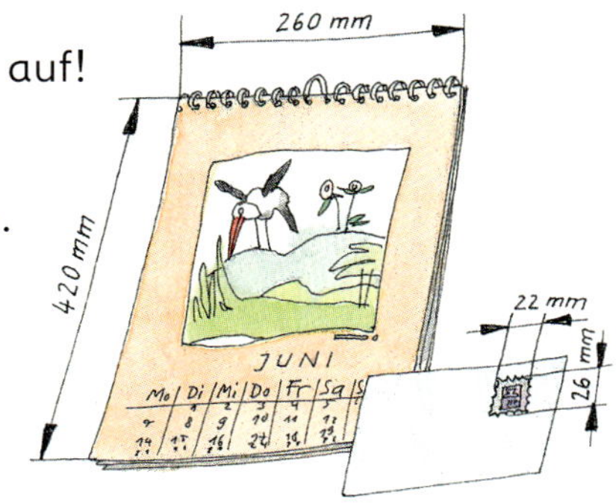

2 Wandle in Zentimeter um! 2 dm 3 cm = 23 cm   8 m 60 cm = 860 cm

a 4 dm 5 cm, 7 dm 3 cm, 8 dm 2 cm, 5 dm 1 cm

b 5 m 50 cm, 2 m 20 cm, 7 m 35 cm, 1 m 80 cm

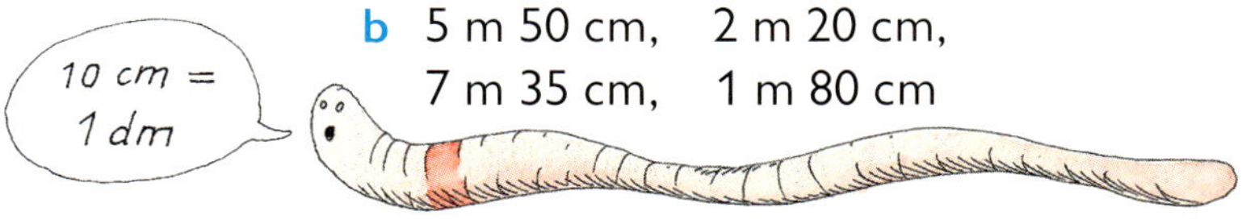

Längenangaben in Kommaschreibweise

Martin braucht ein Bücherregal.
Er misst aus, wie lang es sein darf, und schreibt sich auf:

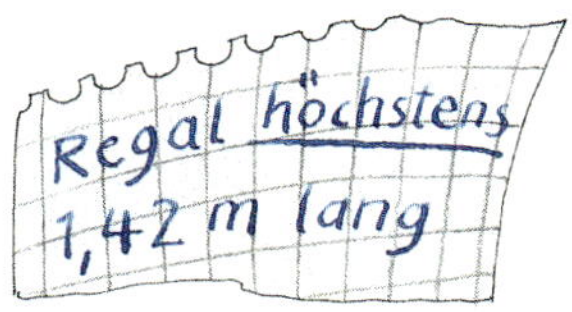

1,42 m = 1 m 42 cm
Für 1 Meter und 42 Zentimeter schreiben wir 1,42 m.

1 m = 100 cm

Wir lesen: 1 Meter und 42 Zentimeter
oder 1 Meter 42
oder eins Komma vier zwei Meter

m		cm
1	,	42

Beachte: Vor dem Komma steht der Zahlenwert für die größere Einheit,
hinter dem Komma steht der Zahlenwert für die kleinere Einheit.

3 Wandle um!

4 m 59 cm = 4,59 m
3 m 26 cm = ■ m
25 m 50 cm = ■ m
9 m 05 cm = ■ m

4 Wandle um!

4 cm 6 mm = 4,6 cm
1 cm 3 mm = ■ cm
12 cm 6 mm = ■ cm
7 cm 9 mm = ■ cm

5 Schreibe in zwei Einheiten!

18,42 m = 18 m 42 cm
6,85 m = ■ m ■ cm
70,90 m = ■ m ■ cm
8,07 m = ■ m ■ cm

6 Vergleiche!

15 m ● 15,25 m
17 m ● 16,80 m
85 m ● 84,05 m
36 m ● 36,12 m
23 m ● 22,90 m

7 ★ Vergleiche! Wenn du nicht sofort vergleichen kannst, dann wandle in die kleinere oder größere Einheit um!

a
6 cm ● 6 dm
50 mm ● 1 cm
763 m ● 1 km
23 cm ● 23 mm

b
29 km ● 29 m
37 mm ● 4 cm
2 km ● 1 000 m
8 m ● 60 dm

Die Masse und Übungen mit Masseangaben

1 Leichter oder schwerer? Schätze zuerst, prüfe dann mit einer Waage!

a eine Tüte Zucker – eine Getränkedose
eine Gurke – ein Päckchen Waffeln

b ein Heft – ein Buch
ein Bleistift – ein Radiergummi

c Finde weitere Vergleiche!

d Vergleiche nun auch Gegenstände aus dem Klassenzimmer!

Mit dieser selbst gebauten Waage kann ich prüfen, ob etwas leichter oder schwerer ist.

2 Ordne die Dinge aus Aufgabe **1** vom leichtesten zum schwersten!

a Lebensmittel: …
b Schulsachen: …

3 Gleich schwer?

a Wie viele Getränkedosen brauchst du, um einen Gleichstand der Waage zu erhalten, wenn auf der anderen Seite eine Tüte Zucker steht?

b Wie viele Hefte brauchst du, um einen Gleichstand der Waage zu erhalten, wenn auf der anderen Seite ein Buch liegt?

c Finde selbst Vergleiche aus dem Klassenzimmer!

★ **4** Die Kinder der Klasse 5a nennen ihre Haustiere: Katze, Meerschweinchen, Dackel, Fische, Zwergkaninchen, Schäferhund, Schildkröte.
Schreibe die Tiere in der Reihenfolge vom leichtesten zum schwersten auf!

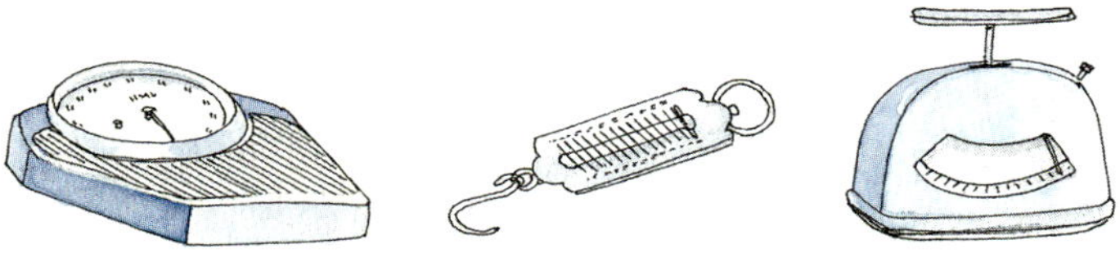

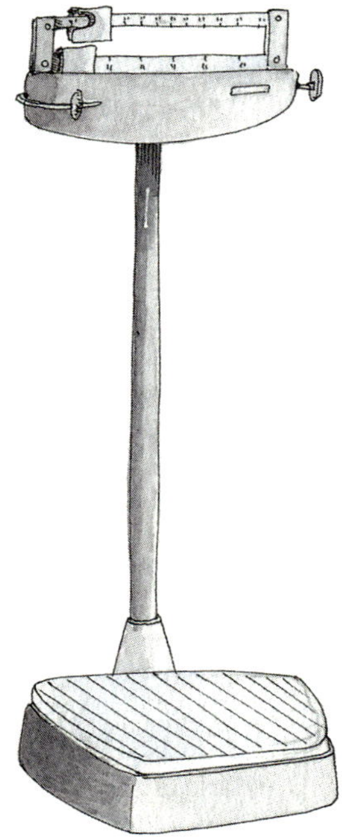

Wenn wir genau wissen wollen, wie schwer etwas ist, messen wir mit einer Waage.
Einheiten der Masse sind **Kilogramm** (**kg**) und **Gramm** (**g**).

1 kg = 1 000 g

1 kg	1 g

1 Schätze zuerst, prüfe dann mit einer Waage!

a Welche Gegenstände sind 1 kg schwer?
1 Tüte Mehl, 1 Tüte Gummibärchen, 1 Stück Butter, 4 Äpfel, 1 Tafel Schokolade, 1 Päckchen Puddingpulver, 1 Tetrapack Milch, 1 Tasse, 1 Schüssel, 1 Blumentopf, 1 große Zange

b Finde weitere Gegenstände, die 1 kg schwer sind!

2 Schätze zuerst, prüfe dann mit einer Waage!

a Welche Gegenstände sind 1 g schwer?
1 Postkarte, 1 Blatt Papier, 1 Heft, 1 Tintenpatrone, 1 Knopf, 1 Gummibärchen, 1 Bonbon, 1 Stück Schokolade

b Finde weitere Gegenstände, die 1 g schwer sind!

3 Wie schwer sind die Lebensmittel?

Lebensmittel	geschätzt	angegeben
1 Paket Müsli		
1 Paket Jodsalz		
1 Tüte Bonbons		

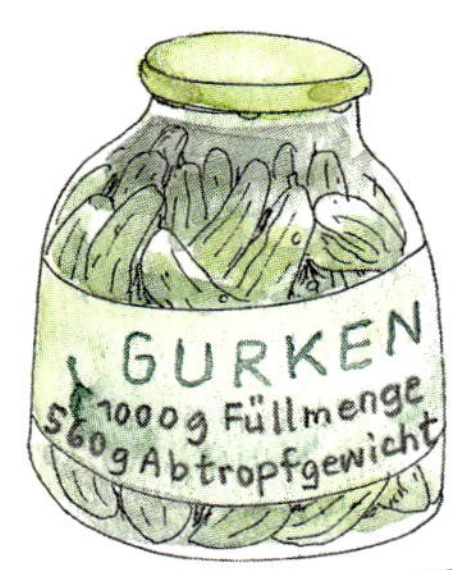

a Schätze zuerst! Suche dann die Masseangaben auf der Verpackung! Vergleiche die Zahlen und Einheiten miteinander!

b Übertrage die Tabelle in dein Heft und fülle sie aus! Suche weitere verpackte Lebensmittel und ergänze die Tabelle!

Masseangaben in Kommaschreibweise

Frau Lange möchte 2 Kilogramm Apfelsinen kaufen.
Zuerst legt sie 6 Apfelsinen auf die Waage, dann 7 Apfelsinen.

Wie schwer sind 6 Apfelsinen?

Die 6 Apfelsinen wiegen
1,823 kg oder 1 kg 823 g.

Wie schwer sind 7 Apfelsinen?

Die 7 Apfelsinen wiegen
2,087 kg oder 2 kg 87 g.

	Wir lesen:	kg	,	g
1,523 kg = 1 kg 523 g	1 Kilogramm 523 Gramm	1	,	523
1,056 kg = 1 kg 56 g	1 Kilogramm 56 Gramm	1	,	056
1,004 kg = 1 kg 4 g	1 Kilogramm 4 Gramm	1	,	004

Beachte: Vor dem Komma steht der Zahlenwert für die größere Einheit,
hinter dem Komma steht der Zahlenwert für die kleinere Einheit.

1 Vergleiche: <, > oder = ?

a			b			c		
1,523 kg	●	1 kg	999 g	●	1 kg	1,780 kg	●	1 kg 879 g
1,056 kg	●	1 kg	1000 g	●	1 kg	1,230 kg	●	1 kg 320 g
1,004 kg	●	1 kg	99 g	●	1 kg	1,002 kg	●	1 kg 2 g
0,925 kg	●	1 kg	500 g	●	1 kg	1,500 kg	●	1 kg 50 g

2 Sabine wiegt 45 kg, Klaus wiegt 49 kg und Jana wiegt 44 kg.

a Wer ist am schwersten?
b Wie viel wiegen die drei Kinder zusammen?
c Schätze, wie viel du wiegst! Überprüfe!

3 ★ Von 1 kg Fleisch schneidet die Verkäuferin 600 g ab.
Wie viel Gramm Fleisch bleiben übrig?

4 Frau Schulz kauft auf dem Markt Gemüse und Obst.
Sie kauft 1 kg Äpfel, 500 g Kirschen, 2 kg Kartoffeln, 500 g Weintrauben.
Wie viel Kilogramm Obst und Gemüse trägt Frau Schulz nach Hause?

Addieren und Subtrahieren

Aufgaben und Umkehraufgaben

A Am Silvester-Lauf nahmen im vergangenen Jahr ungefähr 600 Läuferinnen und Läufer teil.
In diesem Jahr wurden 200 Meldungen mehr abgegeben.
Wie viele Läufer werden es in diesem Jahr insgesamt sein?

B In diesem Jahr haben sich 800 Läuferinnen und Läufer zum Silvester-Lauf gemeldet. Im vorigen Jahr waren es 600.
Berechne den Unterschied!

C Für den Silvester-Lauf waren 800 Startnummern vorbereitet.
200 Startnummern wurden nicht gebraucht.
Wie viele Läufer kamen?

Aufgabe **A**	Aufgabe **B**	Aufgabe **C**
Wir addieren: 600 + 200 = 800	Wir berechnen den Unterschied. Wir ergänzen: 600 + □ = 800 Wir können auch subtrahieren: 800 − 600 = □	Wir subtrahieren: 800 − 200 = □

Formuliere Antwortsätze zu den drei Aufgaben!

---

1 Bilde immer vier Gleichungen!

20, 70, 90   5, 7, 12   300, 500, 800   31, 47, 78

2 Addiere zu jeder Zahl 40!
200, 100, 900, 500, 0, 400

3 Subtrahiere von jeder Zahl 50!
450, 750, 50, 150, 550, 250

4 Ergänze!

a
400 € + □ € = 700 €
100 € + □ € = 200 €
300 € + □ € = 300 €
200 € + □ € = 400 €

b
700 € − □ € = 100 €
1000 € − □ € = 900 €
100 € − □ € = 0 €
600 € − □ € = 600 €

★ **5** Berechne den Unterschied zwischen:
a 200 € und 1000 €   **b** 600 € und 100 €   **c** 500 € und 500 €

Addieren einstelliger Zahlen zu dreistelligen Zahlen
Subtrahieren einstelliger Zahlen von dreistelligen Zahlen

Stefan ist Skispringer. Er hat im Weltcup schon 563 Punkte gesammelt. Beim Neujahrs-Springen kamen weitere 6 Punkte dazu. Wie viele Punkte hat er nun?

Beim Neujahrs-Springen hat Stefan 6 Punkte im Weltcup erreicht. Damit hat er nun 569 Punkte. Wie viele Punkte hatte er vorher?

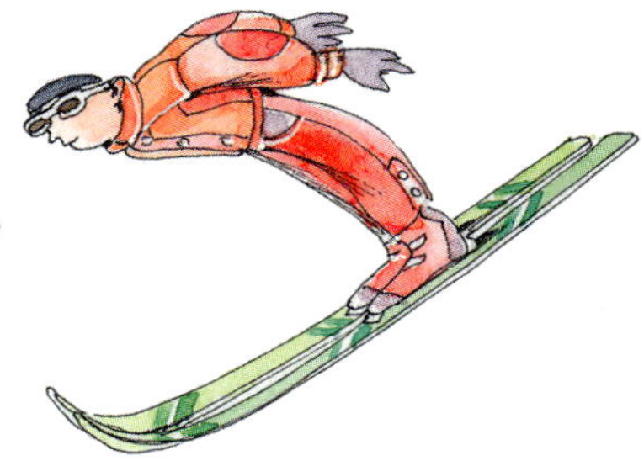

Wir rechnen: 563 + 6 = ☐ 569 − 6 = ☐

563 + 6 = 569	569 − 6 = 563

Wir übertragen die bekannte Aufgabe.

Formuliere Antwortsätze zu beiden Aufgaben!

1

a	b	c	d	e	f
40 + 7	29 − 9	650 + 5	380 + 0	4 + 5	9 − 7
140 + 7	229 − 9	730 + 8	117 − 7	604 + 5	909 − 7
340 + 7	529 − 9	537 − 7	622 − 2	3 + 2	8 − 5
840 + 7	929 − 9	196 − 6	999 − 9	103 + 2	808 − 5

2

1 + 8	8 − 3	5 − 5
61 + 8	48 − 3	35 − 5
661 + 8	748 − 3	835 − 5

3

695 − 4	448 + 1	221 + 8
129 − 7	727 − 0	999 − 7
342 + 6	199 − 2	582 + 3

Wir rechnen nun:

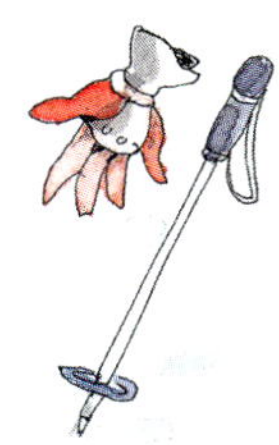

568 —(+ 6)→ ☐
568 —(+ 2)→ ☐ —(+ 4)→ ☐

574 —(− 6)→ ☐
574 —(− 4)→ ☐ —(− 2)→ ☐

568 + 6 = 574 568 + 2 + 4	574 − 6 = 568 574 − 4 − 2

Wir rechnen, indem wir die einstellige Zahl zerlegen.

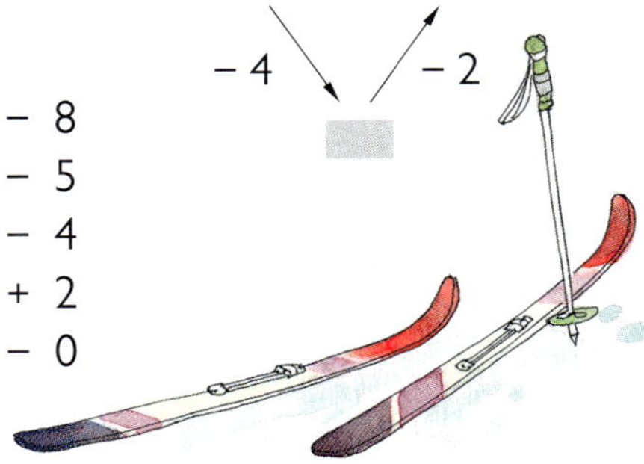

4

a	b	c	d
260 + 8	429 − 7	345 + 7	866 − 8
261 + 8	428 − 7	622 − 4	124 − 5
262 + 8	427 − 7	988 + 5	587 − 4
263 + 8	426 − 7	781 − 6	369 + 2
264 + 8	425 − 7	125 + 9	991 − 0

5

a	★ b	★ c
273 —(− 9)→ ☐	461 —(☐)→ 458	522 —(☐)→ 531
917 —(− 8)→ ☐	648 —(☐)→ 639	304 —(☐)→ 313
426 —(+ 5)→ ☐	136 —(☐)→ 136	608 —(☐)→ 615
198 —(− 9)→ ☐	212 —(☐)→ 207	778 —(☐)→ 778

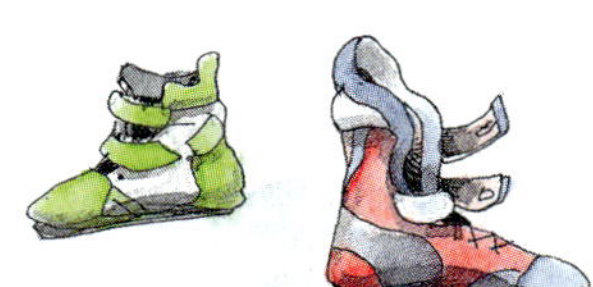

1 Setze die Folgen fort!

a	b	c
33 + 8	54 − 6	70 − 7
133 + 8	154 − 6	170 − 7
233 + 8	254 − 6	270 − 7
⋮	⋮	⋮
933 + 8	954 − 6	970 − 7

2 Rechne!

a	b
475 + 4	284 − 3
475 + 5	284 − 4
475 + 6	284 − 5
475 + 7	284 − 6
475 + 8	284 − 7

3 Ergänze!

a	b	c
3 + ▢ = 12	8 + ▢ = 15	5 + ▢ = 11
63 + ▢ = 72	88 + ▢ = 95	25 + ▢ = 31
163 + ▢ = 172	388 + ▢ = 395	625 + ▢ = 631

4 Addiere zu jeder Zahl 6!
72, 877, 325, 9, 441, 608

5 Subtrahiere von jeder Zahl 8!
311, 47, 8, 558, 934, 226

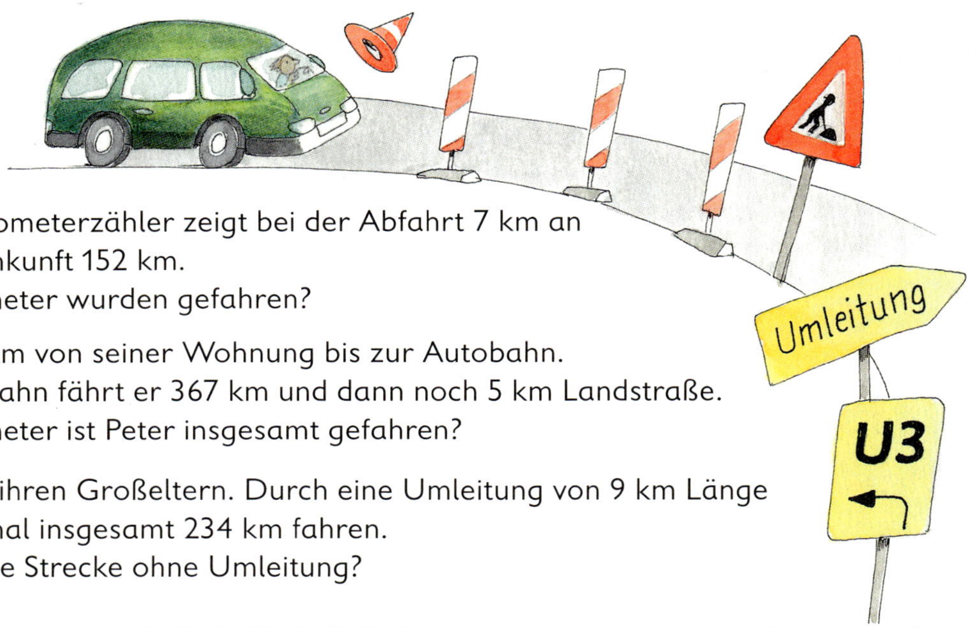

6 Autofahrten

a Der Tages-Kilometerzähler zeigt bei der Abfahrt 7 km an und bei der Ankunft 152 km.
Wie viel Kilometer wurden gefahren?

b Peter fährt 7 km von seiner Wohnung bis zur Autobahn.
Auf der Autobahn fährt er 367 km und dann noch 5 km Landstraße.
Wie viel Kilometer ist Peter insgesamt gefahren?

c Silvia fährt zu ihren Großeltern. Durch eine Umleitung von 9 km Länge muss sie diesmal insgesamt 234 km fahren.
Wie lang ist die Strecke ohne Umleitung?

---

7 Schreibe die Zahlen auf, die dazwischen liegen!

a	b	c	d
65, …, 71	98, …, 104	499, …, 505	804, …, 798
37, …, 44	695, …, 702	895, …, 903	205, …, 196

8

a	b	c	d	e
596 + 2	403 − 1	898 + 0	100 − 0	500 − 1
596 + 3	403 − 2	898 + 1	100 − 1	500 − 2
596 + 4	403 − 3	898 + 2	100 − 2	500 − 3

9

a	b	c	d	e
469 + 1	391 + 9	705 − 5	700 − 3	400 + 6
567 + 3	998 + 2	809 − 9	900 − 2	900 + 0
624 + 6	692 + 8	406 − 6	400 − 0	100 + 1

Wir lernen:

295 + 8 = 303		303 − 8 = 295
295 + 5 + 3		303 − 3 − 5

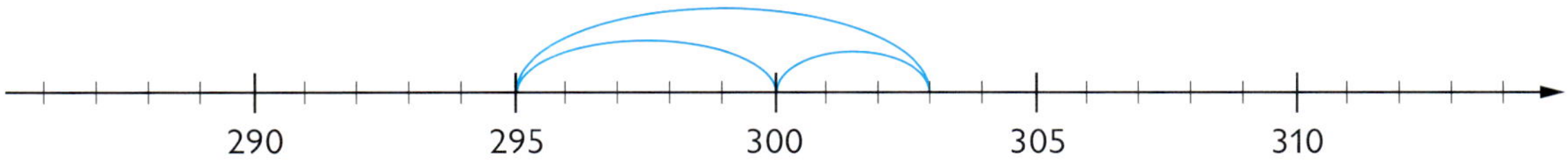

1 Rechne!

a	b	c	d	e
397 + 2	704 − 3	497 + 6	107 − 8	608 − 9
397 + 3	704 − 4	98 + 3	502 − 6	599 + 4
397 + 4	704 − 5	692 + 9	903 − 4	107 − 8
397 + 5	704 − 6	895 + 7	308 − 9	794 + 7

2 Ergänze zum nächsten Hunderter!

a	b
296 + ▢ = 300	393 + ▢ = ▢
91 + ▢ = 100	190 + ▢ = ▢
895 + ▢ = 900	699 + ▢ = ▢
192 + ▢ = 200	992 + ▢ = ▢

3 Ergänze!

199 + ▢ = 203
293 + ▢ = 301
705 − ▢ = 698
608 − ▢ = 599

495 —+ ▢→ 503
495 —+ 5→ ▢ —+ 3→ 503

4 a Lege zu jedem Betrag 8 Euro dazu! Bilde Gleichungen!

99 €	98 €	296 €	794 €
96 €	92 €	498 €	693 €

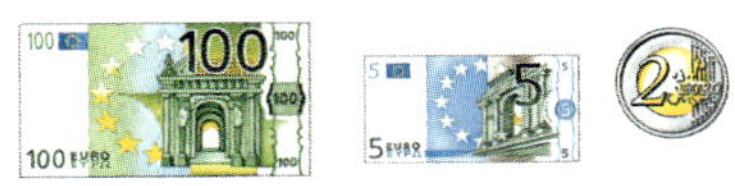

b Lege die Summen aus Aufgabe 4a mit Rechengeld!
Wechsle so, dass du möglichst wenig Scheine und Münzen erhältst!
Vergleicht gegenseitig, wie ihr gelegt habt!

5 Nimm von jedem Betrag 7 Euro weg! Bilde Gleichungen!

Lege auch mit Rechengeld!

a 102 €, 104 €, 101 €, 106 €, 103 €, 107 €

b 406 €, 703 €, 802 €, 501 €, 207 €, 304 €

6 Im Hightech-Markt

a Stefans Eltern kaufen einen neuen Fernsehapparat für 399,00 Euro. Außerdem kaufen sie noch Batterien für 6 Euro. Wie viel müssen sie bezahlen?

b Silke kauft von ihrem gesparten Geld ein Radio mit CD- und Kassettenteil für 96 Euro. Im Sonderangebot kauft sie noch zwei CDs zu je 4 Euro. Wie teuer ist alles zusammen?

Addieren zweistelliger Zahlen zu dreistelligen Zahlen
Subtrahieren zweistelliger Zahlen von dreistelligen Zahlen

Das kannst du schon!

1 Zähle in Zehnerschritten! Schreibe zu jeder Folge noch 5 Zahlen auf!

a Zähle vorwärts!

780, 790, … 552, 562, …
940, 950, … 377, 387, …

b Zähle rückwärts!

630, 620, … 823, 813, …
150, 140, … 446, 436, …

2 Schreibe die Zahlen in eine Stellentafel! Lies sie laut!

4 H + 7 Z + 5 E 2 H + 0 Z + 9 E 9 H + 9 Z 3 H + 4 E
6 H + 7 Z + 1 E 5 H + 8 Z + 0 E 1 H + 2 Z 8 H + 6 E

3 20 + 60 80 − 60 50 + 30 80 − 30 10 + 80 90 − 10
25 + 60 85 − 60 57 + 30 87 − 30 19 + 80 99 − 80

Wir lernen:

620 + 60 = 680
425 + 60 = 485

680 − 60 = 620
485 − 60 = 425

Wir übertragen die bekannte Aufgabe.

4

a 30 + 40, 230 + 40, 50 + 20, 750 + 20
b 80 − 50, 480 − 50, 70 − 60, 670 − 60
c 320 + 50, 327 + 50, 620 + 70, 629 + 70
d 760 − 40, 768 − 40, 550 − 20, 553 − 20
e 460 − 60, 467 − 60, 150 + 30, 159 + 30

5

a 700 + 20, 300 + 40, 500 + 90, 100 + 70
b 410 − 10, 890 − 90, 130 − 30, 620 − 20
c 800 + 32, 400 + 6, 100 + 18, 700 + 9
d 634 − 34, 151 − 51, 703 − 3, 589 − 89
e 70 − 40, 270 − 40, 570 − 40, 578 − 40

6 **a**

+	16	23	56
140			
200			
830			

b

−	25	45	55
275			
195			
765			

7 Die neue Videothek hat 540 Videos zur Ausleihe.
Nach dem ersten Monat kamen weitere 30 Videos dazu.

a Wie viele Videos sind nun vorhanden?

b Aus dem gesamten Bestand sind 60 Videos ausgeliehen.
Wie viele Videos können noch ausgeliehen werden?

Das Hotel am See hat 70 Einzelzimmer und 80 Zweibettzimmer.
Wie viele Zimmer hat das Hotel insgesamt?

Das neue Hotel am See hat 150 Zimmer, davon 80 Zweibettzimmer.
Die anderen Zimmer sind Einzelzimmer.
Wie viele Einzelzimmer hat das Hotel?

Wir rechnen: 70 + 80 = ☐ 150 − 80 = ☐

70 + 80 = 150
70 + 30 + 50

150 − 80 = 70
150 − 50 − 30

Formuliere Antwortsätze zu beiden Aufgaben!

1 **a**
60 + 40
60 + 50
60 + 60
60 + 70

b
130 − 20
130 − 30
130 − 40
130 − 50

c
90 —☐→ 130
70 —☐→ 120
90 —☐→ 180

d
140 —☐→ 80
150 —☐→ 60
160 —☐→ 90

2 **a**
460 + 40 950 + 50
620 + 80 590 + 10

b
300 − 50 700 − 70
700 − 10 100 − 80

Wir lernen:

370 + 80 = 450
370 + 30 + 50

450 − 80 = 370
450 − 50 − 30

370 —(+ 80)→ ☐
370 —(+ 30)→ ☐ —(+ 50)→ ☐

3 **a**
160 + 90
850 + 60
740 + 80
520 + 90
290 + 20

b
460 − 70
270 − 80
750 − 90
320 − 40
880 − 90

c
530 —☐→ 610
260 —☐→ 170
690 —☐→ 730
910 —☐→ 880

450 —(− 80)→ ☐
450 —(− 50)→ ☐ —(− 30)→ ☐

4 **a**

+	30
80	
180	
380	
90	
490	
690	

b

+	90
10	
120	
230	
340	
450	
660	

c

−	60
570	
560	
550	
220	
210	
200	

d

−	40
230	
610	
440	
120	
950	
710	

Wir rechnen:

260 + 80 = 340	340 − 80 = 260
263 + 80 = 343	343 − 80 = 263

1

a	b	c	d	e
80 + 50	30 + 90	140 − 70	120 − 60	181 − 90
83 + 50	37 + 90	143 − 70	125 − 60	91 + 90
280 + 50	830 + 90	540 − 70	320 − 60	945 − 60
283 + 50	837 + 90	543 − 70	325 − 60	885 + 60

2 Addiere immer 40!
64, 175, 382, 595, 861

3 Subtrahiere immmer 50!
125, 331, 449, 551, 702

4 Bilde immer vier Gleichungen!
Überlege, was du über Tauschaufgaben und Umkehraufgaben weißt!

40, 80, 120 | 90, 230, 320 | 65, 50, 115 | 185, 90, 275

★ **5** Ergänze!

a		b	
580 + ▢ = 600		▢ + 30 = 400	
320 + ▢ = 400		▢ + 50 = 800	
280 + ▢ = 320		▢ + 20 = 500	
150 + ▢ = 210		▢ + 40 = 200	
596 + ▢ = 600		▢ + 60 = 400	

Paul rechnet Aufgabe **5b** so:

400 − 30 = 370
370 + 30 = 400

6 Im Kino

Das neue Kino hat fünf Säle mit folgendem Platzangebot:

Kino 1	Kino 2	Kino 3	Kino 4	Kino 5
140 Plätze	90 Plätze	170 Plätze	400 Plätze	200 Plätze

Für die Abendvorstellung wurden verkauft:

Kino 1	Kino 2	Kino 3	Kino 4	Kino 5
99 Karten	58 Karten	ausverkauft	370 Karten	160 Karten

a Wie viele Plätze bleiben in jedem Kino frei?
b Wie viele Zuschauer können insgesamt in Kino 2 und Kino 3 sein?
★c Wie viele Plätze hat das Kino insgesamt?
d Bilde weitere Aufgaben!

Addieren dreistelliger Zahlen zu dreistelligen Zahlen
Subtrahieren dreistelliger Zahlen von dreistelligen Zahlen

Mit dem Sonderzug fahren 250 Kinder und 400 Erwachsene
zur Freilicht-Bühne nach Neudorf.
Wie viele Fahrscheine wurden verkauft?

Aufgabe: 250 + 400 = ☐

Wir lernen:

250 + 400 = 650	650 − 400 = 250
255 + 400 = 655	655 − 400 = 255

Formuliere einen Antwortsatz!
Bilde eine Sachaufgabe zur Subtraktionsgleichung!

1

a	b
300 + 600	900 − 400
350 + 600	930 − 400
355 + 600	936 − 400
200 + 600	500 − 100
270 + 600	570 − 100
271 + 600	578 − 100

2

a	b
695 − 400	820 + ☐ = 920
321 − 300	40 + ☐ = 240
966 − 800	565 + ☐ = 865
200 + 240	750 − ☐ = 550
500 + 320	360 − ☐ = 60
100 + 455	944 − ☐ = 244

3 Addiere immer 300!

200, 521, 685, 70, 620, 700

4 Subtrahiere immer 300!

300, 520, 700, 319, 643, 909

5 Zähle in Hunderterschritten!

7, 107, ..., 907 | 25, 125, ..., 925 | 978, 878, ..., 78 | 901, 801, ..., 1

6 Bilde immer vier Gleichungen!

200, 400, 600 | 250, 400, 650 | 300, 400, 700 | 400, 375, 775

7 Rechne! Beachte bekannte Aufgaben!

6 + 3	9 − 3	5 − 2	7 − 4	4 + 4
60 + 30	90 − 30	50 − 20	70 − 40	40 + 40
600 + 300	900 − 300	500 − 200	700 − 400	400 + 400

Zusammenfassende Übungen

1 Überlege zuerst, wie du vorteilhaft rechnen kannst!

a	b	c	d
300 + 370	695 − 75	292 + 9	50 + 180
8 + 295	380 − 200	735 − 600	7 + 568
70 + 90	400 − 8	570 − 90	877 − 300
600 + 399	520 − 70	140 − 70	101 − 6

2 Ergänze!

a	b	c
447 + ▢ = 507	485 − ▢ = 285	▢ + 8 = 900
▢ + 300 = 450	166 − ▢ = 158	271 − ▢ = 221
▢ + 44 = 644	530 − ▢ = 460	240 + ▢ = 310
238 + ▢ = 438	872 − ▢ = 800	980 − ▢ = 180

★ **3** Kettenaufgaben

a Finde jeweils drei verschiedene Aufgaben!

200 + ▢ + ▢ = 650

955 − ▢ − ▢ = 420

b Ergänze die Ketten!

100 → ▢ → ▢ → ▢ → ▢ → 355
(+ 70, − 60, + 300, − 80, + 25)

450 → ▢ → ▢ → ▢ → ▢ → 205
(− 4, + 200, − 50, + 9, − 400)

4 **a**

+	8	40	500
200			
395			
60			

b

−	8	50	200
605			
220			
393			

5 Gabi und Paul wollen 3 Sorten Plätzchen backen. Sie schreiben die Zutaten auf.

a Wie viel Mehl (Zucker, Butter) brauchen sie für die Plätzchen?

b Wie schwer sind die Zutaten für die Mandelplätzchen? Wiege dazu auch ein Ei!

Das Lösen von Sachaufgaben

In den Ferien arbeiten Jugendliche jeweils 3 Wochen in einem Umweltprojekt.
Dort können sie Bäume pflanzen oder Tiere pflegen.
Einige arbeiten in der Küche, um die Gruppe zu versorgen.

Im Juli pflanzen 17 Jugendliche Bäume,
15 arbeiten im Tiergehege und 5 in der Küche.
Wie viele Jugendliche nehmen teil?

Lies die Aufgabe aufmerksam! Suche die Frage heraus!	Wie viele Jugendliche nehmen teil?
Schreibe das Wichtigste auf!	17 Jugendliche pflanzen Bäume. 15 Jugendliche arbeiten im Tiergehege. 5 Jugendliche arbeiten in der Küche.
Bilde eine Aufgabe!	17 + 15 + 5
Rechne die Aufgabe!	17 + 15 + 5 = 37
Schreibe den Antwortsatz!	37 Jugendliche nehmen im Juli am Umweltprojekt teil.

Im August nehmen 53 Jugendliche am Umweltprojekt teil.
Davon arbeiten 20 Jugendliche im Tiergehege und 8 in der Küche.
Wie viele Jugendliche pflanzen Bäume?

Lies die Aufgabe aufmerksam! Suche die Frage heraus!	Wie viele Jugendliche pflanzen Bäume?
Schreibe das Wichtigste auf!	53 Jugendliche nehmen teil. 20 Jugendliche arbeiten im Tiergehege. 8 Jugendliche arbeiten in der Küche.
Bilde Aufgaben! • Überlege die Rechenarten! • Beachte die Reihenfolge der Aufgaben!	20 + 8 = □ 53 − □
Rechne die Aufgaben!	20 + 8 = 28 53 − 28 = 25
Schreibe den Antwortsatz!	25 Jugendliche pflanzen Bäume.

Klassenfahrten

Saaler Bodden

4 TAGE 110 €

MIT HALBPENSION UND BUSFAHRT

BESUCH DES MEERESKUNDE-MUSEUMS IN STRALSUND	*5 €*
FAHRRADAUSLEIHE	*3 € PRO TAG*
SPORTGERÄTE AUSLEIHEN	*1 € PRO TAG*

BAD SEGEBERG

BUSFAHRT, ÜBERNACHTUNG UND HALBPENSION

3 TAGE 85 €

4 TAGE 111 €

4 TAGE

VOLLVERPFLEGUNG UND BUSFAHRT

140 €

1 Ordne die 4-Tages-Fahrten nach dem Preis!
Beginne mit dem niedrigsten Preis!

2 Die Klasse 5 vergleicht Angebote und entscheidet sich für die Fahrt zum Saaler Bodden.

a 3 Mädchen und 2 Jungen möchten auch das Museum besuchen.
Wie viel muss jeder von ihnen insgesamt bezahlen?

b 3 Jungen wollen das Museum besuchen und täglich Sportgeräte ausleihen.
Wie viel muss jeder für die Klassenfahrt bezahlen?

c 2 Mädchen und 2 Jungen werden alle Leistungen des Angebots in Anspruch nehmen.
Wie viel kostet die Fahrt insgesamt für eine Person?

d Wie viele Schüler werden das Museum besuchen?

★ **e** Familie Schwarz hat Zwillinge.
Wie viel müssen die Eltern für die Klassenfahrt mit Museumsbesuch bezahlen?

Halbschriftliches Addieren und Subtrahieren

In Altendorf wurde die neue Schwimmhalle eingeweiht.
In der ersten Woche kamen 360 Schulkinder und
220 Erwachsene zum Schwimmen.
Wie viele Badegäste waren das insgesamt?

Aufgabe: 360 + 220 = ▢

Wir rechnen in Schritten:

360 + 220		360 + 220
360 + 200 = 560	*oder*	300 + 200 = 500
560 + 20 = 580		60 + 20 = 80
360 + 220 = 580		500 + 80 = 580

Antwortsatz: In der ersten Woche kamen 580 Badegäste.

1 Rechne! Schreibe alle Schritte auf!

a	b	c	d
450 + 320	720 + 180	680 + 240	340 + 540
610 + 280	260 + 440	360 + 360	510 + 290
170 + 820	470 + 530	250 + 470	590 + 220

2 Rechne die Aufgaben! Versuche das Aufschreiben zu verkürzen!

a

+	320	480	510
140			
320			
430			

b

+	250
120	
360	
588	

c

+	190
470	
333	
651	

d

+	370
140	
540	
548	

3 Frau Elster, Herr Bär und Herr Hase verkaufen am Sonntag von 11 bis 16 Uhr im Tierpark Lose. Nach jeder Stunde rechnen sie ab.

12 Uhr	13 Uhr	14 Uhr	15 Uhr	16 Uhr
320	180	240	350	460

a Wie viele Lose haben sie bis 13 Uhr verkauft?
b Wie viele Lose wurden von 14 bis 16 Uhr verkauft?
c Bilde weitere Aufgaben!

In der Berufsschule werden 690 Lehrlinge unterrichtet.
Davon sind 280 Lehrlinge in Klassen zum Berufsfeld „Ernährung und Hauswirtschaft“.
Die anderen lernen im Berufsfeld „Metallbearbeitung“.

Aufgabe: 690 − 280 =

Wir rechnen in Schritten:

690 − 280		690 − 280	
690 − 200 = 490	*oder*	600 − 200 = 400	
490 − 80 = 410		90 − 80 = 10	
690 − 280 = 410		400 + 10 = 410	

Antwortsatz: 410 Lehrlinge lernen im Berufsfeld „Metallbearbeitung“.

1 Rechne! Schreibe alle Schritte auf!

a	b	c	d
750 − 330	870 − 150	380 − 180	520 − 470
680 − 470	560 − 260	1000 − 730	910 − 540
990 − 740	890 − 350	600 − 240	330 − 160

2 Rechne die Aufgaben! Versuche das Aufschreiben zu verkürzen!

a

−	130
250	
690	
840	

b

−	410
970	
750	
590	

c

−	390
780	
390	
660	

d

−	240
440	
660	
999	

3

Im Parkhaus werden aus Sicherheitsgründen die ein- und ausfahrenden Autos täglich gezählt. Ermittle die fehlenden Angaben!

	Mo	Di	Mi	Do	Fr	Sa
insgesamt	680	860	740	960	980	720
9 bis 14 Uhr		380	290		390	
14 Uhr bis 19 Uhr	390			550		250 (bis 16 Uhr)

Ferienreisen

1 Klaus, Stefan, Jana und Ines wohnen in Berlin.
Sie waren in den Ferien verreist.
Nun erzählen sie von ihren Erlebnissen.
Klaus war mit seinen Eltern unterwegs.
Stefan und Jana fuhren mit einer Jugendgruppe in die Ferien. Ines besuchte ihre Oma.

Rostocker Fährhafen

Berliner Fernsehturm

Flughafen Frankfurt/a. M.

a Klaus und seine Eltern fuhren am ersten Tag 250 km.
Am zweiten Tag legten sie 310 km zurück.
Wie heißt das Urlaubsziel?

b Wie viel Kilometer musste Ines bis zu ihrer Oma nach Rostock fahren?

c Stefan und Jana waren in einer Jugendherberge in Frankfurt am Main. Nach 150 km wurde immer eine Pause eingelegt.
Wie viel Kilometer blieben von der letzten Pause bis zum Ziel? Fertige zuerst eine Skizze an!

Olympiaturm in München

2 Ermittle die Anzahl der Kilometer, die Ines bei ihrer Ferienreise insgesamt gefahren ist!

3 Wie viel Kilometer sind es von Rostock über Berlin nach München?

4 Wie viel Kilometer sind es von Frankfurt am Main über Berlin nach Rostock?

5 Wie viel Kilometer ist die Strecke München – Berlin länger als Berlin – München?

Geometrie

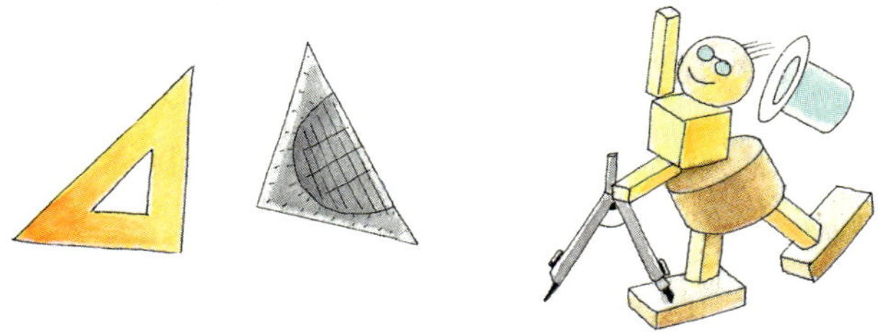

Würfel, Quader, Zylinder, Kugel

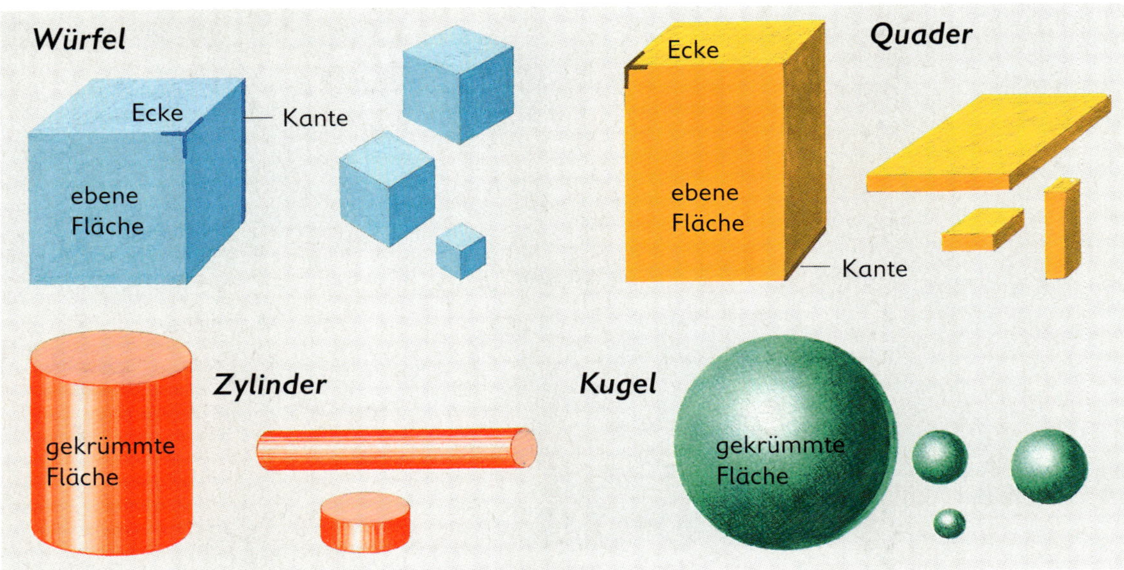

1 Untersuche je ein Körpermodell des Würfels, des Quaders, des Zylinders und der Kugel!

a Welche Körper haben ***ebene*** Flächen?
b Welche Körper haben eine ***gekrümmte*** Fläche?
c Welche Körper haben ***gerade*** Kanten?
d Welcher Körper hat ***gekrümmte*** Kanten?
e Wie viele Flächen, Ecken und Kanten haben die Körper?

2 Ordne den Gegenständen Körperformen zu!

Würfel	Quader	Kugel	Zylinder
…	Paket	…	…

1 Suche unter den Körpermodellen einen Würfel aus!
Umfahre die Fläche, auf der er steht!
Nimm den Würfel weg! Male die Fläche aus!
Du hast die ***Grundfläche*** des Würfels gezeichnet.

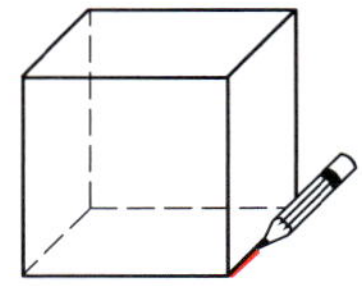

2 Zeichne die Grundfläche eines Quaders und eines Zylinders!
Geh dabei wie in Aufgabe 1 vor!

3 Sandra hat drei Grundflächen gezeichnet.
Schreibe die Namen von Körpern auf,
die diese Grundflächen haben!

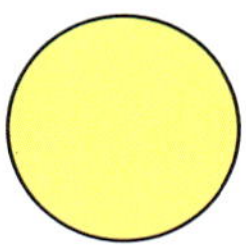

Kreis

Quadrat

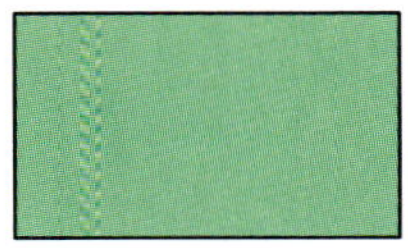

Rechteck

Wir wiederholen:
Die Fläche, auf der ein Körper steht,
heißt **Grundfläche**.
Gegenüber der Grundfläche liegt die **Deckfläche**.
Alle anderen Flächen heißen **Seitenflächen**.

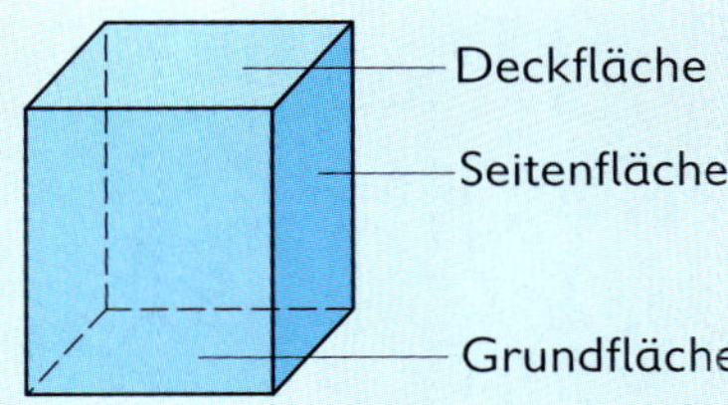

4 **a** Stelle eine leere Verpackung vor dich hin!
Beschrifte die Grundfläche, die Deckfläche
und die Seitenflächen der Verpackung!
Schneide die Flächen aus!

b Vergleiche
- die Größe der Grundfläche mit der Größe der Deckfläche,
- die Größe der Seitenflächen untereinander,
- die Größe jeder Seitenfläche mit der Größe der Grundfläche!

Sind zwei Flächen gleich groß, so sind sie **deckungsgleich**.

c Untersuche genauso weitere Verpackungen!

5 **a** Stelle einen Quader auf den Tisch!
Zeige seine Deckfläche und
die Seitenflächen!

b Kippe den Quader über eine Kante!
Zeige nun seine Deckfläche
und die Seitenflächen!

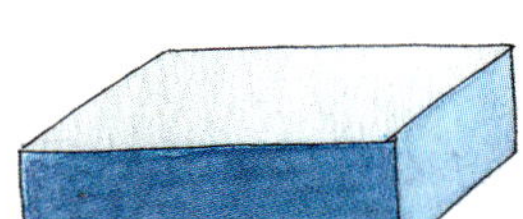

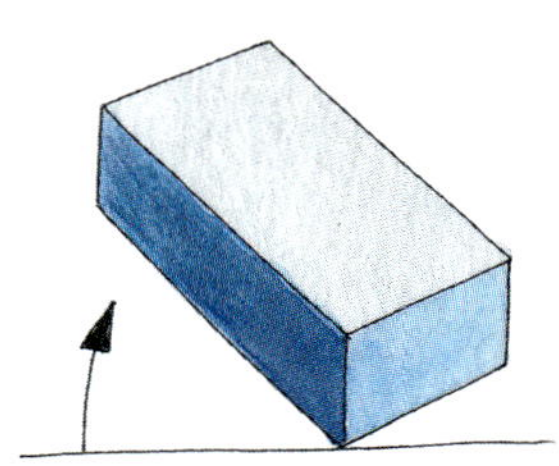

Kantenmodelle von Würfeln und Quadern

1 Baue das Kantenmodell eines Würfels aus Trinkröhrchen oder Stäbchen und Knetkügelchen!

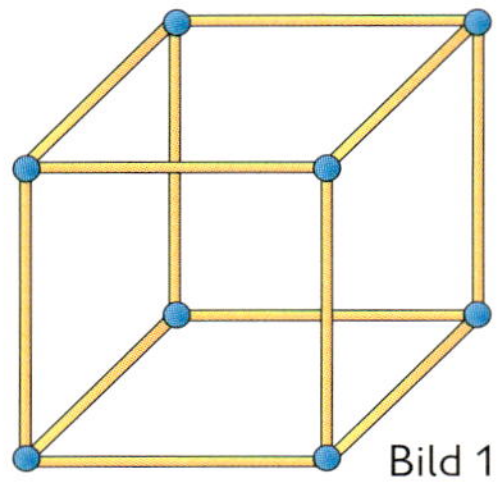
Bild 1

a Überlege vorher:
- Welche Merkmale hat ein Würfel?
- Wie viele gleich lange Trinkröhrchen oder Stäbchen (Anzahl der Kanten) brauchst du?
- Wie viele Knetkügelchen (Anzahl der Ecken) musst du formen?

b Baue das Kantenmodell nach Bild 2!

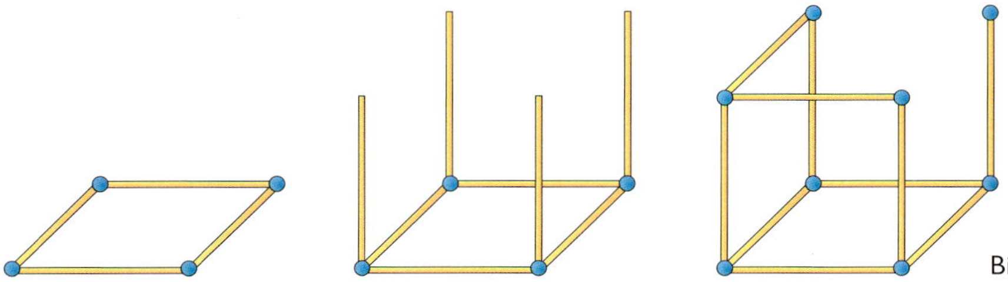
Bild 2

c Beschreibe, wie du beim Bauen des Kantenmodells vorgegangen bist!

2 Baue das Kantenmodell eines Quaders!

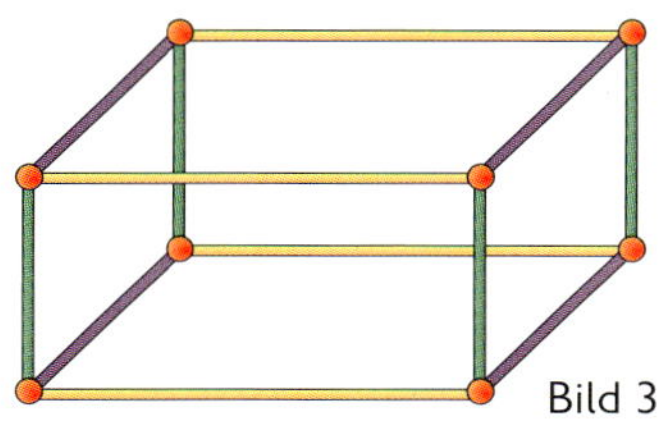
Bild 3

a Überlege vorher:
- Welche Merkmale hat der Quader?
- Wie viele Trinkröhrchen oder Stäbchen brauchst du von jeder Länge?
- Wie viele Knetkügelchen musst du formen?

b Baue das Kantenmodell nach Bild 4!

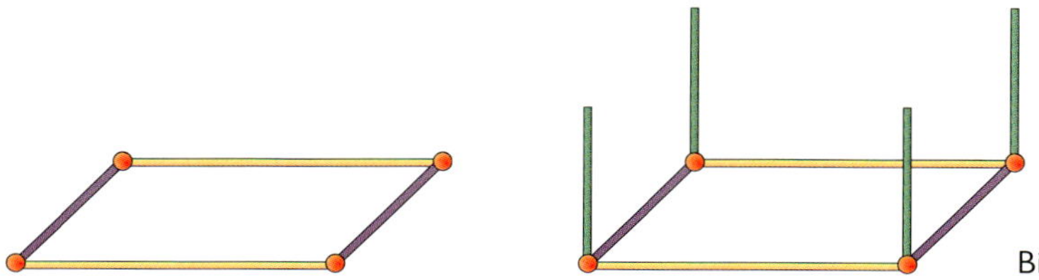
Bild 4

c Überprüfe dein Kantenmodell mit Bild 3!

d Kannst du beim Bauen auch anders vorgehen? Probiere es!

3 Was ist bei deinen Kantenmodellen gleich und was ist unterschiedlich?
Vergleiche dazu
- die Anzahl der Kügelchen (Ecken),
- die Anzahl der Trinkröhrchen/Stäbchen (Kanten),
- die Anzahl der gleich langen Trinkröhrchen/Stäbchen (Kanten)!

Würfelnetze

1 a Zerschneide eine würfelförmige Verpackung (Bild 1)! Klappe sie auf! Du erhältst ein Würfelnetz (Bild 2).

b Beschreibe das Würfelnetz! Nenne Anzahl und Form der Flächen!

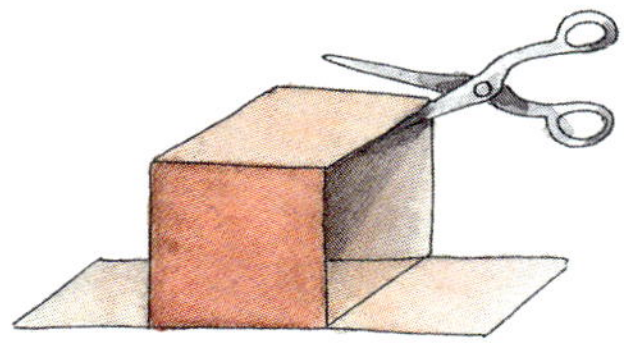

Bild 1

Bild 2

2 a Zeichne das Würfelnetz auf Kästchenpapier! Nimm für jede Quadratseite 8 Kästchen!

b Färbe die Flächen so wie auf dem Bild!

c Schneide das Netz aus! Falte es mit den Farbflächen nach außen zu einem Würfel!

d Vergleiche deinen Würfel mit den Würfeln im Bild 4! Zu welchem Würfel könnte dein Würfelnetz gehören?

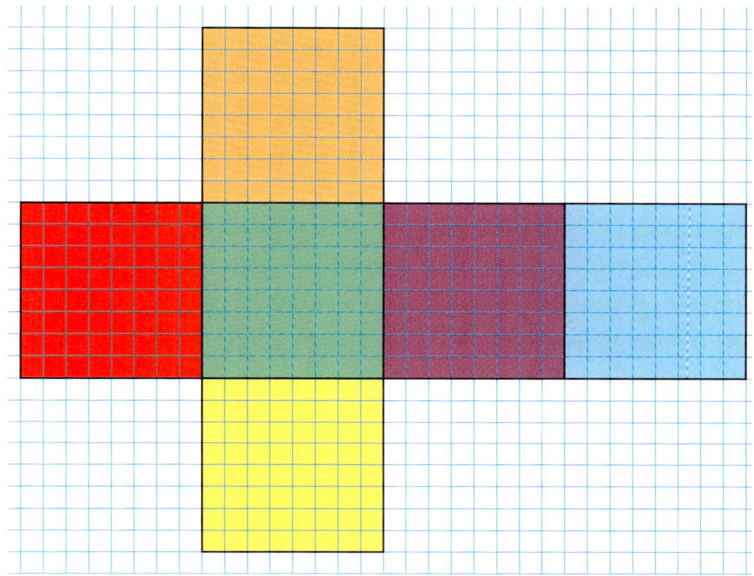

Bild 3

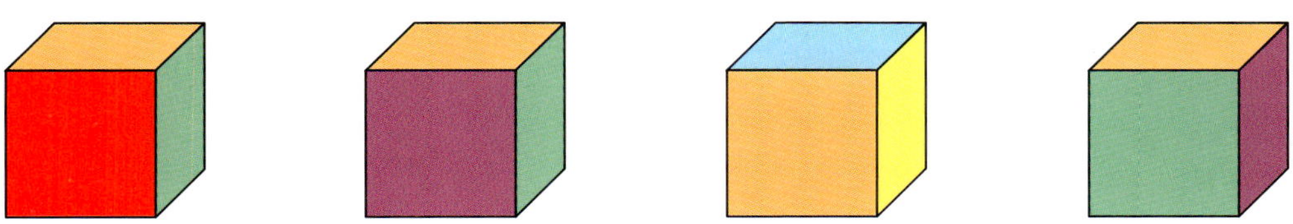

Bild 4

3 Welche Figuren (Bild 5) sind Würfelnetze?

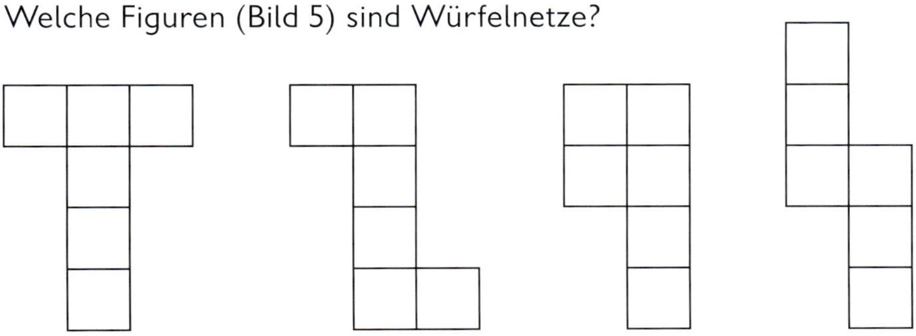

Bild 5

a Zeichne die Figuren auf Kästchenpapier! Nimm für jede Quadratseite 8 Kästchen!

b Schneide die Figuren aus! Probiere, ob du daraus einen Würfel falten kannst!

Quadernetze

1 a Zerschneide eine quaderförmige Verpackung! Klappe sie auf! Du erhältst ein Quadernetz.

b Beschreibe das Quadernetz: Anzahl und Form der Flächen, Größe der gegenüberliegenden Flächen!

2

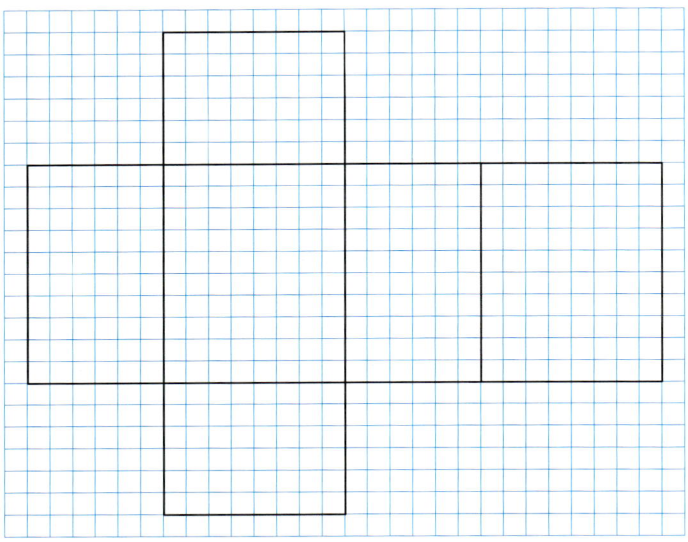

a Übertrage das Quadernetz auf Kästchenpapier! Nimm die gleiche Anzahl der Kästchen!

b Färbe die gegenüberliegenden Flächen jeweils mit gleicher Farbe!

c Schneide das Netz aus und falte es zu einem Quader! Überprüfe, ob du die Flächen richtig gefärbt hast!

3 Vergleiche das Quadernetz der Aufgabe 2 mit dem Würfelnetz der Aufgabe 2 auf Seite 51!
- Anzahl der Flächen
- Form der Flächen
- Anzahl der Flächen, die gleich groß sind

Was stellst du fest?

4 Übertrage die Figuren auf Kästchenpapier! Schneide sie aus! Überprüfe durch Falten, ob es Quadernetze sind!

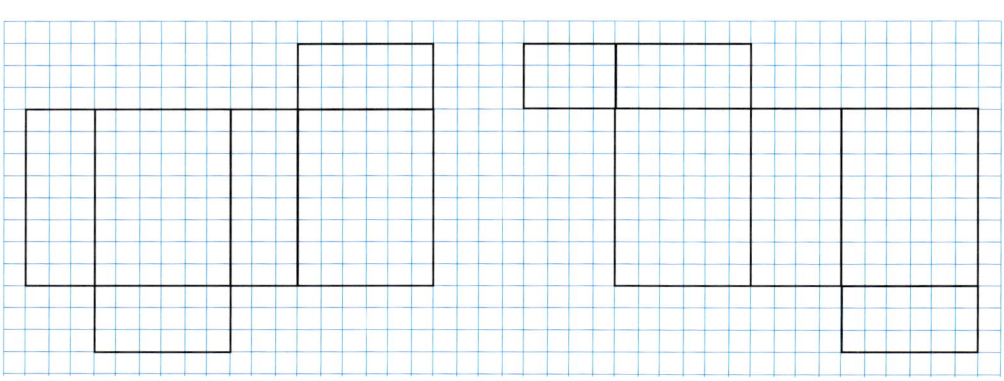

Geraden, Strahlen und Strecken

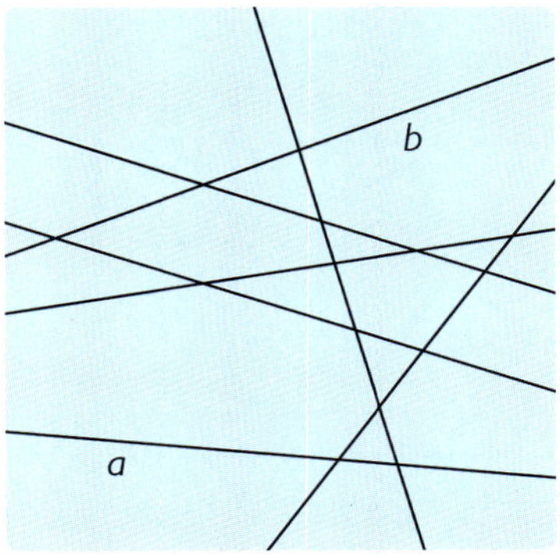

Das sind Geraden.

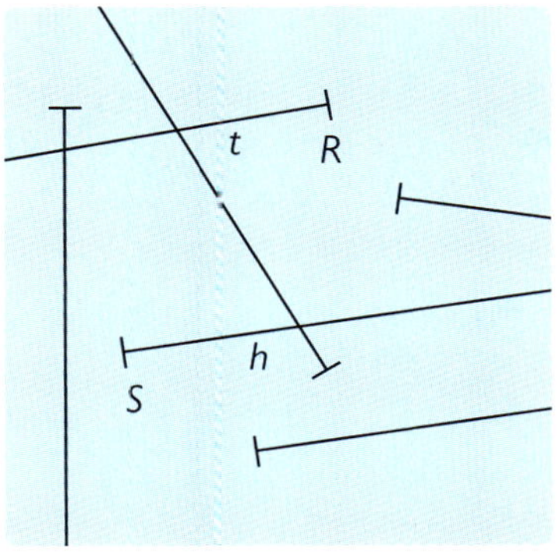

Das sind Strahlen.

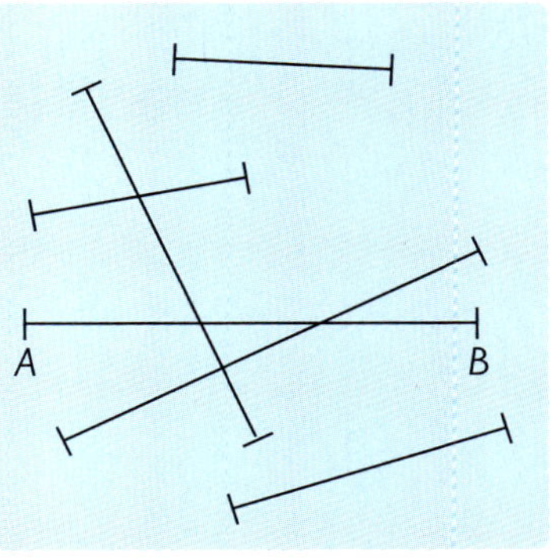

Das sind Strecken.

Geraden, Strahlen und Strecken sind gerade Linien.
Eine **Gerade** *(a, b)* hat keinen Anfangspunkt und keinen Endpunkt.
Ein **Strahl** *(h, t)* hat einen Anfangspunkt, aber keinen Endpunkt.
Eine **Strecke** ($\overline{AB}$) hat einen Anfangspunkt und einen Endpunkt.
Sie ist die kürzeste Verbindung zwischen zwei Punkten.

1 Zeichne drei Geraden, die sich in einem Punkt schneiden!

2 Übertrage die Punkte *A, B, C, D, E* aus Bild 1 auf Kästchenpapier!

a Verbinde immer zwei Punkte durch eine gerade Linie!
Wie viele Strecken findest du?

b Zähle die Dreiecke, die beim Verbinden der Punkte entstehen!

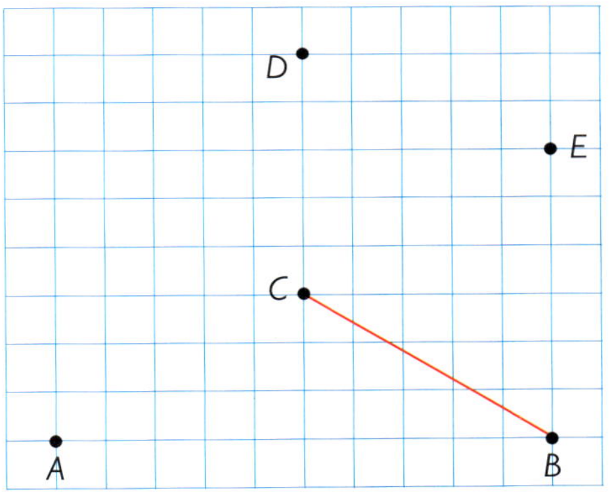

Bild 1

3

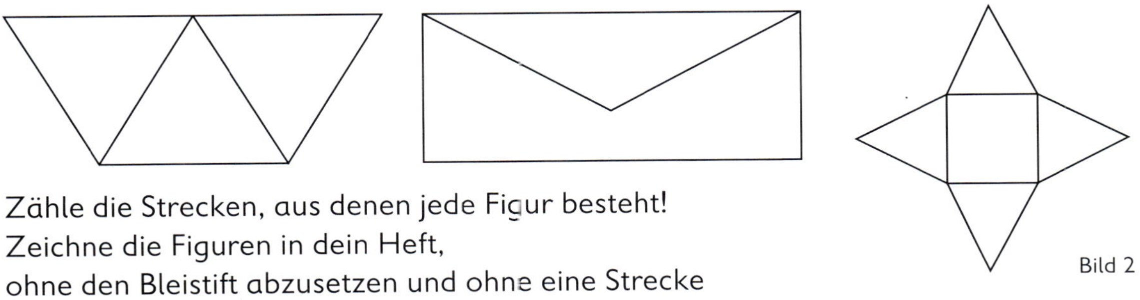

Bild 2

a Zähle die Strecken, aus denen jede Figur besteht!

b Zeichne die Figuren in dein Heft, ohne den Bleistift abzusetzen und ohne eine Strecke doppelt zu zeichnen!

c An welchem Punkt hast du mit dem Zeichnen begonnen?
Probiere, ob du auch an anderen Punkten beginnen kannst!

Wir zeichnen eine Strecke.

1. Zeichne eine Gerade!
2. Lege einen Punkt *A* auf der Geraden fest!
   Es entstehen zwei Strahlen!
3. Nimm eine gegebene Länge vom Nullpunkt des Lineals aus in die Zirkelspanne!
4. Trage die Zirkelspanne von *A* aus auf einem Strahl ab!
5. Bezeichne den Schnittpunkt mit *B*!

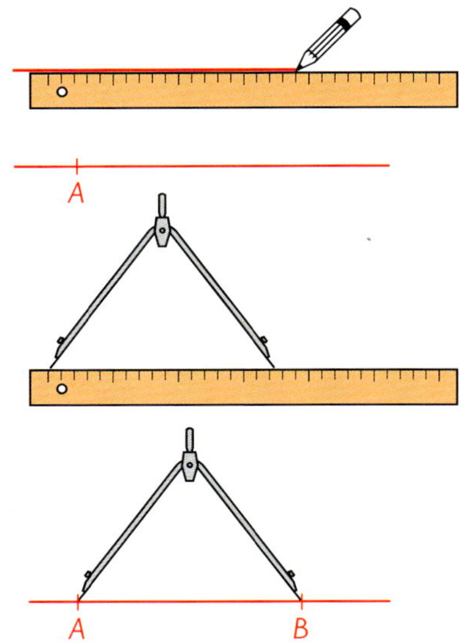

1 Zeichne Strecken! Nutze dazu Lineal und Zirkel!
$\overline{AB} = 6$ cm $\quad \overline{CD} = 10$ cm $\quad \overline{EF} = 4$ cm $\quad \overline{GH} = 2$ cm

2 **a** Gib die Länge jeder Strecke an! Schätze zuerst, miss dann nach!
Schreibe so in dein Heft: $\overline{AB} = \square$ mm

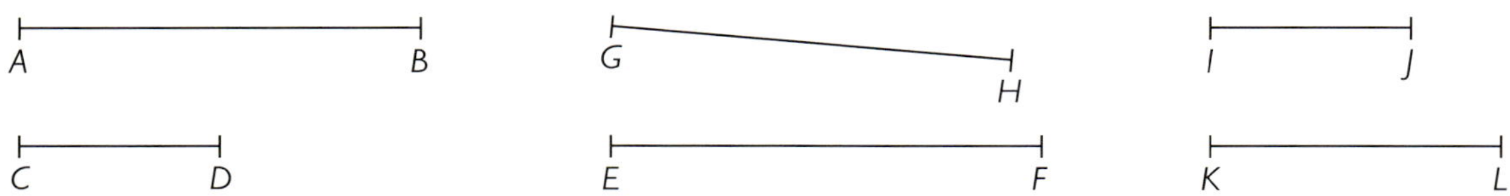

b Welche Strecke ist am längsten, welche am kürzesten?
c Welche Strecken sind gleich lang?
d Welche Strecken sind länger als die Strecke $\overline{KL}$?

3 **a** Welcher der beiden Gegenstände ist länger als der andere?
Schätze zuerst und miss dann nach!
- Federmappe, Bleistift
- Buch, Schultasche
- Schreibblock, Hefter
- Schrank, Brett in diesem Schrank

b Warum muss einer der beiden Gegenstände länger als der andere sein?

4 Wo liegen die Punkte *A*, *B*, *C*, *D*, *E*, *F*, *G*, *H*, *J*?
Nutze die Worte *liegt auf*, *liegt nicht auf*, *liegt zwischen*!

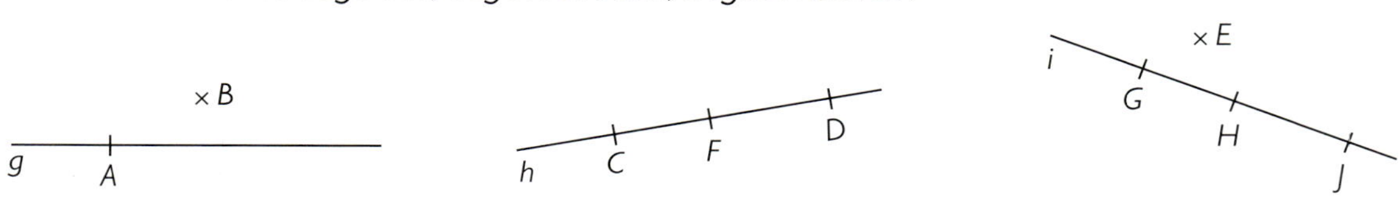

Zueinander parallele Geraden und Strecken

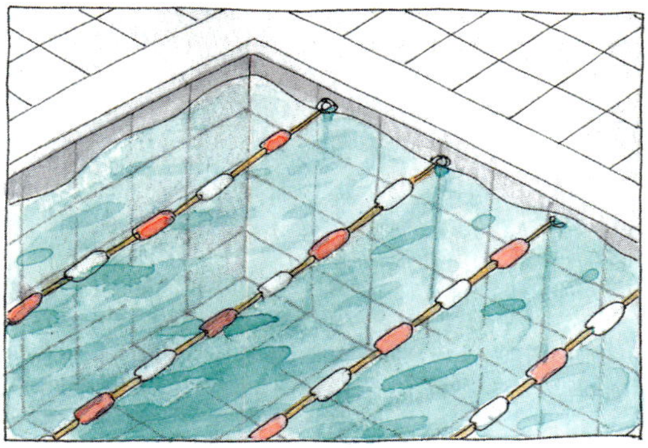

Wir kennen zueinander parallele Geraden.

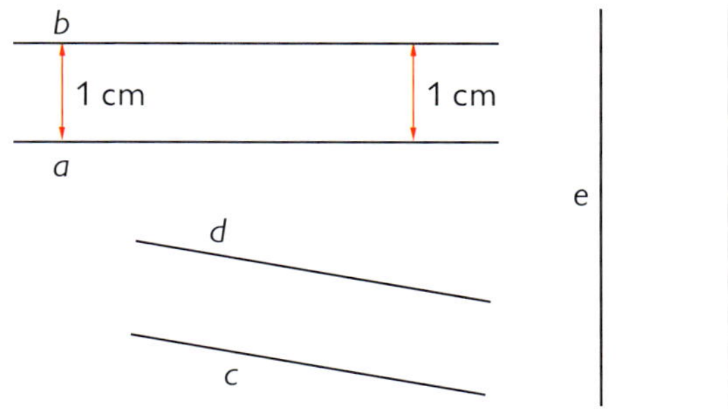

1 Was weißt du über den Abstand von Geraden, die zueinander parallel sind?
Betrachte dazu die Abbildungen!

2 Zeichne zueinander parallele Geraden auf Kästchenpapier!
Miss den Abstand an mehreren Stellen!

3 Falte ein Blatt Papier so, dass zueinander parallele Faltlinien entstehen!
Was musst du dabei beachten?

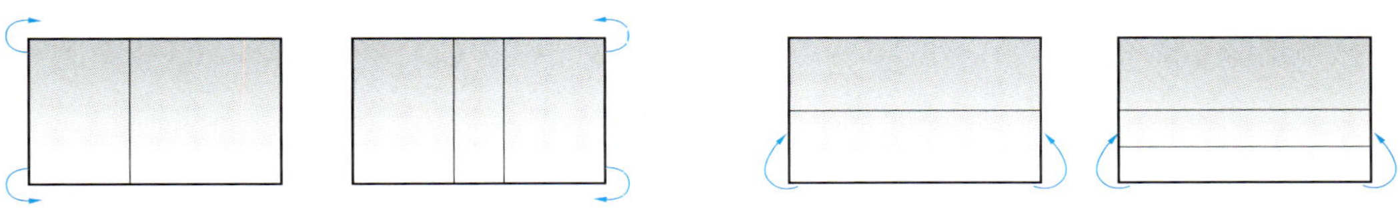

Wir zeichnen zueinander parallele Geraden mit dem Geodreieck.

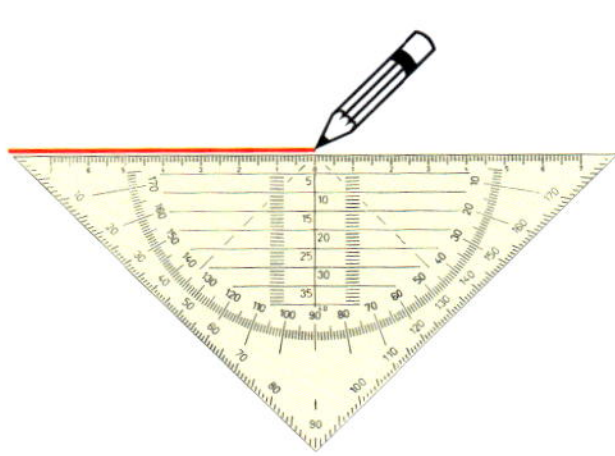

1. Zeichne eine Gerade mit dem Geodreieck!

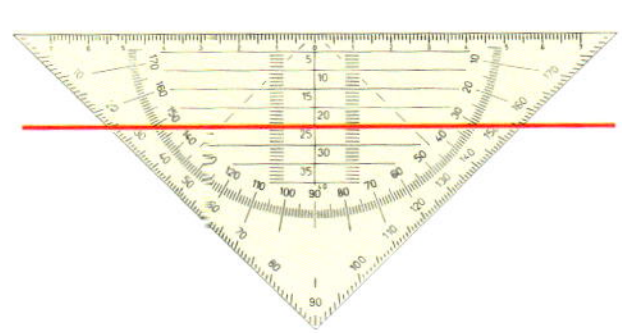

2. Lege das Geodreieck so auf, dass eine Linie des Dreiecks auf der Geraden liegt!

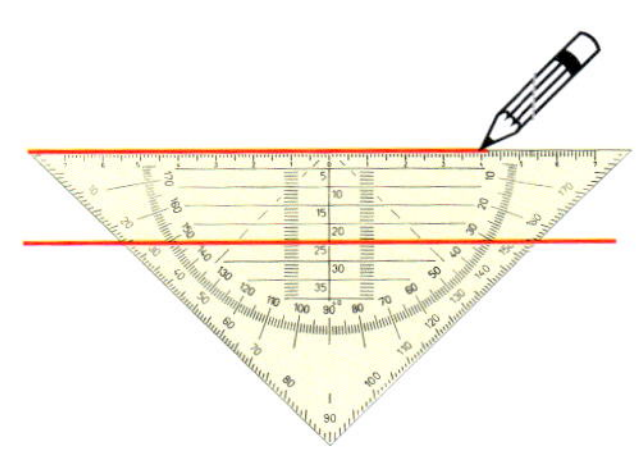

3. Zeichne an der längsten Seite des Geodreiecks eine Gerade!

4
- **a** Zeichne die Muster nach!
- **b** Beschreibe, wie du vorgegangen bist!
- **c** Zeichne die geraden Linien, die zueinander parallel sind, mit der gleichen Farbe nach!

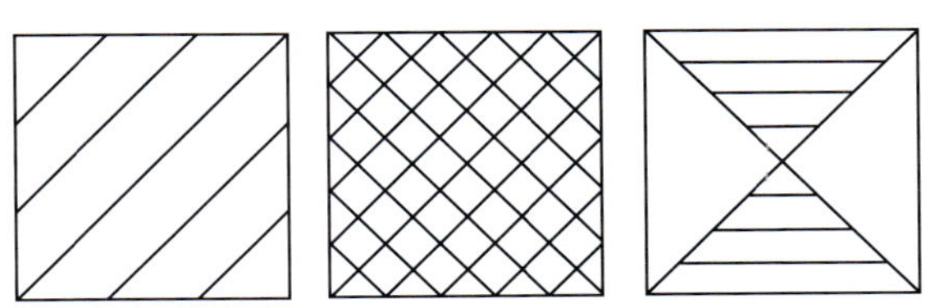

1 **a** Zeichne die Figuren auf Kästchenpapier!
b Färbe die Seiten, die zueinander parallel sind, mit der gleichen Farbe!

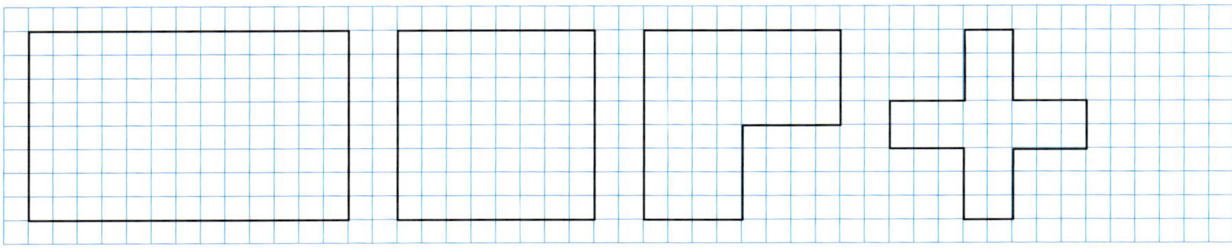

Wir zeichnen zueinander parallele Geraden mit Lineal und Zeichendreieck.

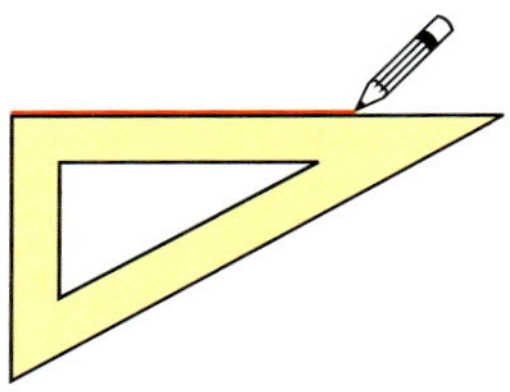

1. Zeichne eine Gerade!

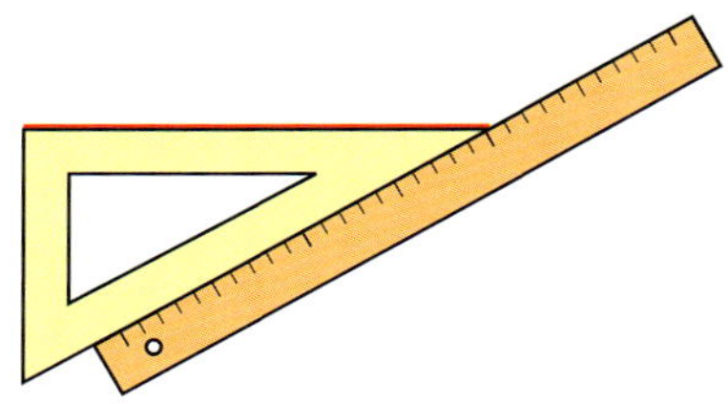

2. Lege an eine andere Seite des Dreiecks ein Lineal an!

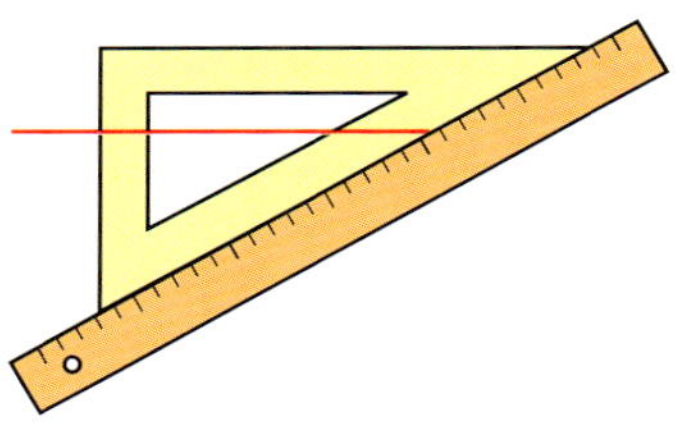

3. Verschiebe das Dreieck am Lineal entlang nach oben oder nach unten!

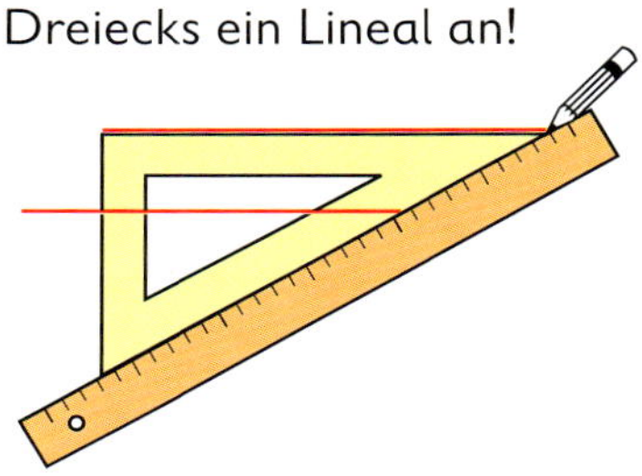

4. Zeichne eine Gerade, die parallel zur anderen Geraden ist!

2 **a** Zeichne eine Gerade *g*!
Zeichne dann die Geraden *h* und *i*, die parallel zur Geraden *g* sind!

b Zeichne zwei zueinander parallele Geraden *k*, *l*!
Zeichne dann eine Gerade *a*, die nicht parallel zu den Geraden *k* und *l* ist!

3 **a** Suche zueinander parallele Seiten an Flächen!
Miss den Abstand an mehreren Stellen mit dem Geodreieck!

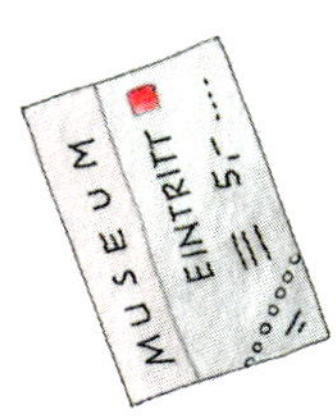

b Suche an Gegenständen nach Kanten, die zueinander parallel sind!
Überprüfe den Abstand an mehreren Stellen!

Zueinander senkrechte Geraden und Strecken

1 **a** Falte ein Blatt nacheinander so, wie in den Bildern 2 und 3 dargestellt!
Die zusammengefaltete Figur nennt man auch Faltwinkel.
b Klappe das Blatt auf (Bild 4)!
Die Faltlinien sind zueinander senkrecht. Sie bilden vier rechte Winkel.

1 
2 
3 
4 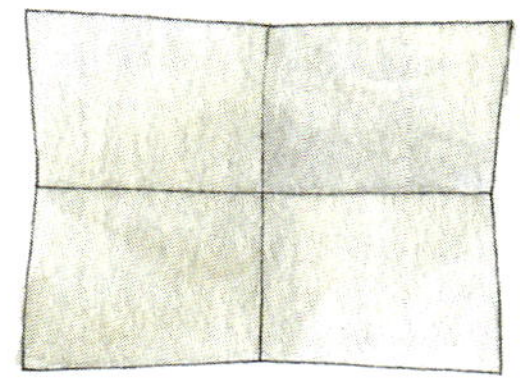

2 Suche mit dem Faltwinkel rechte Winkel auf deinem Geodreieck!

3 Welche Strecken sind senkrecht zueinander?
Überprüfe mit dem Geodreieck oder mit dem Faltwinkel!

a
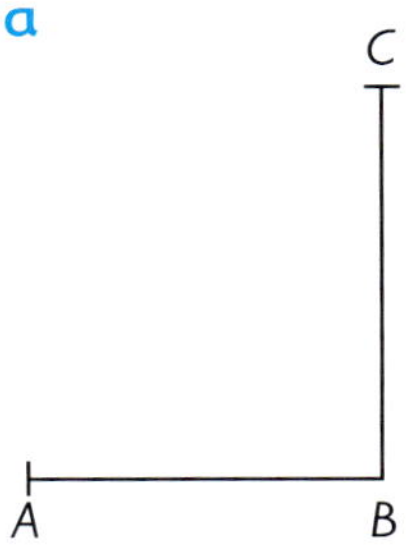

b

c
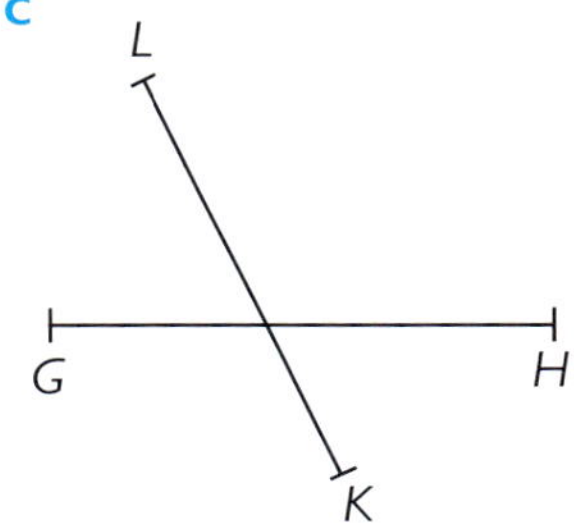

d
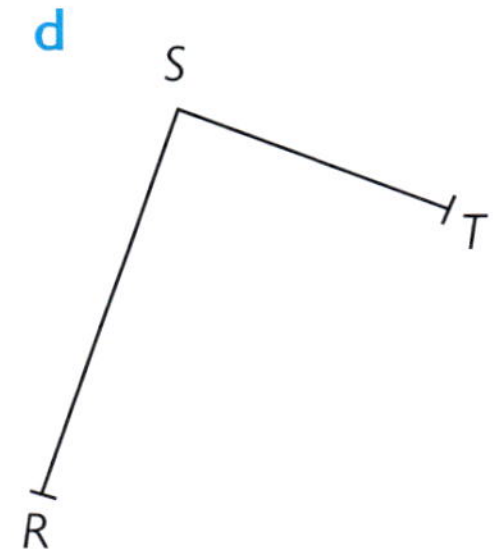

Wir zeichnen zueinander senkrechte Geraden mit dem Geodreieck.

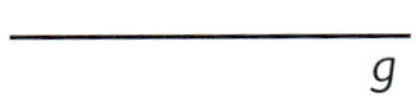

1. Gerade g zeichnen

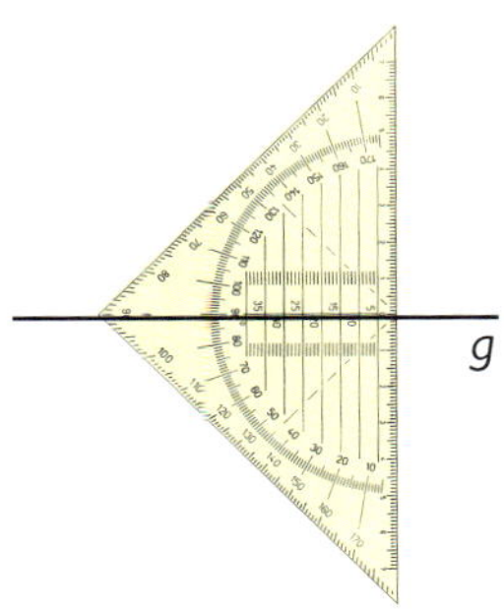

2. Geodreieck anlegen

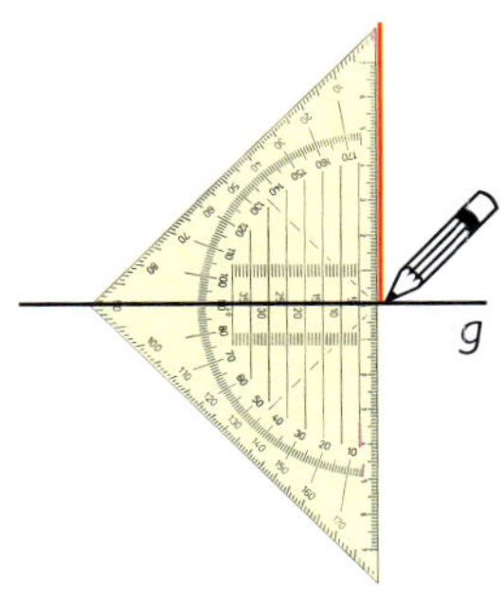

3. Senkrechte zeichnen

4 Zeichne eine Gerade g! Zeichne mithilfe des Geodreiecks
die Geraden a und b, die senkrecht zur Geraden g sind!

★ **5** Zeichne die Strecke $\overline{AB}$ mit der Länge 8 cm!
Zeichne durch den Punkt B die Senkrechte zur Strecke $\overline{AB}$!

Wir zeichnen zueinander senkrechte Geraden mit Lineal und Zeichendreieck.

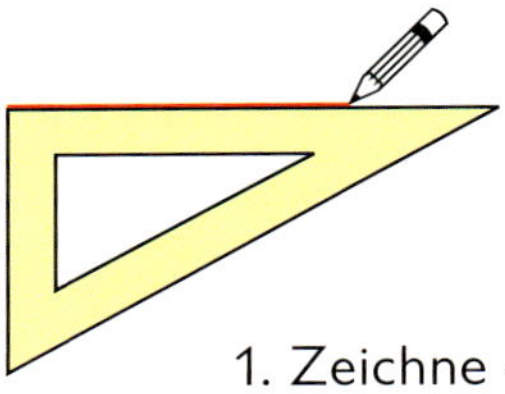

1. Zeichne eine Gerade! Nutze dabei eine kurze Seite des Dreiecks!

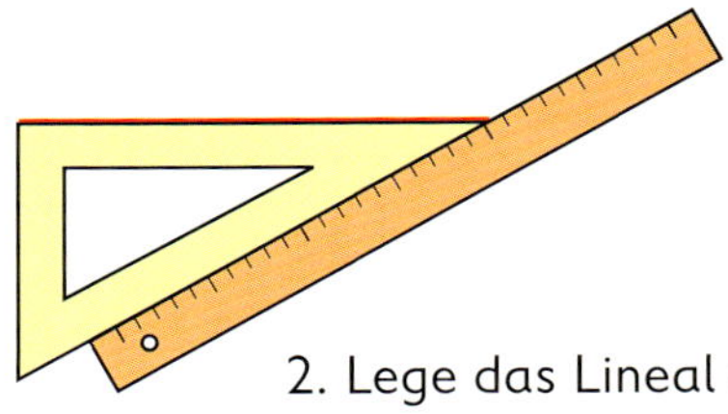

2. Lege das Lineal an die längste Seite des Dreiecks!

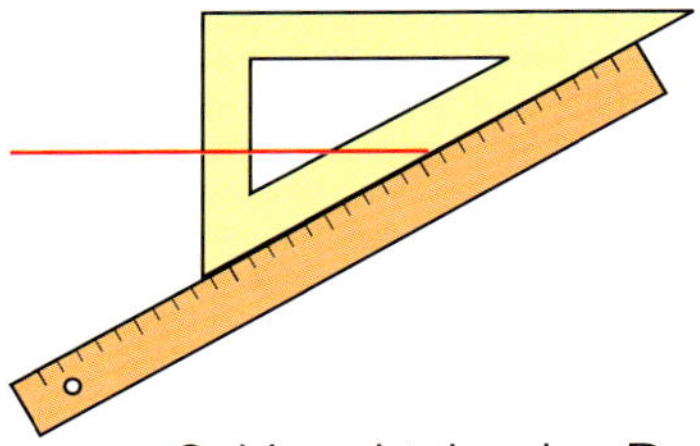

3. Verschiebe das Dreieck nach oben!

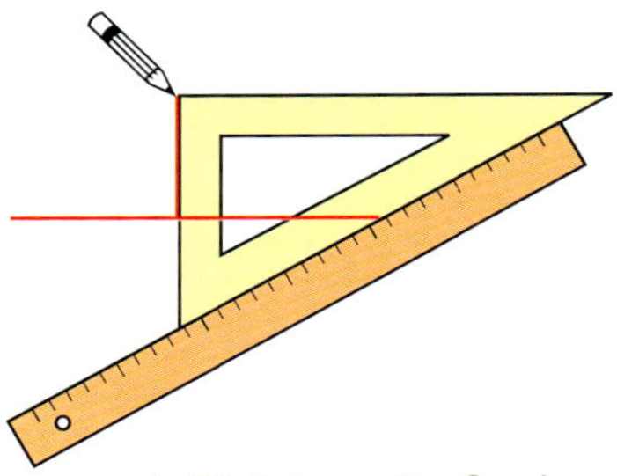

4. Zeichne die Senkrechte nach oben oder nach unten!

1 **a** Zeichne eine Gerade l!
Zeichne drei Geraden m, n, r, die senkrecht zur Geraden l sind, und bezeichne sie!

b Zeichne zwei Geraden a, b, die senkrecht zueinander sind!
Zeichne dazu die Gerade c, die nicht senkrecht zu den Geraden a und b ist!

2 **a** Zeichne eine Gerade g!

b Lege den Punkt A fest, der auf der Geraden g liegt!

c ★ Zeichne eine Gerade s, die durch den Punkt A geht und senkrecht zu g ist!

3 **a** Suche zueinander senkrechte Seiten an Flächen, zum Beispiel an einem Foto, an einer Heftseite, an einem Zeichenblatt!

b Suche zueinander senkrechte Kanten an Gegenständen, zum Beispiel an einem Tisch, an einem Buch, an einem Würfel!

4 Zeichne die Figuren auf Kästchenpapier!
Färbe die Seiten, die zueinander senkrecht sind, mit der gleichen Farbe!

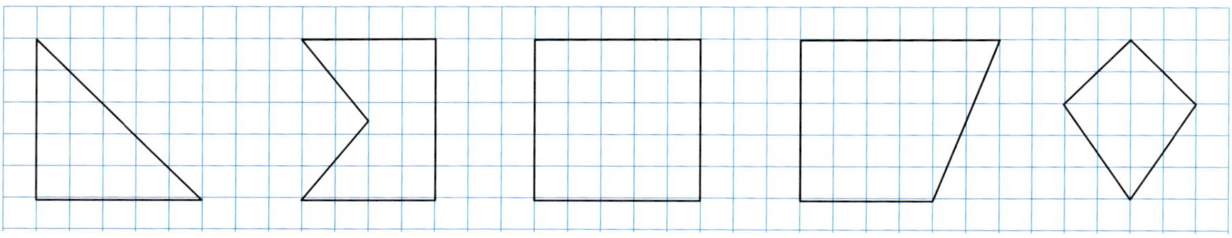

Waagerecht und lotrecht

Der Wasserspiegel ist immer **waagerecht.**

Der Maurer prüft mit der Wasserwaage, ob die gemauerte Fläche waagerecht ist.

Mit einer Metallkugel oder einer Murmel kannst du überprüfen, ob eine glatte Fläche waagerecht ist.

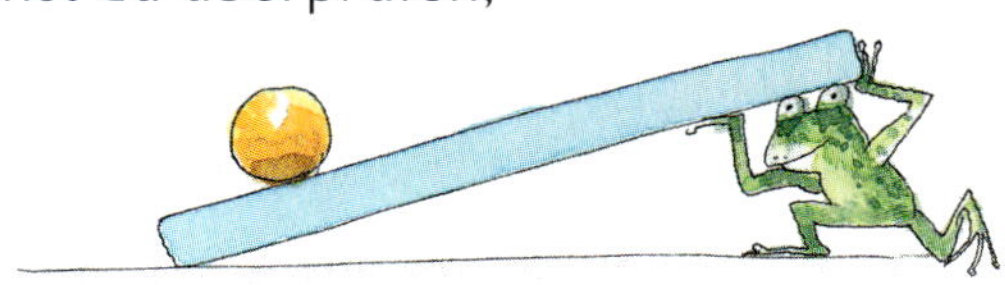

Die Fläche ist waagerecht, wenn die Kugel nicht rollt.

Die Fläche ist nicht waagerecht, wenn die Kugel rollt.

1 Lege eine Murmel oder eine Metallkugel auf ein Buch mit festem Einband! Halte das Buch waagerecht!

2 a Nenne Gegenstände aus deiner Umgebung, an denen waagerechte Flächen vorkommen! Überprüfe mit einer Wasserwaage!

b Warum müssen manche Flächen waagerecht sein?

Ob eine Mauer **lotrecht** ist, überprüft der Maurer mit dem Senklot oder der Wasserwaage.

3 a Baue ein Senklot! Binde dazu ein Wägestück oder einen anderen Gegenstand an eine Schnur!

b Überprüfe mit deinem Senklot oder einer Wasserwaage, welche Kanten an Gegenständen lotrecht sind!

Flächen

1 Flächen kann man an Körpern erkennen.

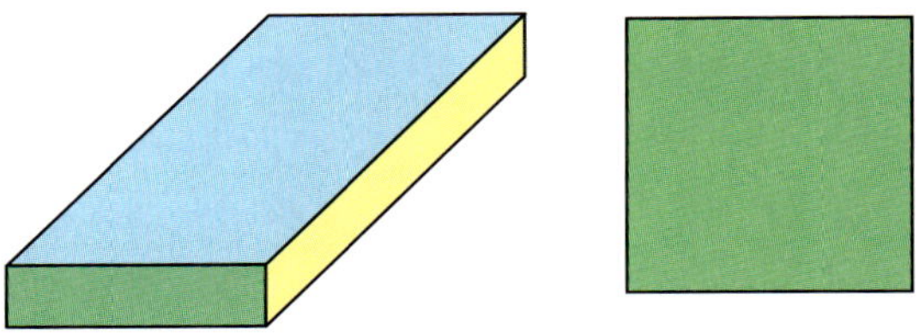

a Streiche mit der Hand über die Flächen eines Quaders! Zähle die Flächen des Körpers! Welche Form haben sie?

b Umfahre ein quadratisches Legeplättchen mit dem Bleistift! Male die Quadratfläche farbig aus!

Wir unterscheiden verschiedene Vierecke:

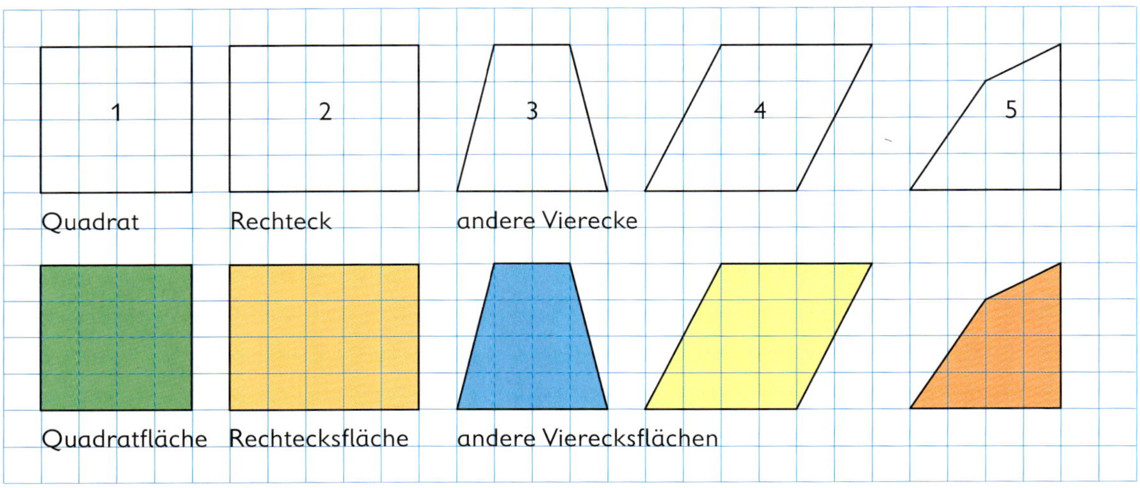

2 **a** Übertrage die Figuren 1 bis 5 in dein Heft und male sie gelb aus!
b Zeichne bei jeder Figur gleich lange Seiten mit der gleichen Farbe nach!
c Suche rechte Winkel und kennzeichne sie so: 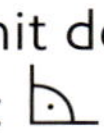

3 Übertrage die Tabelle in dein Heft und ergänze!
Vergleiche die Vierecksflächen! Suche Gemeinsamkeiten und Unterschiede!

	Fläche 1	Fläche 2	Fläche 3	Fläche 4	Fläche 5
Anzahl der Seiten					
Anzahl der Eckpunkte					
Anzahl der rechten Winkel					

4 **a** Benenne die abgebildeten Flächen!
b Suche Gegenstände, die eine Kreisfläche oder eine Dreiecksfläche haben! Gib die Namen der Gegenstände an!

Quadrate

1 Umfahre die Grundfläche eines Würfels! Welche Figur erhältst du?

2 Welche der abgebildeten Gegenstände haben eine quadratische Grundfläche? Schreibe die Nummern auf!

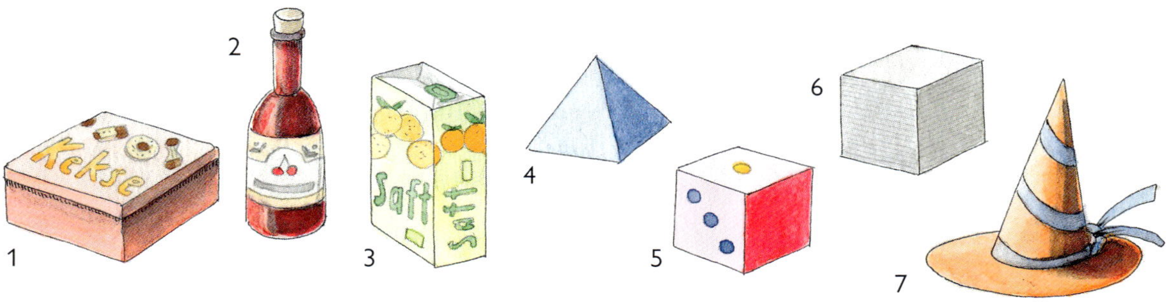

3 a Suche Gegenstände in deiner Umgebung, die quadratische Flächen haben! Stelle einen Gegenstand auf seine quadratische Fläche und umfahre diese mit einem Bleistift!

b Überprüfe durch Messen, ob die Seiten gleich lang sind!

4 Mit welchen Figuren der Schablone kann man Quadrate zeichnen? Schreibe die Nummern auf!

5 Falte ein Blatt Papier so, dass ein Quadrat entsteht!

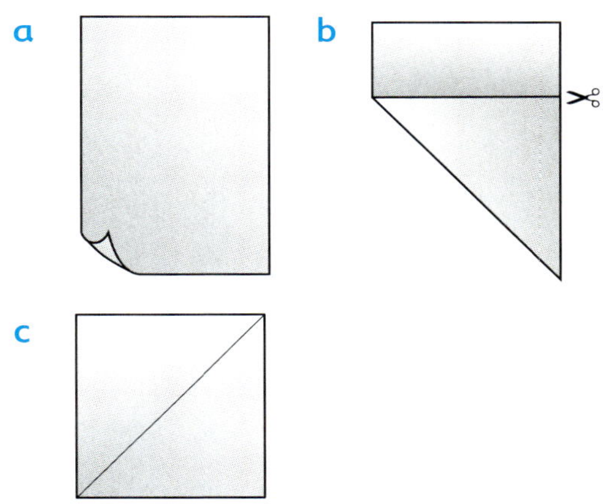

6 a Was musst du beachten, wenn du ein Quadrat auf Kästchenpapier zeichnest?

b Zeichne auf Kästchenpapier vier Quadrate mit folgenden Seitenlängen:
a = 3 cm
a = 2 cm
a = 4 cm
a = 5 cm

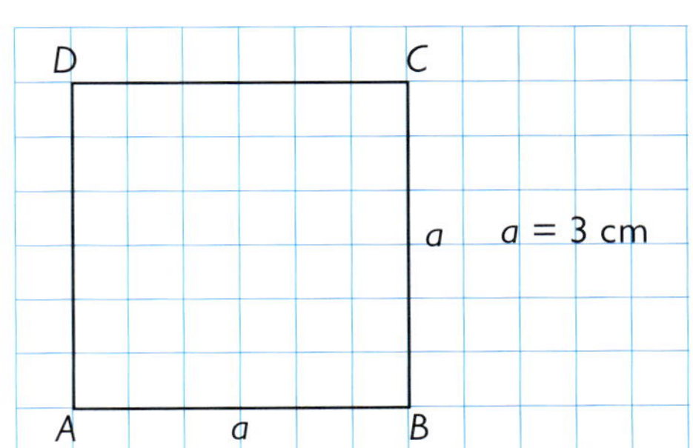

1 Untersuche ein Quadrat!

a Wie liegen die gegenüberliegenden Seiten zueinander?

b Wie liegen benachbarte Seiten zueinander?

c Was erkennst du, wenn du alle Seiten miteinander vergleichst?

Wir zeichnen ein Quadrat mit Geodreieck und Zirkel.

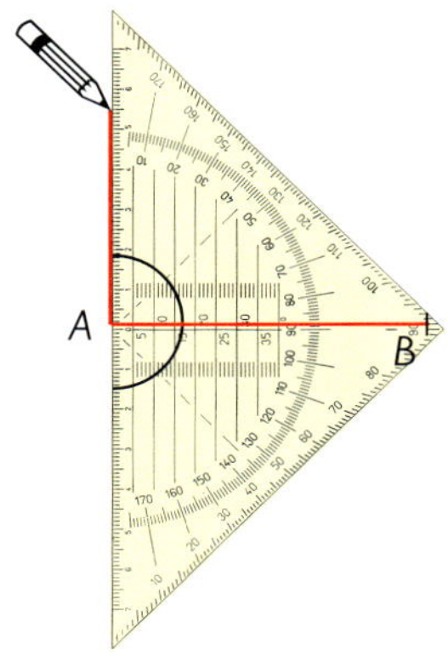

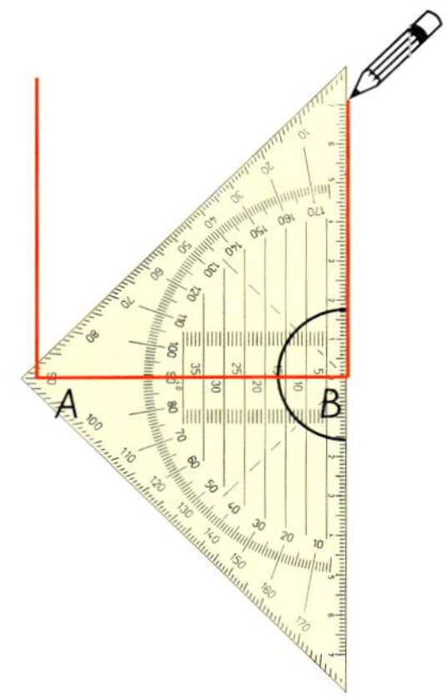

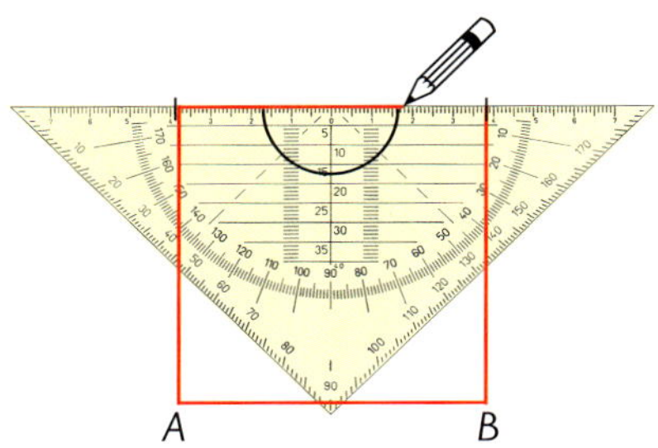

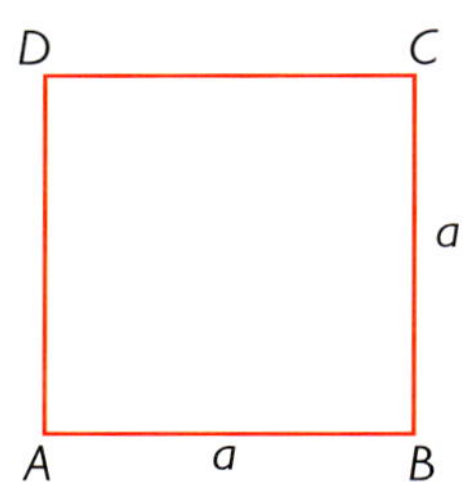

1. Zeichne eine Strecke $\overline{AB}$!
2. Zeichne durch den Punkt A die Senkrechte zur Strecke $\overline{AB}$!
3. Zeichne nun durch den Punkt B die Senkrechte zur Strecke $\overline{AB}$!
4. Trage auf beiden Senkrechten die Länge der Strecke $\overline{AB}$ mit dem Zirkel ab!
5. Verbinde beide Schnittpunkte! Bezeichne sie mit C und D!
6. Bezeichne die Seiten mit a!

2 Gestalte Muster aus Quadraten!

a Zeichne Quadrate auf ein weißes Blatt Papier! Seitenlänge: $a = 4$ cm, $a = 3$ cm, $a = 6$ cm

b Schneide die Quadrate aus!

c Falte jedes Quadrat so, dass vier kleine Quadrate entstehen! Schneide auch diese Quadrate aus!

d Lege mit den Quadraten ein Muster! Klebe es auf und gestalte das Muster farbig!

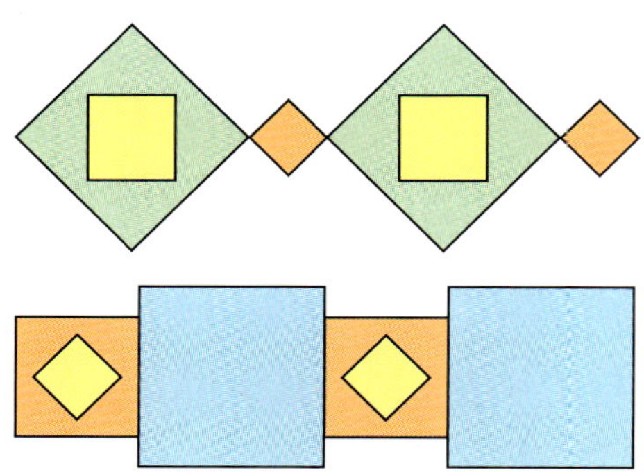

Rechtecke

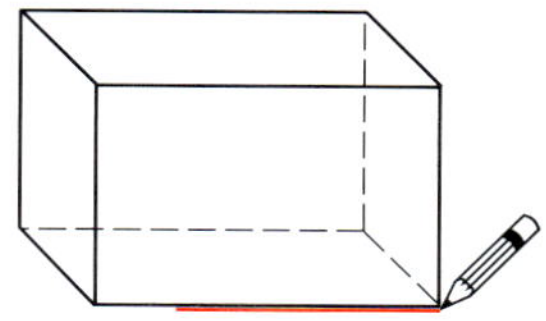

1 Umfahre die Grundfläche eines Quaders!
Welche Figur erhältst du?

2 Welche der abgebildeten Gegenstände haben eine rechteckige Grundfläche? Schreibe die Nummern auf!

3 Untersuche das Rechteck, das du in Aufgabe 1 gezeichnet hast!

- a Wie liegen gegenüberliegende Seiten zueinander?
- b Wie liegen benachbarte Seiten zueinander?
- c Was stellst du fest, wenn du die Längen der gegenüberliegenden Seiten miteinander vergleichst?
- d Was stellst du fest, wenn du die Längen der benachbarten Seiten miteinander vergleichst?

4 a Betrachte die Schablone auf Seite 61! Welche Figuren können zum Zeichnen eines Rechtecks genutzt werden? Schreibe die Nummern auf!

b Zeichne mit einer Schablone drei verschiedene Rechtecke!

5 Zeichne mit einer Schablone Muster, die aus verschieden großen Rechtecken bestehen! Gestalte die Muster farbig!

Beispiele für Muster:

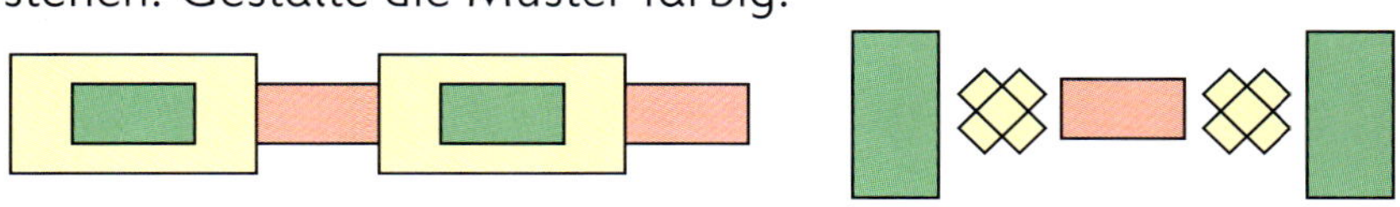

6 a Falte ein Blatt Papier so, dass mehrere Rechtecke entstehen!

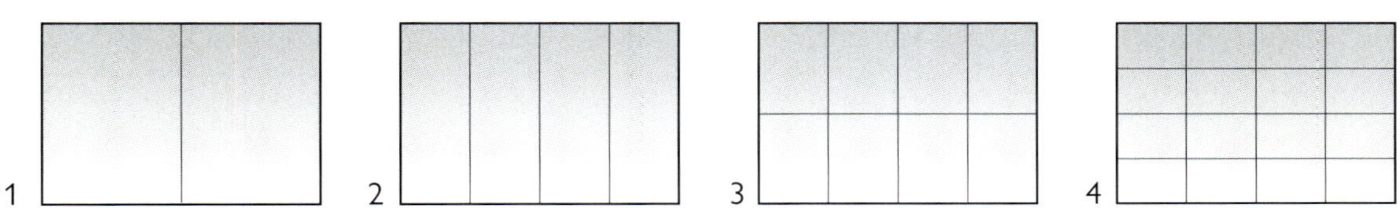

b Wie viele Rechtecke sind jeweils beim Falten entstanden?

c Falte nun ein Blatt so, dass verschieden große Rechtecke entstehen!

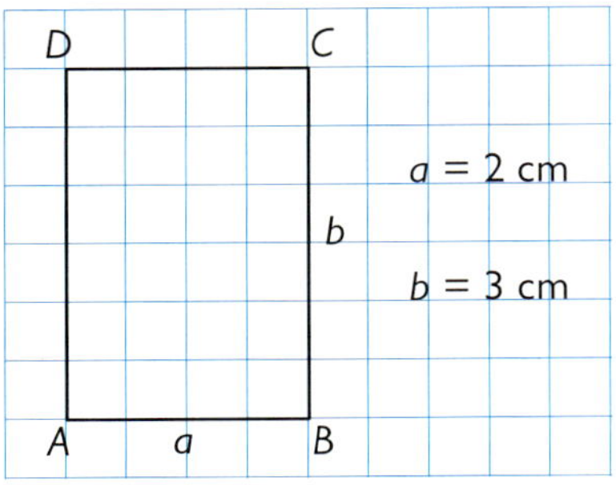

1 Zeichne vier Rechtecke auf Kästchenpapier!

$a = 4$ cm, $b = 2$ cm
$a = 3$ cm, $b = 4$ cm
$a = 2$ cm, $b = 1$ cm
$a = 6$ cm, $b = 2$ cm

Wir zeichnen ein Rechteck mit Geodreieck und Zirkel.

1. Zeichne eine Strecke $\overline{AB}$!

2. Zeichne durch den Punkt A die Senkrechte zur Strecke $\overline{AB}$! Trage die Länge der Strecke $\overline{AD}$ mit dem Zirkel auf dieser Senkrechten ab! Bezeichne den Schnittpunkt mit D!

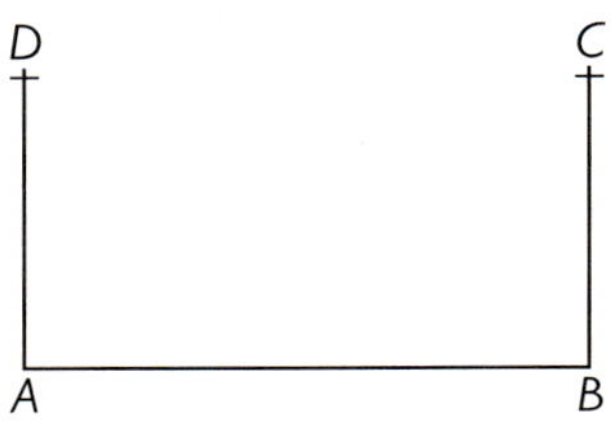

3. Zeichne durch den Punkt B die Senkrechte zur Strecke $\overline{AB}$! Trage wieder die Länge der Strecke $\overline{AD}$ mit dem Zirkel auf der Senkrechten ab! Bezeichne den Schnittpunkt mit C!

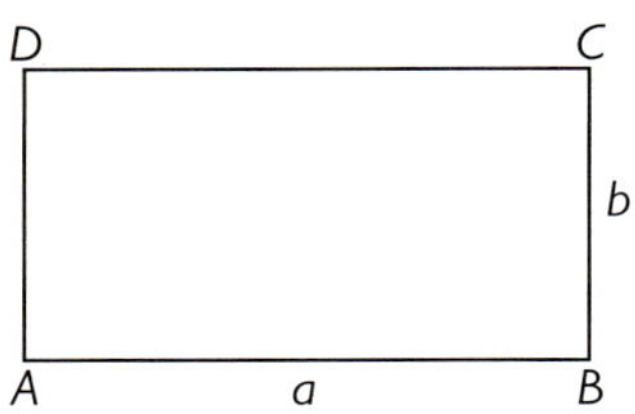

4. Verbinde die Punkte C und D! Du erhältst das Rechteck $ABCD$. Bezeichne die Seiten $\overline{AB}$ und $\overline{CD}$ mit a und die Seiten $\overline{AD}$ und $\overline{BC}$ mit b!

2 Zeichne Rechtecke mit Geodreieck und Zirkel!

a Rechteck $ABCD$: $a = 2$ cm, $b = 4$ cm
b Rechteck $EFGH$: $e = 5$ cm, $f = 3$ cm
c Rechteck $IJKL$: $i = 3$ cm, $k = 7$ cm
d Rechteck $MNOP$: $m = 4$ cm, $n = 5$ cm

★ **3** Wie viele Rechtecke findest du in jeder Figur?

a

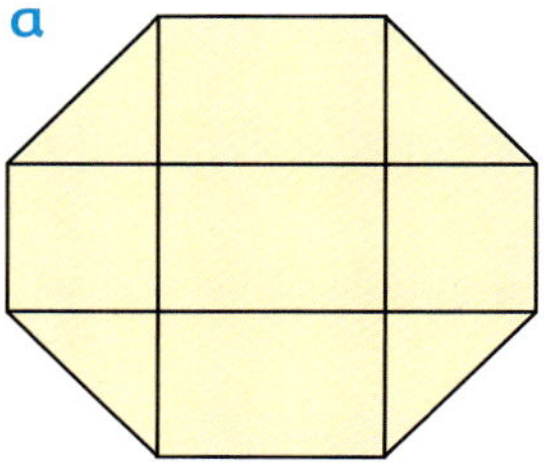

b

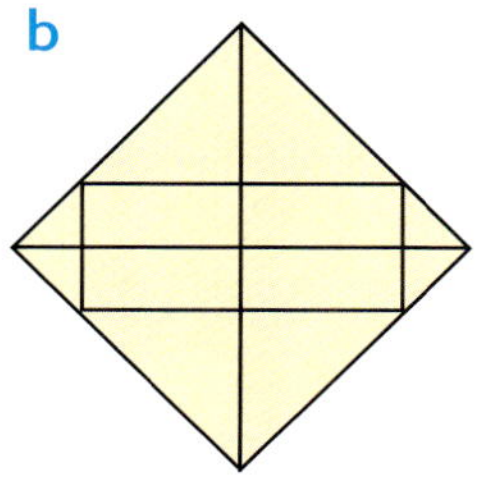

c

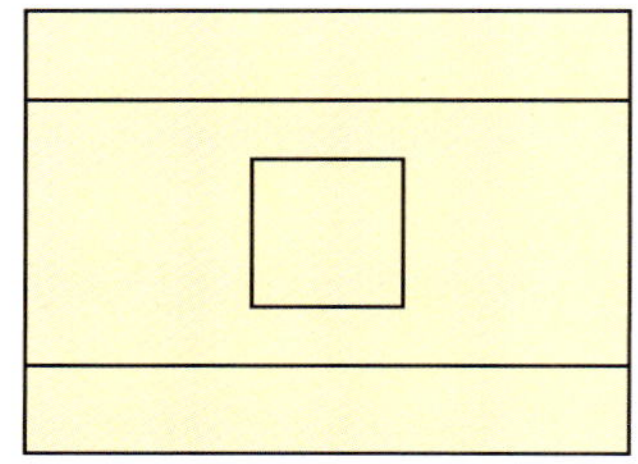

Winkel

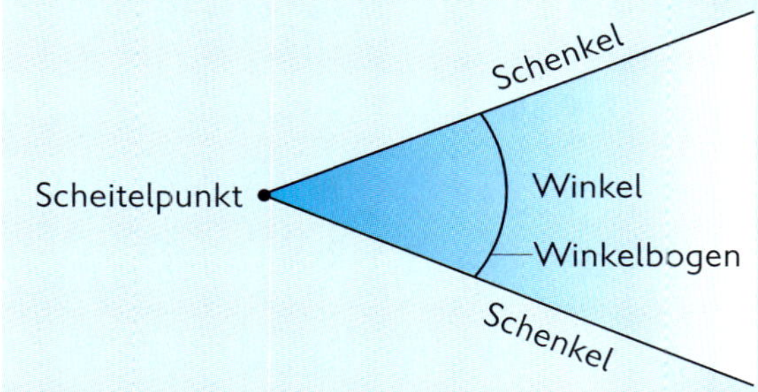

Wir wiederholen:
Ein **Winkel** wird von zwei Strahlen gebildet, die einen gemeinsamen Anfangspunkt haben.
Den gemeinsamen Anfangspunkt nennt man **Scheitelpunkt**, die beiden Strahlen heißen **Schenkel** des Winkels.

1 Lege mit Stäbchen einen rechten, einen spitzen und einen stumpfen Winkel! Kontrolliere mit dem Zeichendreieck!

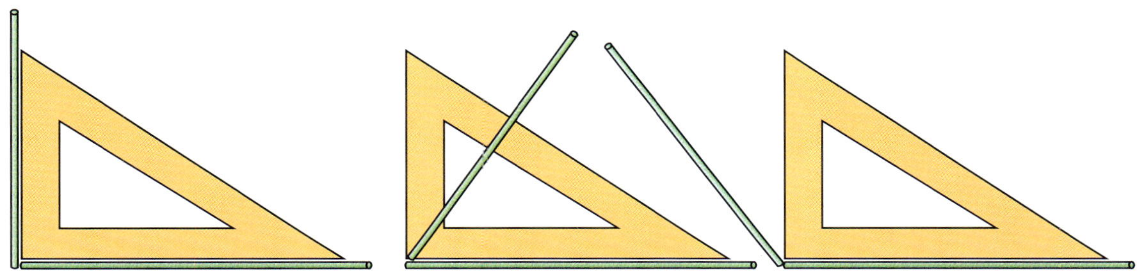

Beim **rechten** Winkel steht ein Schenkel senkrecht auf dem anderen.

Ein **spitzer** Winkel ist kleiner als ein rechter Winkel.

Ein **stumpfer** Winkel ist größer als ein rechter Winkel.

2 Entscheide, ob es ein rechter, ein spitzer oder ein stumpfer Winkel ist!
Nutze dazu einen Faltwinkel oder das Geodreieck!

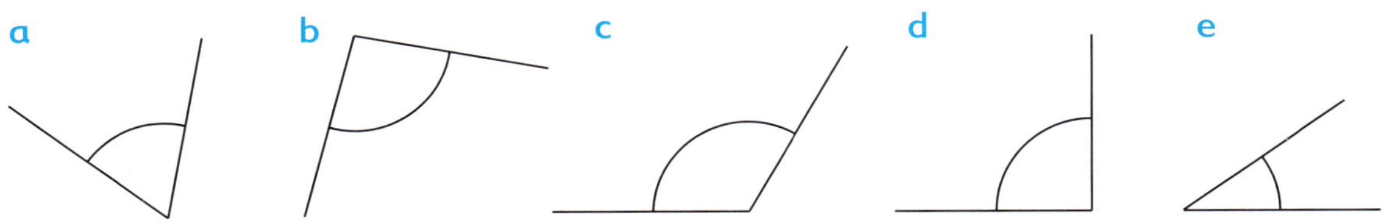

3 Welcher Winkel ist zwischen den Zeigern entstanden?

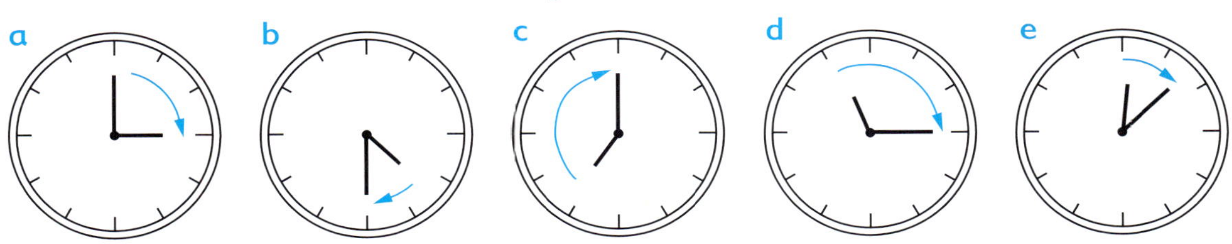

4 Stelle am Uhrenmodell andere Uhrzeiten ein!
Deine Partnerin/dein Partner nennt die Winkelart. Wechselt euch ab!

Dreiecke

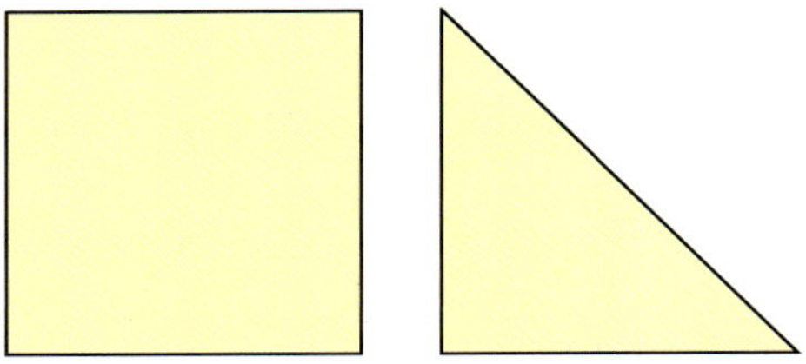

1 a Falte ein Quadrat so, dass ein Dreieck entsteht! Klappe es auf! Wie viele Dreiecke siehst du?

b Falte ein Quadrat zweimal über Eck! Klappe es auf und zähle die Dreiecke!

2 Finde mehrere Möglichkeiten, wie man Dreiecke zeichnen kann! Tauscht euch darüber aus!

Ein Dreieck hat 3 Eckpunkte und 3 Seiten.

Wir zeichnen ein Dreieck mit einem rechten Winkel (ein rechtwinkliges Dreieck).

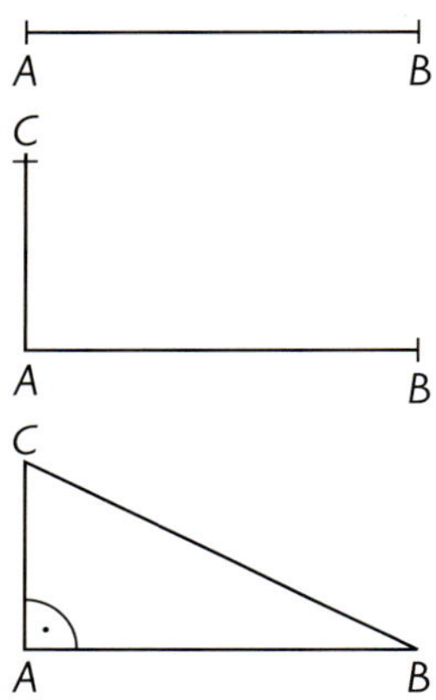

1. Zeichne eine Strecke $\overline{AB}$!
2. Zeichne durch den Punkt A die Senkrechte zu $\overline{AB}$! Trage die Länge der Strecke $\overline{AC}$ mit dem Zirkel auf dieser Senkrechten ab!
3. Verbinde die Punkte B und C! Du erhältst das Dreieck ABC. Kennzeichne den rechten Winkel (⦜)!

3 Zeichne rechtwinklige Dreiecke! Der rechte Winkel liegt bei Punkt A. Fertige zuerst eine Skizze an und trage ein, was du weißt!

a $\overline{AB} = 4$ cm, $\overline{AC} = 3$ cm b $\overline{AB} = 5$ cm, $\overline{AC} = 2$cm c $\overline{AB} = 3$ cm, $\overline{AC} = 5$ cm

4 ★ Zeichne rechtwinklige Dreiecke! Der rechte Winkel liegt bei Punkt B. Fertige zuerst eine Skizze an und trage ein, was du weißt!

a $\overline{AB} = 6$ cm, $\overline{BC} = 4$ cm b $\overline{AB} = 5$ cm, $\overline{BC} = 4$ cm c $\overline{AB} = 3$ cm, $\overline{BC} = 2$ cm

5 a Zeichne die Figur nach!
$\overline{AD} = \overline{BC} = 2$ cm, $\overline{AB} = \overline{DC} = 5$ cm

b Gib alle rechtwinkligen Dreiecke an!
Schreibe so: AEM, …

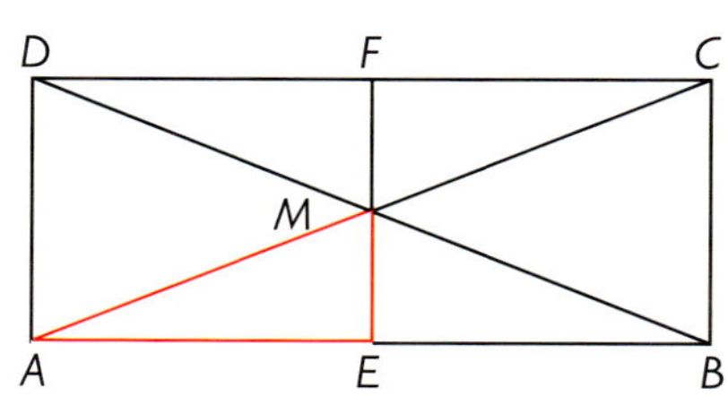

Kreise

1 Beschreibe, wie man Kreise zeichnen kann!

2 **a** Nimm 3 cm in die Zirkelspanne!
Zeichne einen Kreis um Punkt M!
Schneide den Kreis aus!

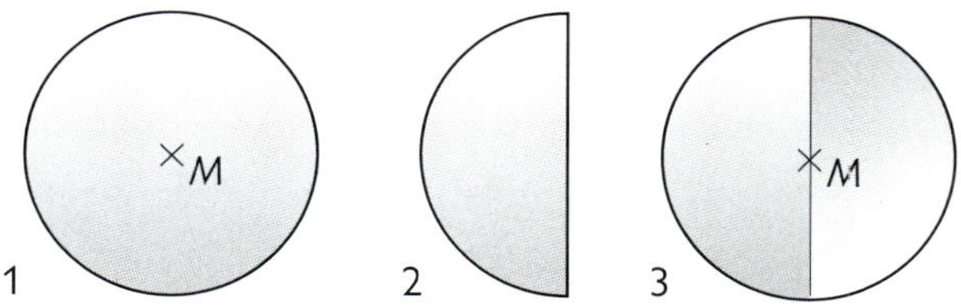

b Falte einen Halbkreis!

c Klappe den Halbkreis auf! Miss die Länge der Faltlinie!
Schreibe das Messergebnis auf!

d Miss die Länge der Faltlinie von der Kreislinie bis zum Mittelpunkt (M)! Schreibe das Messergebnis auf!

e Vergleiche die gemessenen Längen miteinander!

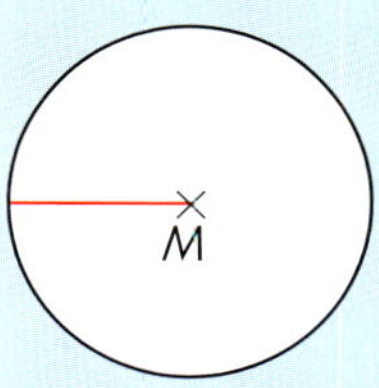

Eine Strecke vom Mittelpunkt zu einem Punkt der Kreislinie heißt **Radius** (*r*).

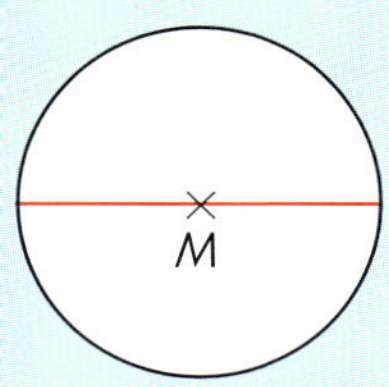

Eine Strecke, deren Anfangs- und Endpunkt auf der Kreislinie liegt und die außerdem durch den Mittelpunkt geht, heißt **Durchmesser** (*d*).

3 Falte den Kreis von Aufgabe **2** noch einmal an einer anderen Stelle!
Geh nun wie in Aufgabe **2c** und **d** vor!
Vergleiche mit den Messergebnissen aus Aufgabe **2**!

Der Durchmesser (*d*) ist doppelt so lang wie der Radius (*r*)
oder:
der Radius ist halb so lang wie der Durchmesser.

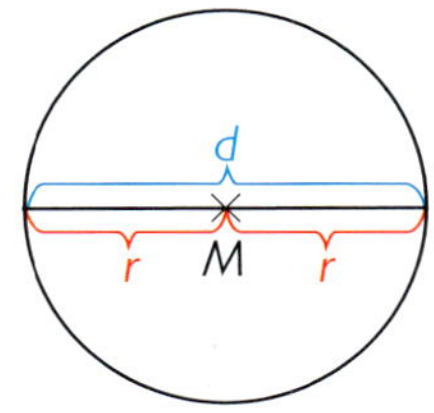

4 Welche Länge nimmst du beim Zeichnen eines Kreises in die Zirkelspanne, die vom Durchmesser oder die vom Radius?

5 **a** Zeichne Kreise!
r = 2 cm, r = 8 cm, r = 4 cm,
r = 5 cm, r = 3 cm, r = 7 cm

b Zeichne Kreise mit folgendem Durchmesser! d = 10 cm,
d = 12 cm, d = 6 cm, d = 4 cm

Symmetrische Figuren

Der Falter ist **symmetrisch**.
Die **Symmetrieachse** teilt das Bild in zwei gleich große Teile.
Das lässt sich durch das Falten des Bildes überprüfen.

1 Zeichne die Figuren auf Kästchenpapier! Schneide sie aus!
Falte jede Figur so, dass zwei Teile übereinander liegen!
Sind die Teile deckungsgleich, so ist die Figur symmetrisch.

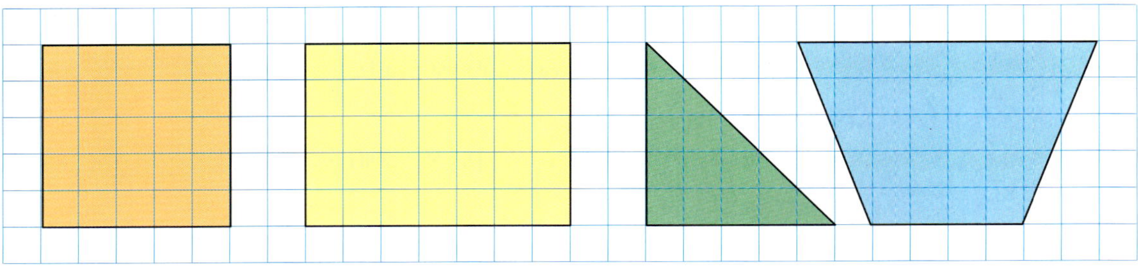

Symmetrische Bilder sind auch Spiegelbilder.
Symmetrieachsen heißen auch Spiegelachsen.

2 **a** Falte ein Blatt Papier!
Zeichne die Bilder und schneide sie aus!

b Finde bei jedem Bild die Spiegelachse!
Klebe die Figuren auf und benenne sie!

3 **a** Zeichne Spiegelbilder mit Legeplättchen!

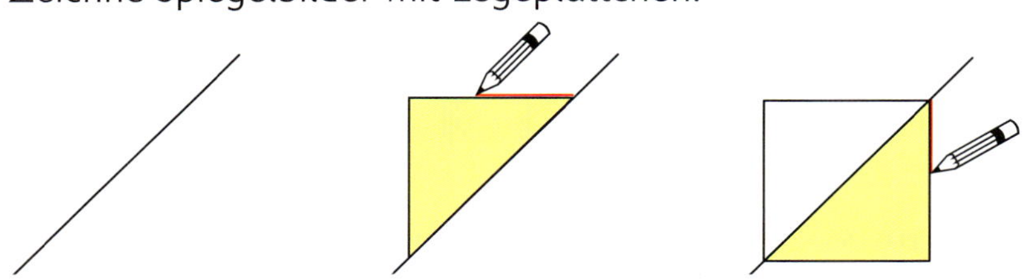

1. Zeichne eine Spiegelachse!
2. Lege ein Legeplättchen an! Umfahre es!
3. Klappe das Legeplättchen um! Umfahre es!

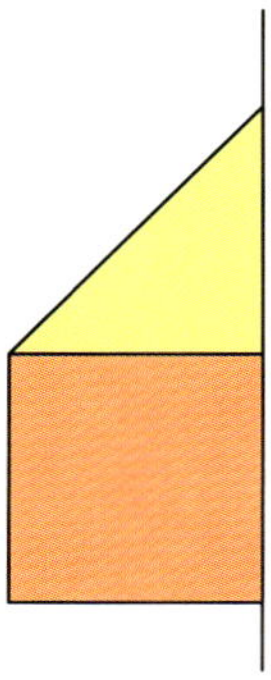

b Überprüfe mit dem Spiegel, ob ein Spiegelbild entstanden ist!
c Probiere es nun mit zwei Legeplättchen!

4 Zeichne Gegenstände, die symmetrisch sind, zum Beispiel eine Vase, einen Topf, eine Kassette, eine Maske! Zeichne bei jedem Bild die Spiegelachse ein!

Addieren und Subtrahieren

Das schriftliche Verfahren der Addition

Auf dem Zeltplatz in Seedorf haben im Juli 523 Urlauber gezeltet und im August 356.
Wie viele Urlauber waren in den beiden Monaten auf dem Zeltplatz?

Aufgabe: 523 + 356 = ▢

Wir legen zuerst: → Wir schreiben

Hunderter	Zehner	Einer

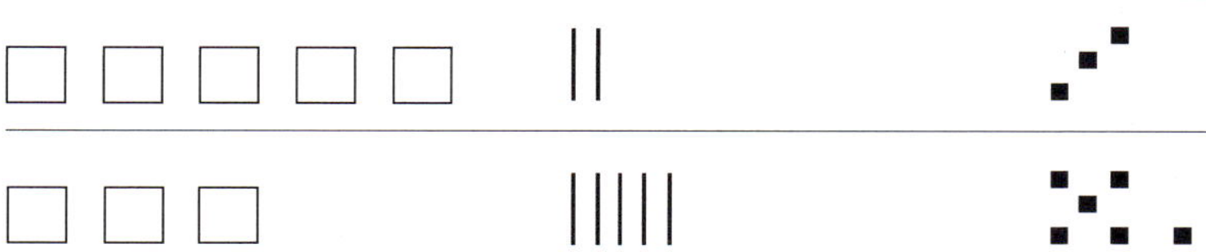

Hunderter	Zehner	Einer
5 H + 3 H = **8 H**	2 Z + 5 Z = **7 Z**	3 E + 6 E = **9 E**

	H	Z	E
	5	2	3
+	3	5	6
	8	7	9

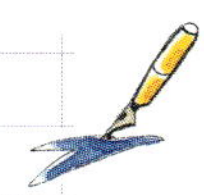

In den beiden Monaten waren 879 Urlauber auf dem Zeltplatz.

Aufgaben mit beliebigen dreistelligen Zahlen rechnen wir mit dem schriftlichen Verfahren.

Das schriftliche Verfahren der Addition

	H	Z	E
	5	2	3
+	3	5	6
	8	7	9

	Ich rechne:	Ich schreibe:
Einer:	6 plus 3 ist gleich 9.	9
Zehner:	5 plus 2 ist gleich 7.	7
Hunderter:	3 plus 5 ist gleich 8.	8

Die Summe beträgt 879.

Zur Kontrolle vertausche ich die Summanden.

	H	Z	E
	3	5	6
+	5	2	3
	8	7	9

	Ich rechne:	Ich schreibe:
E:	3 plus 6 ist gleich 9.	9
Z:	2 plus 5 ist gleich 7.	7
H:	5 plus 3 ist gleich 8.	8

Die Summe beträgt 879.

Ich vergleiche die Summen: 879 = 879

1 Schreibe in eine Stellentafel! Addiere und kontrolliere!

	H	Z	E
	3	3	7
+	2	1	1

615	252	423	116	374	123
+ 183	+ 736	+ 546	+ 852	+ 625	+ 231

2 Schreibe in eine Stellentafel!
Addiere und kontrolliere!

a	b	c
46 + 33	527 + 342	622 + 166
15 + 71	224 + 415	375 + 213
24 + 44	461 + 233	143 + 635
32 + 65	324 + 111	422 + 233

Kontrolle:

	H	Z	E
	5	2	7
+	3	4	2
	8	6	9

Bei der Kontrolle kannst du auch von „oben“ nach „unten“ rechnen.

3 Schreibe die Zahlen in eine Stellentafel! Achte auf die Zahl Null!

8 H + 0 Z + 7 E   5 H + 7 Z + 0 E   6 H + 0 Z + 6 E
1 H + 0 Z + 0 E   0 H + 0 Z + 7 E   2 H + 2 Z + 0 E

Bei den folgenden Aufgaben ist an verschiedenen Stellen mit der Zahl „0“ zu rechnen. Beachte:

5 + 0 = 5   1 + 0 = 1   0 + 0 = 0
0 + 5 = 5   0 + 1 = 1

4

285	507	819	442	305	406
+ 703	+ 222	+ 180	+ 450	+ 520	+ 302

5 Schreibe die Zahlen untereinander! Addiere und kontrolliere!

a	b	c	d
437 + 362	320 + 233	708 + 291	874 + 103
275 + 514	710 + 167	543 + 456	500 + 318
120 + 350	345 + 432	129 + 870	271 + 728
608 + 201	248 + 501	620 + 379	536 + 321

	H	Z	E
	3	2	4
+		6	3
	3	8	7

	Ich rechne:	Ich schreibe:
E:	3 plus 4 ist gleich 7.	7
Z:	6 plus 2 ist gleich 8.	8
H:	0 plus 3 ist gleich 3.	3

Die Summe beträgt 387.

Kontrolle:
63
+ 324
387

Ich vergleiche die Summen: 387 = 387

6 Schreibe die Zahlen richtig untereinander! Addiere und kontrolliere!

a		b		
625 + 34	87 + 202	437 + 51	56 + 833	67 + 602
132 + 62	28 + 731	44 + 135	705 + 94	981 + 18

Das schriftliche Verfahren der Subtraktion

Die Zeitschrift „Klasse“ für Jugendliche erscheint immer donnerstags.
Bei Anne am Kiosk wurden am Donnerstag bereits 754 Stück von der neuen Ausgabe verkauft. Am Freitag waren es 523 Stück.
Wie viele Zeitschriften wurden am Freitag weniger verkauft als am Donnerstag?

Aufgabe: 754
− 523

Wir legen zuerst:

Hunderter Zehner Einer

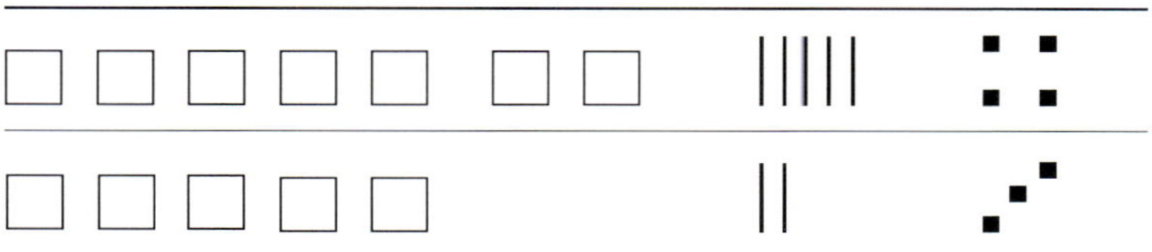

Wie viele Einer, Zehner und Hunderter müssen wir zu 523 legen, um 754 zu erhalten?

Am Freitag wurden 231 Zeitschriften weniger verkauft.

→ Wir schreiben

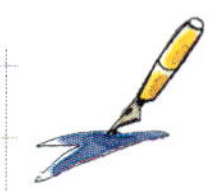

	H	Z	E
	7	5	4
−	5	2	3
	2	3	1

Wir rechnen mit dem schriftlichen Verfahren der Subtraktion.

	H	Z	E
	7	5	4
−	5	2	3
	2	3	1

	Ich rechne:	Ich schreibe:
Einer:	Von 3 bis 4 fehlt 1.	1
Zehner:	Von 2 bis 5 fehlen 3.	3
Hunderter:	Von 5 bis 7 fehlen 2.	2

Die Differenz beträgt 231.

Zur Kontrolle rechne ich die Umkehraufgabe, ich addiere.

	H	Z	E
	2	3	1
+	5	2	3
	7	5	4

Ich vergleiche den Minuenden (754) mit der Summe:
754 = 754

1 Schreibe in eine Stellentafel! Subtrahiere und kontrolliere!

H	Z	E
6	3	5
– 2	2	3

725 − 611 598 − 475 978 − 317 544 − 221 339 − 228 645 − 532

2 Schreibe die Zahlen in eine Stellentafel! Subtrahiere und kontrolliere!

a 88 – 56
35 – 22
98 – 76
23 – 11

b 584 – 342
297 – 184
759 – 444
445 – 124

3 Schreibe die Zahlen untereinander! Subtrahiere und kontrolliere!

a 546 – 215
632 – 421
973 – 352
859 – 626

b 85 – 41
65 – 54
267 – 112
459 – 345

Bei den folgenden Aufgaben ist an verschiedenen Stellen mit der Zahl „0“ zu rechnen. Beachte: 7 – 0 = 7   5 – 5 = 0   0 – 0 = 0

H	Z	E		Ich rechne:	Ich schreibe:	Kontrolle:	
6	5	8	E:	Von 7 bis 8 fehlt 1.	1	451	
– 2	0	7	Z:	Von 0 bis 5 fehlen 5.	5	+ 207	Vergleich:
4	5	1	H:	Von 2 bis 6 fehlen 4.	4	658	658 = 658

4 Subtrahiere und kontrolliere!

425 − 203 791 − 580 502 − 201

5 Schreibe die Zahlen untereinander! Subtrahiere und kontrolliere!

552 – 140 335 – 102 974 – 603
647 – 300 908 – 706 205 – 105

6

H	Z	E
4	4	7
– 2	3	7
2	1	0

Subtrahiere und kontrolliere!

655 − 351 468 − 268 583 − 521 828 − 327 508 − 402

7

H	Z	E
8	7	4
–	5	3
8	2	1

Subtrahiere und kontrolliere!

658 − 42 378 − 65 946 − 45 187 − 74 266 − 56

8 Schreibe die Zahlen richtig untereinander! Subtrahiere und kontrolliere!

a 943 – 623
762 – 562
888 – 686
568 – 541

b 356 – 154
474 – 370
697 – 697
245 – 205

c 477 – 56
831 – 30
658 – 57
290 – 70

d 568 – 68
753 – 52
999 – 78
376 – 55

Zusammenfassende Übungen

1 Schreibe die Zahlen richtig untereinander! Rechne und kontrolliere!

a	b	c	d
385 − 162	693 − 423	528 + 301	765 − 324
884 − 451	555 − 333	177 + 812	895 − 62
389 − 284	709 − 506	408 + 450	452 − 251
675 − 305	281 − 151	637 + 42	374 − 160
573 − 51	468 − 265	64 + 505	938 − 628

2 Rechne mit den schriftlichen Verfahren!

+	225	106	320
462			
170			
633			

−	144	35	322
745			
586			
968			

3 Addiere immer 345!
333, 521, 640, 502, 414, 204, 53

4 Subtrahiere immer 253!
467, 858, 296, 763, 565, 653, 959, 377

★ **5** Welche Zahlen sind jeweils verdeckt?

a
52? + 3?1 = ?69
466 + ??? = 587
735 + 2?2 = ?3?
?12 + 5?? = 924
?35 + 4?3 = 88?

b
738 − ??? = 516
8?5 − ?21 = 25?
464 − 35? = ??0
?2? − 422 = 2?3
5?3 − ?23 = 2?

6 Bilde immer 4 Gleichungen! Rechne schriftlich!

226, 542, 768 | 130, 138, 268, | 404, 474, 878

★ **7** Jeweils 4 Aufgaben haben das gleiche Ergebnis.
Unterstreiche sie mit der gleichen Farbe!

779 − 201	204 + 652	878 − 115	354 + 502
260 + 503	988 − 410	445 + 411	799 − 36
984 − 221	996 − 140	176 + 402	238 + 340

8 a Berechne die Summe der Zahlen!
b Berechne die Differenz der Zahlen!

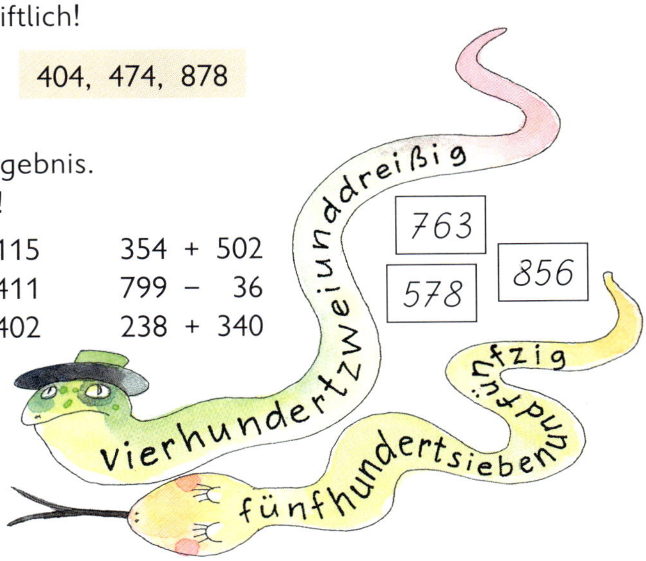

Schriftliches Addieren mit Übertrag

Im Wohnpark sind schon 357 Wohnungen fertig.
In diesem Jahr sollen noch 225 Wohnungen gebaut werden.
Wie viele Wohnungen hat der neue Wohnpark?

Aufgabe:

```
  357
+ 225
```

Wir legen: → Wir schreiben:

Hunderter | Zehner | Einer

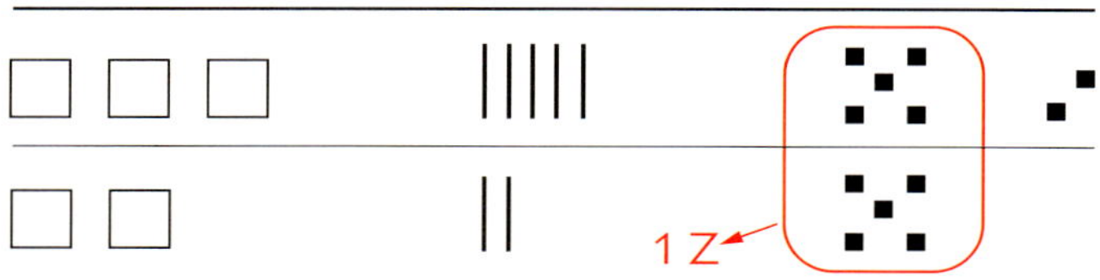

5 H | 8 Z | 2 E

	H	Z	E
	3	5	7
+	2	2	5
		1	
	5	8	2

Formuliere einen Antwortsatz zur Sachaufgabe!

Das schriftliche Verfahren der Addition mit Übertrag

	H	Z	E
	3	5	7
+	2	2	5
		1	
	5	8	2

	Ich rechne:	Ich schreibe:	Ich übertrage:
E:	5 plus 7 ist gleich 12.	2	1 Z
Z:	1 plus 2 plus 5 ist gleich 8.	8	
H:	2 plus 3 ist gleich 5.	5	

Die Summe beträgt 582.
Den Übertrag kann ich als „Merkzahl“ aufschreiben.

Kontrolle:

	H	Z	E
	2	2	5
+	3	5	7
		1	
	5	8	2

	Ich rechne:	Ich schreibe:	Ich übertrage:
E:	7 plus 5 ist gleich 12.	2	1 Z
Z:	1 plus 5 plus 2 ist gleich 8.	8	
H:	3 plus 2 ist gleich 5.	5	

Die Summe beträgt 582.

Ich vergleiche die Summen: 582 = 582

1 Schreibe in eine Stellentafel! Addiere und kontrolliere!

	H	Z	E
	3	3	7
+	2	1	6

```
  615     258     426     118     369     827
+ 179   + 523   + 526   + 344   + 529   + 156
```

1 Übe mit Rechengeld!
Lege und wechsle!

346 € + 416 €
819 € + 74 €
65 € + 28 €
705 € + 286 €
208 € + 507 €

Beispiel: 258 € + 434 €

H Z E

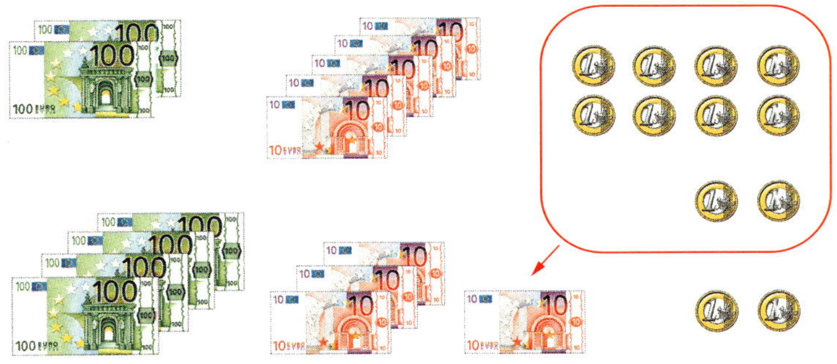

6 H 9 Z 2 E

Rechne in der Stellentafel!

	H	Z	E	Einheit
	2	5	8	€
+	4	3	4	€

Wir addieren die Zahlen und schreiben die Einheit dazu.

2 Schreibe die Zahlen in eine Stellentafel!
Addiere und kontrolliere!

a 48 + 47
27 + 56
53 + 29

b 536 + 355
449 + 229
358 + 422

3 Schreibe die Zahlen untereinander!
Addiere und kontrolliere!

a 44 + 28
39 + 39
48 + 448

b 185 + 605
612 + 79
904 + 89

Beachte den Übertrag an der Hunderterstelle!

	H	Z	E
	4	7	8
+	3	6	1
	1		
	8	3	9

Kontrolle:
361
+ 478
1
839

Vergleich: 839 = 839

	H	Z	E
		8	6
+		7	3
	1		
	1	5	9

Kontrolle:
73
+ 86
1
159

Vergleich: 159 = 159

4

685	353	184
+ 231	+ 564	+ 783

270	452	796
+ 568	+ 453	+ 92

5

46	84	55	57
+ 73	+ 84	+ 52	+ 71

56	37	92	47
+ 63	+ 71	+ 56	+ 82

6 **a** Addiere zu jeder Zahl 235!
358, 182, 570, 635, 407, 694

b Berechne die Summe!
dreihundertdreiundsechzig plus
fünfhundertzweiundachtzig

7 ★ Welche Zahlen sind verdeckt?

3■8	5■4	■77	23■	6■8	■25
+ ■28	+ 28■	+ 1■2	+ 4■8	+ 24■	+ 79■
65■	■15	60■	■92	■80	9■5

Beachte die Überträge an mehreren Stellen!

	H	Z	E
	5	6	6
+	3	7	5
	1	1	
	9	4	1

Kontrolle:

	375
+	566
	11
	941

Vergleich: 941 = 941

	H	Z	E
	5	6	6
+	3	7	4
	1	1	
	9	4	0

Kontrolle:

	374
+	566
	11
	940

Vergleich: 940 = 940

1 Schreibe in eine Stellentafel!
Addiere und kontrolliere!

a 28 + 93
46 + 65
55 + 58

b 185 + 266
374 + 257
398 + 486

2 Schreibe die Zahlen untereinander!
Addiere und kontrolliere!

a 88 + 88
66 + 57
877 + 65

b 308 + 487
409 + 391
234 + 567

3

+	673	502	147
27			
98			
53			

+	542	389	630
105			
240			
366			

4 Im Kino

a Die 5. Klassen brauchen 44 Karten fürs Kino, die 6. Klassen 38 Karten.
Wie viele Karten müssen gekauft werden?

b Für die Abendvorstellung wurden in den einzelnen Kinos verkauft:

Kino 1	Kino 2	Kino 3	Kino 4	Kino 5
138 Karten	83 Karten	158 Karten	365 Karten	128 Karten

Wie viele Zuschauer sind in den Kinos 1 und 2?
Wie viele Zuschauer sind in den Kinos 4 und 5?
★ Wie viele Zuschauer sind in den Kinos 3, 4 und 5?
Bilde weitere Aufgaben!

5 **a** Berechne die Summe der Zahlen 246 und 684!
b Ein Summand ist 307, der andere 555. Berechne die Summe!
c Berechne die Summe der Zahlen 156, 322 und 407!

★ **6** Addiere je zwei Zahlen! Die Summe darf nicht größer als 1000 sein!
257, 804, 379, 180, 462, 608, 718, 544

Schriftliches Subtrahieren mit Übertrag

1 Subtrahiere! Vergleiche jeweils die Aufgaben und die Ergebnisse! Was stellst du fest?

a $30 - 10$ $\quad 40 - 20$ $\quad 50 - 30$ $\quad 60 - 40$

b $56 - 33$ $\quad 66 - 43$ $\quad 76 - 53$ $\quad 86 - 63$

c $237 - 115$ $\quad 247 - 125$ $\quad 257 - 135$ $\quad 267 - 145$ $\quad 277 - 155$ $\quad 287 - 165$ $\quad 297 - 175$

> Wenn wir zum Minuenden 10 addieren und zum Subtrahenden 10 addieren, bleibt die Differenz immer gleich.

2 Addiere zum Minuenden und zum Subtrahenden immer 10! Bilde Folgen und rechne!

a $336 - 12$ $\quad 346 - 22$ $\quad .....$ $\quad 396 - 72$

b $548 - 243$ $\quad 558 - 253$ $\quad .....$ $\quad 578 - 273$

Martin gewann die Sportler-Umfrage in Berlin mit 653 Punkten.
Sven erreichte auf dem 3. Platz 439 Punkte.
Wie viele Punkte fehlen Sven zum ersten Platz?

Aufgabe: $653 - 439$

Wir legen:

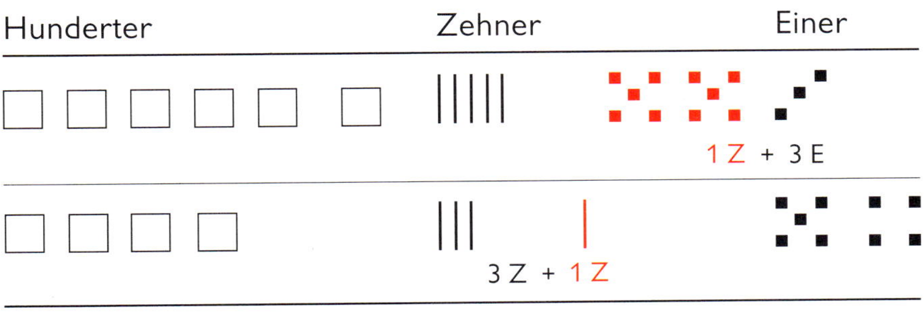

→ Wir schreiben:

	H	Z	E
			10
	6	5	3
−	4	3	9
		1	
	2	1	4

Wie viele Einer, Zehner und Hunderter müssen wir zu 439 legen, um 653 zu erhalten?

Sven fehlen 214 Punkte zum ersten Platz.

Das schriftliche Verfahren der Subtraktion mit Übertrag

	H	Z	E
			10
	6	5	3
−	4	3	9
		1	
	2	1	4

	Ich rechne:	Ich schreibe:	Ich übertrage:
E:	Von 9 bis 13 fehlen 4.	4	1 Z
Z:	1 plus 3 ist gleich 4.		
	Von 4 bis 5 fehlt 1.	1	
H:	Von 4 bis 6 fehlen 2.	2	

Die Differenz beträgt 214.

Den Übertrag kann ich als „Merkzahl" aufschreiben.

Kontrolle:

	214
+	439
	1
	653

Ich vergleiche den Minuenden (653) mit der Summe:
653 = 653

1 Herr Kunz hat 571 Euro gespart. Er kauft einen Fernsehapparat für 339 Euro. Wie viel Geld behält er übrig?

Aufgabe: 571 Euro − 339 Euro = ▒ Euro   Wir legen mit Rechengeld:

5 H	7 Z	1 E
	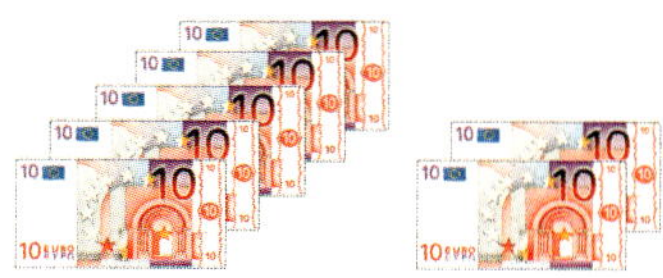	

Wenn 339 Euro weggenommen werden, muss ein Zehner gewechselt werden. Probiere es mit Rechengeld aus!

Wir rechnen schriftlich:

	H	Z	E	Einheit
	5	7	1	€
−	3	3	9	€
		1		
	2	3	2	€

Kontrolle:

	232 €
+	339 €
	571 €

Vergleich: 571 € = 571 €

Bilde einen Antwortsatz!

2 Übe mit Rechengeld! 
Nimm immer 335 Euro weg:
von 452 Euro, von 694 Euro,
von 880 Euro, von 541 Euro!
Schreibe die Gleichungen auf!

3 Subtrahiere von jeder Zahl 448!
Schreibe die Aufgaben in eine Stellentafel!
Kontrolliere!
777, 966, 584, 651, 892, 684

4 Subtrahiere und kontrolliere!

784	357	945	861	492	555	624
− 226	− 128	− 419	− 637	− 288	− 346	− 109

1 Schreibe die Zahlen untereinander! Subtrahiere und kontrolliere!

a	b	c	d	e
852 − 635	532 − 327	542 − 306	357 − 118	285 − 126
993 − 525	495 − 188	431 − 208	624 − 519	948 − 639
774 − 319	652 − 245	743 − 307	570 − 226	850 − 435

★ **2** **a** Um wie viel ist 984 größer als 651? **b** Um wie viel ist 576 größer als 329?

Beachte den Übertrag an der Hunderterstelle!

	H	Z	E
	6	4	9
−	3	7	5
	1		
	2	7	4

Kontrolle:

	274
+	375
	1
	649

Vergleich: 649 = 649

	H	Z	E
	4	5	8
−	3	6	3
	1		
		9	5

Kontrolle:

	95
+	363
	1
	458

Vergleich: 458 = 458

3

558 − 394	632 − 181	745 − 550	916 − 752	349 − 178	437 − 267
325 − 284	782 − 690	824 − 781	633 − 543	945 − 865	507 − 433

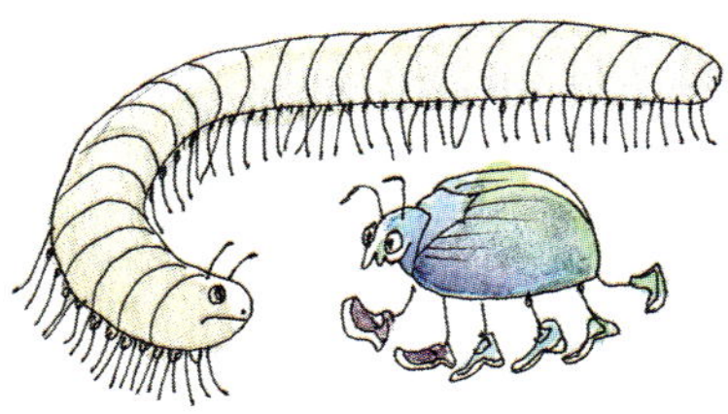

Beachte die Überträge an mehreren Stellen!

	H	Z	E
	7	3	6
−	4	8	8
	1	1	
	2	4	8

Kontrolle:

	248
+	488
	11
	736

Vergleich: 736 = 736

	H	Z	E
	8	5	3
−	7	5	6
	1	1	
		9	7

Kontrolle:

	97
+	756
	11
	853

Vergleich: 853 = 853

4

436 − 159	822 − 466	755 − 278	671 − 382	503 − 374	646 − 548	321 − 246	907 − 509	534 − 357

5 Im Musikladen

a Stefan und Gunda haben von der Nummer 1 aus den Top-Ten 865 CDs verkauft. Von der Nummer 2 haben sie nur 584 CDs verkauft. Berechne den Unterschied!

b Am Samstag verkaufte Gunda an Kasse 1 insgesamt 344 CDs. Stefan verkaufte 296 Stück an Kasse 2. Wie viele CDs haben sie insgesamt verkauft? Wie viele CDs hat Gunda mehr verkauft als Stefan?

Zusammenfassende Übungen

1 Rechne die Aufgaben in den Tabellen mit den schriftlichen Verfahren!

+	233	186	354
238			
598			

−	182	345	209
847			
431			

2 Addiere 3 Summanden! Achte auf die Überträge!
Kontrolliere, indem du von „oben“ nach „unten“ rechnest!

306	625	202	184	563	795
412	130	33	412	310	88
+ 241	+ 212	+ 345	+ 321	+ 85	+ 72

3 Peter hat leider 6 Aufgaben falsch gelöst. Suche die Fehler!
Löse die Aufgaben richtig! Finde die Ursache für die Fehler!

438	K: 371	275	K: 725	639	K: ☐
+ 371	+ 438	+ 725	+ 275	− 444	+ 444
709 f		900 f		295 f	639

355	K: ☐	843	K: ☐	349	K: ☐
− 138	+ 138	− 454	+ 454	− 198	+ 198
223 f	355	411 f	843	547 f	349

4 Bilde immer 4 Aufgaben!
Rechne schriftlich!

293, 262, 555

534, 366, 900

5 Subtrahiere von 1 000!
367, 184, 845, 703, 624, 101

6 Bilde eine Zahlenfolge! Addiere immer 135!

135 → (+ 135) → ☐ → (+ 135) → ☐ → (+ 135) → ☐ → (+ 135) → ☐ → (+ 135) → ☐

7 Bilde eine Zahlenfolge! Subtrahiere immer 225!

1 000 → (− 225) → ☐ → (− 225) → ☐ → (− 225) → ☐ → (− 225) → ☐

★ **8** Welche Zahlen sind jeweils verdeckt?

5 ■ 8	8 ■ 3	4 7 ■	1 0 0 0	■ 3 5	8 8 8
− 4 1 ■	− ■ 4 6	− ■ 8 1	− ■ 8 ■	− 6 4 ■	− ■ ■ ■
■ 4 4	6 1 ■	9 2	6 ■ 5	1 ■ 4	6 9 7

Im Tierpark

1 Am Wochenende fahren Klaus und Katrin mit ihren Eltern in den Tierpark. Die Fahrkarten kosten 15 Euro. Vater bezahlt mit einem Fünfzig-Euro-Schein. Wie viel Geld erhält er zurück?

2 Berechne den Eintrittspreis für die Familie!

Eintrittspreise	
Erwachsene:	5,00 Euro
Kinder:	2,00 Euro
Rentner, Studenten:	3,00 Euro

3 Am Gehege der Elefanten liest Klaus:
Futterbedarf: 100 bis 250 kg Gras, Blätter, Früchte, Weichholz.
Im Gehege sieht er drei Elefanten.
Er überlegt, wie viel Futter täglich benötigt wird.

a Berechne die Futtermenge für drei Elefanten mit 100 kg (200 kg, 250 kg)!
b Berechne die Futtermenge, wenn zuerst 245 kg Brot und dann 309 kg weitere Futtermittel abgewogen werden!

4 Ein Pelikan ist etwa 1,70 m hoch, der Vogel Strauß ungefähr 275 cm. Stelle den Sachverhalt in einer Skizze dar! Berechne den Größenunterschied in Zentimetern!

5 Ein Orang-Utan kann bis zu 1,60 m groß und 100 kg schwer werden. Ein Gorilla wird bis zu 1,75 m groß und wiegt etwa 300 kg.

a Berechne den Größenunterschied in Zentimetern!
b Wie viel Kilogramm wiegt der Gorilla mehr als der Orang-Utan?

6 Am Gehege der Affen ist großer Andrang. Katrin zählt 26 Kinder und 19 Erwachsene. Wie viele Personen stehen am Gehege?

7 Ein Losverkäufer der Tierpark-Lotterie hat 1 000 Lose zu verkaufen. Ein Los kostet einen Euro. Am Samstag verkaufte er 324 Lose und am Sonntag 439 Lose.

a Wie viele Lose verkaufte er am Wochenende insgesamt?
b Wie viele Lose wurden am Sonntag mehr verkauft als am Samstag?
c Wie viele Lose müssen noch verkauft werden?

Kaufen nach Katalog

1 Familie Schulz bestellt aus dem Sonderangebot:
1 Kurzpullover, 1 Jeans, 6 Paar Socken.
Wie viel kostet die bestellte Ware insgesamt?

2 Max kann sich Kleidung für 60 Euro bestellen.
Er sucht sich die Jeans, die Jeansjacke und die T-Shirts aus.

a Wie viel muss er bezahlen?
b Berechne, wie viel Euro er übrig behält!
c Welche Waren könnte er für 60 Euro auch kaufen?
Gib verschiedene Möglichkeiten an!

3 Frau Schwarz sucht mit ihren drei Kindern Sachen aus dem Sonderangebot aus.
- Tochter Melanie wünscht sich die Hose zu 24 Euro, die T-Shirts und das Set aus Mütze, Schal und Handschuhen.
- Tochter Mandy möchte die gleiche Hose wie Melanie und dazu die Steppjacke.
- Sohn Mark benötigt eine neue Jeans und 6 Paar Socken.

a Wie viel kosten die Sachen für jedes Kind?
b Wie teuer wird die gesamte Bestellung?

4 Bestellliste der Familie Winter:

Artikel-Bezeichnung	Bestell-Nr.	Größe	Menge	Euro	Seite
Hose	2 5 4 7 3 8	164	1	29	18
Steppjacke	6 5 9 3 8 2	164	1	29	18
T-Shirts	7 2 1 3 5	176	1	7	18
Schal	2 6 5 9 3 7	–	3	12	18

...Tele-Shop:

1 Familie Fischer bestellt aus dem Katalog das Fernsehgerät zu 249 Euro und den Videorekorder zu 229 Euro.
Wie viel kostet die bestellte Ware?

2 Berechne Preise für Kopfhörer und Boxen!

a Kopfhörer zu 29 Euro und Boxen zu 89 Euro
b Kopfhörer zu 56 Euro und Boxen zu 99 Euro
c Berechne den Preisunterschied zwischen a und b!
d Bilde selbst Aufgaben!

3 Anita hat 125 Euro gespart.
Sie möchte den abgebildeten CD-Player und dazu Kopfhörer bestellen.

a Berechne die Preise für die beiden Möglichkeiten!
b Welche Kopfhörer kann sie sich leisten?
c Wie viel Geld hätte sie noch nach dem Kauf?

4 Familie Klein hat 500 Euro für eine Stereoanlage und einen Videorekorder gespart.
Bevor Kleins bestellen, vergleichen sie die Preise.

Im Katalog sind angeboten:

Stereoanlagen für
199 Euro, 217 Euro, 265 Euro,
348 Euro, 399 Euro.

Videorekorder für
79 Euro, 125 Euro, 154 Euro,
183 Euro, 229 Euro, 299 Euro.

a Familie Klein entscheidet sich für die billigste Stereoanlage und den Videorekorder für 154 Euro.
Wie viel muss Familie Klein bezahlen und wie viel behält sie von dem gesparten Geld übrig?

★ b Schreibe verschiedene Möglichkeiten für den Kauf auf!
Berechne immer, wie viel von dem gesparten Geld übrig bleibt!

5 Stelle selbst Aufgaben zusammen! Nutze dazu einen Katalog!

Multiplizieren und Dividieren

Grundaufgaben der Multiplikation und Division

1 Finde zu jedem Bild eine Multiplikationsaufgabe und löse sie! S. 13

a b c d e

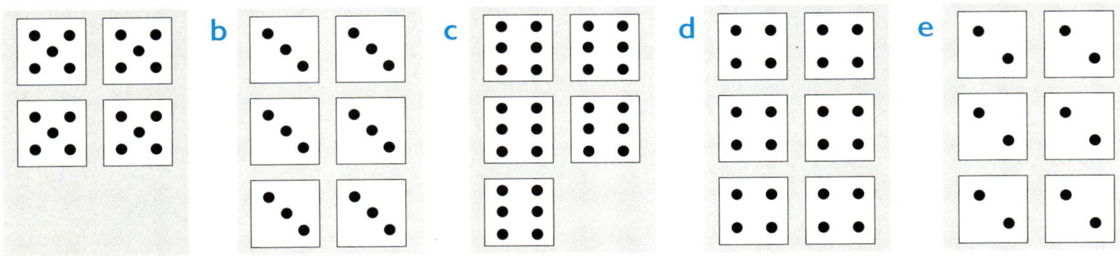

2 Schreibe die Gleichungen in dein Heft! Lerne sie auswendig!

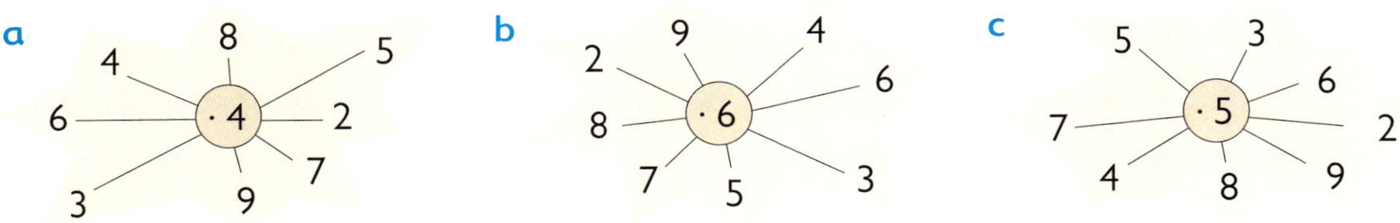

3 Verdopple! 2, 7, 5, 8, 3, 9, 4, 10

4 Welche Aufgaben haben das gleiche Ergebnis?
Schreibe sie so: $7 \cdot 6 = 42$ $6 \cdot 7 = 42$

$7 \cdot 6$	$9 \cdot 4$	$6 \cdot 7$	$8 \cdot 5$	$4 \cdot 9$	$4 \cdot 7$	$3 \cdot 5$
$5 \cdot 3$	$3 \cdot 6$	$7 \cdot 4$	$9 \cdot 1$	$6 \cdot 3$	$5 \cdot 8$	$1 \cdot 9$

5 Eine Fußballmannschaft hat in 3 Spielen je ein Tor geschossen.
Wie viele Tore sind es insgesamt?

6 Eine andere Fußballmannschaft schoss in 5 Spielen 0 Tore.
Wie viele Tore hat die Mannschaft insgesamt geschossen?

·	1
7	
3	
8	
6	

·	0
8	
2	
4	
1	

7 a Übertrage die Tabellen in dein Heft! Ergänze!
b Was stellst du fest, wenn du eine Zahl mit „1“ multiplizierst?
c Was stellst du fest, wenn du eine Zahl mit „0“ multiplizierst?

Multipliziert man eine Zahl mit „1“, so erhält man diese Zahl als Ergebnis. $5 \cdot 1 = 5$
Multipliziert man eine Zahl mit „0“, ist das Ergebnis stets Null. $5 \cdot 0 = 0$

1 Sandra und Alex spielen gern. Jeder hat sich Ziffernkarten von 0 bis 10 angefertigt. Abwechselnd decken sie zwei der Ziffernkarten auf, bilden die Malaufgabe und lösen sie. Bei jeder richtigen Lösung gibt es einen Punkt. Wer zuerst 10 Punkte hat, ist Sieger. Probiert das Spiel aus!

2 Am Stadtrand werden 8 Reihenhäuser gebaut. Wie viele Fenster werden für die Vorderseite insgesamt benötigt?

3 Zum Sportwettkampf sind 4 Staffeln mit je 5 Schülern angetreten. Wie viele Schüler nehmen am Wettkampf teil?

4 Löse! Präge dir die Gleichungen ein!

a 5 · 5   7 · 7   4 · 4
3 · 3   2 · 2   6 · 6

b 1 · 1   10 · 10   0 · 0
9 · 9   8 · 8   0 · 1

5

a
2 · ▢ = 18
5 · ▢ = 35
3 · ▢ = 27
6 · ▢ = 48
10 · ▢ = 50

b
▢ · 6 = 42
▢ · 9 = 81
▢ · 7 = 7
▢ · 2 = 20
▢ · 8 = 64

c
36 = ▢ · 6
72 = 8 · ▢
40 = ▢ · 5
49 = ▢ · 7
56 = 8 · ▢

d
16 = ▢ · 4
28 = ▢ · 7
32 = 8 · ▢
40 = ▢ · 10
63 = 7 · ▢

6 Jens will sich die Malfolge der 9 einprägen. Er vergleicht die Ergebnisse. Wie verändern sich Zehner und Einer in der Folge? Lerne die Malfolge!

1 · 9 = 9
2 · 9 = 18
3 · 9 = 27
4 · 9 = 36
5 · 9 = 45

6 · 9 = 54
7 · 9 = 63
8 · 9 = 72
9 · 9 = 81
10 · 9 = 90

7

a

·	9	6	7	8
4				
3				
5				

b

·	5	1	4	3
6				
2				
7				

c

·	2	4	6	0
3				
9				
8				

8 Vergleiche die Ergebnisse! Was stellst du fest?

a 2 · 6
4 · 6
8 · 6

b 5 · 4
10 · 4

c 3 · 3
6 · 3

d 4 · 2
8 · 2

e 3 · 5
6 · 5

f 2 · 7
4 · 7

1 Onkel Udo sagt: „Meine Kaninchen haben zusammen 20 Beine und meine Hühner haben zusammen auch 20 Beine.“
Wie viele Kaninchen und Hühner hat er?

2 

12 : 3 = 4, denn 3 · 4 = 12
12 : 4 = 3, denn 4 · 3 = 12

Bilde weitere Aufgaben! Male dazu Bilder!

3 Löse! Kontrolliere mit der Umkehraufgabe! *Beispiel:* 20 : 4 = 5, denn 4 · 5 = 20

a	b	c	d	e	f
25 : 5	18 : 2	24 : 4	24 : 3	20 : 10	40 : 5
35 : 5	16 : 2	16 : 4	27 : 3	20 : 5	40 : 10
45 : 5	10 : 2	36 : 4	9 : 3	20 : 2	40 : 4

4
a Übertrage die Tabelle in dein Heft und ergänze!
b Was stellst du beim Dividieren durch „1“ fest?
c Suche weitere Beispiele!
Kontrolliere mit der Umkehraufgabe!

:	1	Kontrolle
7		1 · ▢ = ▢
10		
5		
3		

Dividiert man eine Zahl durch „1“, so erhält man diese Zahl als Ergebnis.

6 : 1 = 6, denn 1 · 6 = 6

5 Grit kauft 5 Rosen zu 5 Euro. Wie viel kostet eine Rose?

6

8 : 8
1 : 1
4 : 4

a Löse! Kontrolliere mit der Umkehraufgabe!
b Was stellst du beim Dividieren einer Zahl durch sich selbst fest?
c Suche weitere Beispiele!

Dividiert man eine Zahl durch sich selbst, so erhält man stets die Zahl „1“.

8 : 8 = 1, denn 8 · 1 = 8

7 Lege auch mit Rechengeld und wechsle!
Beispiel: 14 € : 2

a	b	c
24 € : 4	10 € : 2	36 € : 4
15 € : 3	10 € : 5	45 € : 5
16 € : 4	10 € : 1	9 € : 9
42 € : 7	10 € : 10	72 € : 8

8 ★ In der Zoohandlung sind in 5 Käfigen 25 weiße Mäuse.
In jedem Käfig sind immer gleich viele.
Wie viele Mäuse können in 7 Käfigen untergebracht werden?

1 Sport frei!

30 Kinder werden im Sportunterricht so aufgeteilt, dass in jeder Riege 5 Kinder sind. Wie viele Riegen werden gebildet?	30 Kinder werden in 6 Riegen aufgeteilt. Wie viele Kinder sind in jeder Riege?
In einer Riege sind 5 Kinder. Wie viele Kinder sind in 6 Riegen?	In 6 Riegen sind je 5 Kinder. Wie viele Kinder sind es insgesamt?

a Bilde zu jeder Sachaufgabe eine Gleichung!
b Vergleiche die 4 Gleichungen miteinander! Was stellst du fest?

2 Bilde immer 4 Gleichungen!

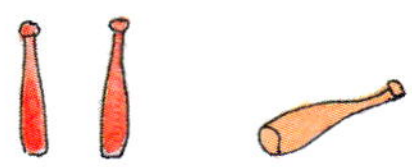

27 : 3 = 9	3 · 9 = 27	12 : 6	18 : 3	15 : 3	32 : 8
27 : 9 = 3	9 · 3 = 27	36 : 4	20 : 5	28 : 4	45 : 5

3 Löse! Kontrolliere mit der Umkehraufgabe!
Beispiel: 35 : 7 = 5, denn 7 · 5 = 35

a	b	c	d	e	f
48 : 6	49 : 7	72 : 8	81 : 9	24 : 6	35 : 5
30 : 6	28 : 7	48 : 8	45 : 9	24 : 3	70 : 7
54 : 6	42 : 7	56 : 8	63 : 9	24 : 8	10 : 10

4 Du hast 0 Kaugummis und willst sie an 3 Freunde verteilen.
Wie viele Kaugummis bekommt jeder?

Dividiert man „0“ durch eine Zahl, so erhält man stets „0“. 0 : 3 = 0

Durch „0“ darf man nicht teilen! ~~7 : 0~~

5

a	b	c	d	e	f
7 : 1	0 : 8	10 : 10	8 : 8	0 : 10	6 : 6
4 : 4	0 : 7	0 : 1	1 : 1	2 : 2	0 : 6
8 : 1	10 : 1	20 : 10	0 : 4	40 : 10	6 : 1

6 Suche Teiler zu den Zahlen!

24	42	30	63	20	40
4 ☐	☐ ☐	☐ ☐	☐ ☐	☐ ☐	☐ ☐
3 ☐		☐ ☐		☐ ☐	☐ ☐

7 Setze die Folge fort! 7 ist ein Teiler von 7, 14, …

Punktrechnung und Strichrechnung

Frau Schröder bindet 2 Nelkensträuße.
In jedem Strauß sind 7 Nelken. 3 Nelken bleiben übrig.
Wie viele Nelken waren in der großen Vase?

Aufgabe: $2 \cdot 7 + 3 =$ ▢

$2 \cdot 7 + 3$	$3 + 2 \cdot 7$
$14 + 3 = 17$	$3 + 14 = 17$

Wir kennzeichnen die Aufgabe, die zuerst gerechnet wird.

Formuliere einen Antwortsatz!

> Erst multiplizieren oder dividieren, dann addieren oder subtrahieren!
> Punktrechnung (·, :) geht vor Strichrechnung (+, −).

1 Kennzeichne die Aufgabe, die du zuerst rechnest!

Beispiele:

$7 \cdot 2 + 44$	$16 : 4 + 6$	$37 + 5 \cdot 2$	$47 + 8 : 4$
$14 + 44 =$ ▢	$4 + 6 =$ ▢	$37 + 10 =$ ▢	$47 + 2 =$ ▢

a	b	c	d
$8 \cdot 8 + 28$	$63 : 7 - 9$	$20 + 6 \cdot 4$	$91 + 36 : 4$
$3 \cdot 9 + 33$	$28 : 7 + 22$	$43 + 6 \cdot 4$	$36 + 15 : 3$
$4 \cdot 5 - 13$	$81 : 9 - 4$	$51 + 2 \cdot 9$	$26 + 28 : 7$

2 Kennzeichne wieder die Aufgabe, die du zuerst rechnest!

a	b	c	d
$76 - 3 \cdot 5$	$96 - 21 : 3$	$19 - 72 : 8$	$6 \cdot 6 + 6$
$81 - 2 \cdot 4$	$84 - 40 : 8$	$47 + 36 : 4$	$3 : 3 + 99$
$56 - 4 \cdot 4$	$62 - 42 : 6$	$28 - 4 \cdot 7$	$7 \cdot 7 - 49$
$73 - 7 \cdot 3$	$74 - 48 : 8$	$50 + 5 : 5$	$6 : 2 + 58$

3 Paul gibt während der Klassenfahrt erst 5 Euro und dann noch zweimal 2 Euro aus.
Wie viel Geld hat er verbraucht?

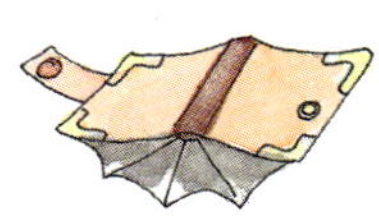

4 Kerstin kauft ein Brot zu 2 Euro und für sich und ihre 3 Freundinnen je ein Stück Torte zu 2 Euro. Sie bezahlt mit einem 20-Euro-Schein.

a Wie viel muss Kerstin insgesamt bezahlen?
b Wie viel Euro bekommt sie zurück?

★ **5** Am Turnier nehmen 8 Mannschaften mit je 6 Spielerinnen teil.
Außerdem hat jede Mannschaft noch 2 Ersatzspielerinnen.
Wie viele Sportlerinnen nehmen am Turnier teil?

Zusammenfassende Übungen

1 Daniel, Bärbel und Klaus essen jeden Tag eine Birne.
Im Korb sind 24 Birnen.
Wie lange reicht der Vorrat?

2 Frau Klein hat für einen Kinderpullover 6 Knäuel Wolle zu 24 Euro gekauft.
Sie braucht noch 4 Knäuel Wolle.

a Berechne den Preis für ein Knäuel Wolle!
b Wie viel muss sie für die 4 Knäuel bezahlen?
c Wie viel kostet die Wolle für den Pullover insgesamt?

3 Die beiden 5. Klassen besuchen einen Erlebnispark.
Jede Gondel des Riesenrades hat 6 Plätze.

a Wie viele Personen finden in 5 (3, 8) Gondeln Platz?
b Wie viele Gondeln brauchen die beiden Klassen für 28 Kinder und 2 Erwachsene?
c 7 Gondeln sind noch frei, nachdem alle eingestiegen sind. Wie viele Plätze sind das?
d Wie viele Gondeln und Plätze hat das Riesenrad insgesamt?

4 20 Schülerinnen und Schüler wollen im Erlebnispark auch mit dem Ketten-Karussell fahren. In einem Korb können 4 Personen sitzen.
Wie viele Körbe werden gebraucht?

5 Max trifft beim Ballwurf dreimal alle 6 Büchsen.
Einmal fallen nur 2 Büchsen herunter.
Wie viele Büchsen hat er insgesamt getroffen?

6 Sascha wohnt in einem Haus mit 10 Etagen.
In jeder Etage sind 4 Wohnungen.

a Wie viele Wohnungen sind in dem Haus?
b Im Hausflur ist für jede Wohnung ein Briefkasten angebracht.
Immer 8 Kästen sind in einer Reihe.
Wie viele Reihen sind das?

★ **c** Im Haus wohnen viele Kinder: 6 Familien haben je 3 Kinder,
8 Familien haben je 2 Kinder und 14 Familien haben je ein Kind.
Wie viele Familien haben Kinder?
Wie viele Kinder wohnen im Haus?

Multiplizieren einer einstelligen Zahl mit einer zweistelligen Zahl

Eine neue Kita wird eingerichtet. In 5 Räumen können sich je 16 Kinder aufhalten. Wie viele Kinder können in die Kita aufgenommen werden?

Aufgabe: $5 \cdot 16 = \square$

$5 \cdot 16$	$5 \cdot 16$	$5 \cdot 16 = 5 \cdot 10 + 5 \cdot 6$
$5 \cdot 10 = 50$	$5 \cdot 10$ und $5 \cdot 6$	$5 \cdot 16 = 50 + 30$
$5 \cdot 6 = 30$	50 + 30	$5 \cdot 16 = 80$
$5 \cdot 16 = 80$	80	

Wir zerlegen die zweistellige Zahl in Zehner und Einer.

Formuliere einen Antwortsatz zur Sachaufgabe!

1 Zerlege die zweistellige Zahl in Zehner und Einer! Addiere die Zwischenergebnisse!

a $3 \cdot 12$ $8 \cdot 13$ $2 \cdot 19$
$5 \cdot 17$ $4 \cdot 11$ $7 \cdot 14$

b $3 \cdot 18$ $9 \cdot 12$ $2 \cdot 16$
$4 \cdot 15$ $6 \cdot 17$ $9 \cdot 18$

2 Herr Kühn bringt für sein Blumengeschäft Rosen vom Großhandel mit.
Er bindet Sträuße zu je 11 Rosen.
Wie viele Rosen braucht er für 5 (7, 9) Sträuße?

3 Bilde Malfolgen!
Präge dir diese Malfolgen ein!

$1 \cdot 11 = \square$
$2 \cdot 11 = \square$
⋮
$10 \cdot 11 = \square$

$1 \cdot 12 = \square$
$2 \cdot 12 = \square$
⋮
$10 \cdot 12 = \square$

Aufgaben mit $\cdot 11$ und $\cdot 12$ sind Aufgaben des großen Einmaleins.

4

a	b	c	d	e
$2 \cdot 12$	$5 \cdot 11$	$22 = \square \cdot 11$	$48 = \square \cdot 12$	$24 = \square \cdot 12$
$6 \cdot 11$	$6 \cdot 12$	$99 = \square \cdot 11$	$96 = \square \cdot 12$	$120 = \square \cdot 12$
$7 \cdot 12$	$3 \cdot 11$	$110 = \square \cdot 11$	$60 = \square \cdot 12$	$12 = \square \cdot 12$
$8 \cdot 11$	$5 \cdot 12$	$44 = \square \cdot 11$	$108 = \square \cdot 12$	$72 = \square \cdot 12$

5 Maxi denkt sich eine Zahl. Sie multipliziert sie mit 9 und erhält 99.
Wie heißt die Zahl?

2 · 4 = 48

6 Verdopple!
14, 16, 12, 15, 17

7 Multipliziere mit 3!
11, 13, 18, 19, 12

8 Berechne das Vierfache von
6, 0, 12, 11, 15!

9 Berechne das Fünffache von
7, 1, 17, 14, 2, 12!

Im Supermarkt

1 Eine Verkäuferin räumt 6 Kisten Konserven ein.
In jeder Kiste sind 16 Dosen.
Wie viele Dosen räumt sie ein?

2 Bilde Aufgaben und löse sie!

a In der Kühltruhe liegen 13 verschiedene Sorten Eis.
Von jeder Sorte werden 5 Pakete nachgefüllt.

b Die Firma „Frost-Fein" bietet 8 verschiedene Gerichte an.
Davon werden jeweils 15 Tüten in der Kühltruhe gestapelt.

3 In der Getränkeabteilung stehen 4 Kästen mit Limonade, 5 Kästen mit Saft, 4 Kästen mit Brause und 7 Kästen mit Mineralwasser. In jedem Kasten sind 12 Flaschen.

a Wie viele Flaschen sind es von jeder Sorte?
Fertige eine Tabelle an!

Getränk	Kästen	Anzahl der Flaschen
Limonade	4	$4 \cdot 12 =$ ▢

b Wie viele Flaschen mit Getränken sind es insgesamt?

4 Auf einer Palette stehen 7 Kisten mit Konserven.
In jeder Kiste sind 18 Dosen verpackt.

5 Bestellliste eines Supermarktes:

Nr.	Anzahl der Kisten	Dosen pro Kiste	Inhalt
1	4	14	*Erbsen*
2	7	12	*Mischgemüse*
3	5	15	*Bohnen*
4	5	18	*Ananas*
5	9	12	*Apfelstücke*
6	13	8	*Mischobst*

a Berechne, wie viele Dosen von jeder Sorte bestellt wurden!

b Wie viele Dosen wurden insgesamt bestellt?

★ **6** Frau Simon transportiert in einem Kühlzug 32 Paletten mit Obst.
In Wismar und Rostock beliefert sie zwei Supermärkte mit je 11 Paletten.
In Ludwigslust lädt sie 4 Paletten ab.
Wie viele Paletten mit Obst bleiben für Schwerin übrig?

Multiplizieren mit der Zahl 10

1 Susi, Grit und Paul helfen beim Streichen des Gartenzauns. In einem Feld sind immer 10 Latten. Susi ist mit 20 Feldern fertig. Paul hat 17 Felder gestrichen und Grit 19. Wie viele Latten hat jeder gestrichen?

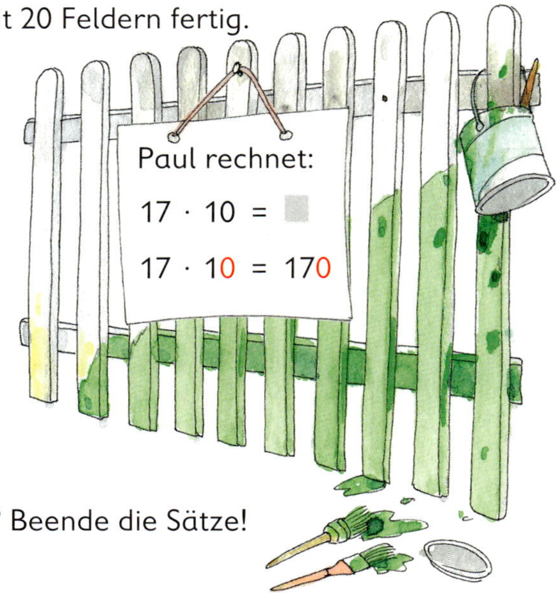

Susi rechnet:

$20 \cdot 10 =$ ▢

$2\,Z \cdot 10 = 20\,Z$

Sie tauscht 20 Z in 2 H.

$20 \cdot 10 = 200$

Grit rechnet:

$19 \cdot 10 =$ ▢

$19 \cdot 10$

$10 \cdot 10 = 100$

$9 \cdot 10 = 90$

$19 \cdot 10 = 190$

Paul rechnet:

$17 \cdot 10 =$ ▢

$17 \cdot 10 = 170$

a Formuliere einen Antwortsatz!

b Sieh dir die Gleichungen an! Was fällt dir auf? Beende die Sätze!
Wenn man eine Zahl mit 10 multipliziert, …
200 ist das Zehnfache der Zahl 20, 190 ist …

2

a	b	c	d	e
$70 \cdot 10$	$80 \cdot 10$	$100 \cdot 10$	$30 \cdot 10$	$10 \cdot 18$
$17 \cdot 10$	$18 \cdot 10$	$0 \cdot 10$	$22 \cdot 10$	$10 \cdot 41$
$42 \cdot 10$	$28 \cdot 10$	$1 \cdot 10$	$66 \cdot 10$	$10 \cdot 95$
$21 \cdot 10$	$11 \cdot 10$	$31 \cdot 10$	$13 \cdot 10$	$10 \cdot 33$

3 Rechne zu jeder Aufgabe auch die Tauschaufgabe!

	Aufgabe	Tauschaufgabe		Aufgabe	Tauschaufgabe
a	$40 \cdot 10$	$10 \cdot 40$	b	$90 \cdot 10$	$10 \cdot 90$
	$30 \cdot 10$	$10 \cdot 30$		$80 \cdot 10$	$10 \cdot 80$
	$13 \cdot 10$	$10 \cdot$ ▢		$16 \cdot 10$	$10 \cdot$ ▢
	$42 \cdot 10$	▢ $\cdot$ ▢		$29 \cdot 10$	▢ $\cdot$ ▢

4 Berechne das Zehnfache von 19, 90, 50, 55, 60, 16, 66!

5 **a** Berechne das Produkt aus den Zahlen 53 und 10!
b Ein Faktor ist 79, der andere 10. Wie groß ist das Produkt?
c Ein Faktor ist 10. Das Produkt ist 310. Wie groß ist der zweite Faktor?

6 **a** Ein Schreibblock hat 50 Blätter. Wie viele Blätter haben 10 Blöcke?
b Wie viele Blätter haben 10 Blöcke, wenn ein Schreibblock 100 Blätter hat?

7 Eine große Packung Faserstifte enthält 24 Stück. Frau Koch kauft für die Kita 10 Packungen. Wie viele Stifte sind das?

Dividieren durch die Zahl 10

1 In der Gartenstraße Nr. 7 werden die Bäder neu gefliest.
Der Fliesenleger bestellt 300 weiße und 360 blaue Fliesen.
Die Fliesen werden in Packungen mit je 10 Stück geliefert.
Wie viele Packungen weiße und wie viele Packungen blaue Fliesen sind das?

Wir rechnen:

300 : 10 = ☐

30 : 10 = 3, denn 10 · 3 = 30
300 : 10 = 30, denn 10 · 30 = 300

360 : 10 = ☐

360 : 10
300 : 10 = 30
60 : 10 = 6
360 : 10 = 36

a Beantworte die Frage zur Sachaufgabe!

b Sieh dir die Gleichungen an! Was stellst du fest? Beende die Sätze!
Wenn man ein Vielfaches von 10 durch 10 dividiert, …
30 ist der zehnte Teil von 300, 36 ist …

2 Rechne so: 500 : 10 = ☐, denn 10 · ☐ = 500

a	b	c	d	e
300 : 10	900 : 10	140 : 10	260 : 10	620 : 10
700 : 10	400 : 10	690 : 10	740 : 10	350 : 10
100 : 10	1 000 : 10	990 : 10	110 : 10	430 : 10

3 Berechne den zehnten Teil von
130, 80, 480, 300, 500, 1 000!

4 Dividiere durch 10!
10, 700, 70, 170, 770

5 Beachte: Punktrechnung geht vor Strichrechnung!

a	b	c	d
60 : 10 + 194	800 − 500 : 10	420 : 10 + 19	600 + 12 · 10
10 · 20 + 800	630 − 50 · 10	91 · 10 + 90	430 − 120 : 10
30 : 10 + 127	283 + 170 : 10	630 : 10 + 35	350 + 21 · 10
70 · 10 − 150	190 − 19 · 10	15 · 10 − 70	830 − 600 : 10

6 **a** Berechne den Quotienten aus den Zahlen 370 und 10!
b Der Dividend ist 460, der Divisor ist 10. Wie groß ist der Quotient?
c Der Dividend ist 600, der Quotient ist 60. Wie groß ist der Divisor?

7 Suche die Zahlen heraus, die Vielfache von 10 sind!
60, 568, 900, 37, 660, 203, 240, 111

8 Überlege: Kannst du jede beliebige Zahl mit 10 multiplizieren?
Kannst du jede beliebige Zahl durch 10 dividieren?
Berate dich mit deiner Partnerin/deinem Partner! Sucht Beispiele!

Im Baumarkt

1 Im Regal stehen 10 Pakete mit Holzlatten.
In jedem Paket sind 6 Holzlatten.
Wie viele Holzlatten sind das insgesamt?

2 Im Lager des Baumarktes sind noch 27 Pakete mit je 10 Bodenfliesen vorrätig und 15 Pakete mit je 10 Wandfliesen. Bei der Lieferung neuer Ware wurden 42 Pakete mit je 10 Bodenfliesen und 56 Pakete mit je 10 Wandfliesen ausgepackt.

- **a** Wie viele Bodenfliesen waren vor der Lieferung im Lager?
- **b** Wie viele Wandfliesen waren vor der Lieferung im Lager?
- **c** Wie viele Bodenfliesen wurden geliefert?
- **d** Wie viele Wandfliesen wurden geliefert?
- **e** Wie viele Bodenfliesen hat der Baumarkt nach der Lieferung?
- **f** Wie viele Wandfliesen hat der Baumarkt nach der Lieferung?

3 Ein Hobbybastler kauft eine Holzlatte, die 250 cm lang ist. Er zerschneidet sie in 10 gleich lange Stücke.

- **a** Wie lang sind die Stücke?
- **b** Wie oft muss er sägen?

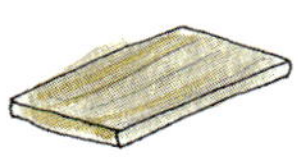

4 Von einer Rolle mit 80 m Auslegeware werden 10 m lange Stücke abgeschnitten. Wie viele Stücke entstehen? Wie oft wird geschnitten?

5 In der Tapetenfabrik „Farbenfroh" werden je 10 Rollen Raufasertapete in Kartons verpackt. 6 Kartons kommen immer in eine Kiste.

- **a** Ein Baumarkt bekommt 10 Kisten geliefert. Wie viele Rollen Raufasertapete sind das?
- **b** Ein Malermeister kauft 3 Kartons mit Raufasertapete. Wie viele Rollen kauft er?

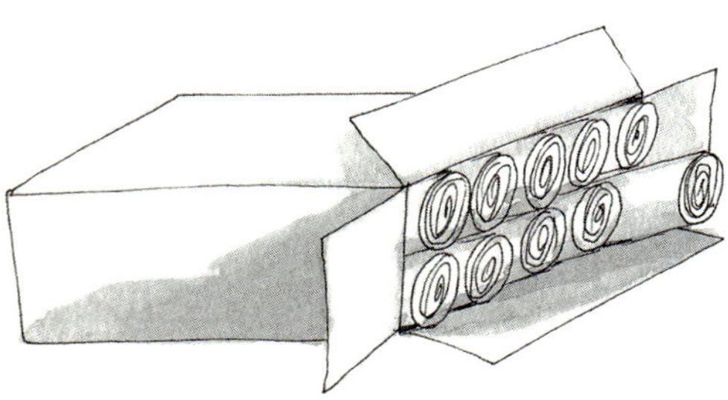

Multiplizieren mehrerer Faktoren

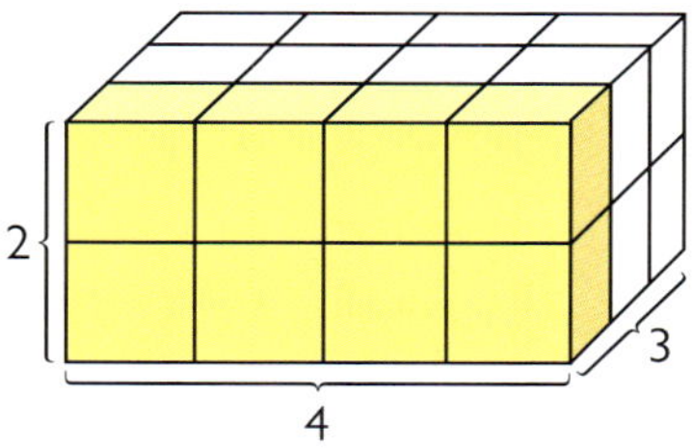

$4 \cdot 2 \cdot 3 = 4 \cdot 2 \cdot 3$
$= 8 \cdot 3$
$= 24$

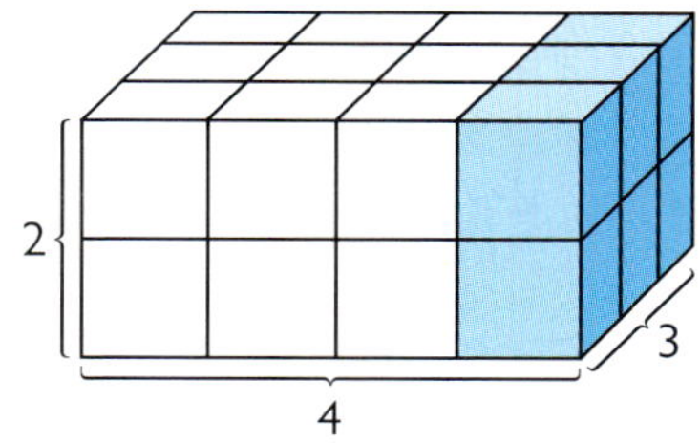

$4 \cdot 2 \cdot 3 = 4 \cdot 2 \cdot 3$
$= 4 \cdot 6$
$= 24$

Faktoren kann man beliebig zusammenfassen, das Produkt bleibt gleich.

1 Berechne die folgenden Produkte auf verschiedene Art!

$5 \cdot 2 \cdot 9$ $\quad 2 \cdot 3 \cdot 6$ $\quad 7 \cdot 2 \cdot 4$ $\quad 6 \cdot 1 \cdot 3$ $\quad 7 \cdot 9 \cdot 0$

2 Rechne vorteilhaft! Du kannst die Faktoren auch vertauschen!

Beispiel: $5 \cdot 7 \cdot 2$

Kevin rechnet:
$5 \cdot 7 \cdot 2 = 5 \cdot 2 \cdot 7$
$= 10 \cdot 7$
$= 70$

Anne rechnet:
$5 \cdot 7 \cdot 2 = 2 \cdot 5 \cdot 7$
$= 10 \cdot 7$
$= 70$

a $3 \cdot 6 \cdot 10$ / $7 \cdot 10 \cdot 6$
b $2 \cdot 5 \cdot 3$ / $9 \cdot 2 \cdot 5$
c $5 \cdot 3 \cdot 8$ / $2 \cdot 4 \cdot 5$
d $0 \cdot 4 \cdot 6$ / $1 \cdot 5 \cdot 4$
e $6 \cdot 4 \cdot 5$ / $7 \cdot 6 \cdot 2$

Multiplizieren einer einstelligen Zahl mit einem Vielfachen von 10

Wie viele Würfel brauchst du, wenn du dreimal 40 Würfel zusammensteckst?

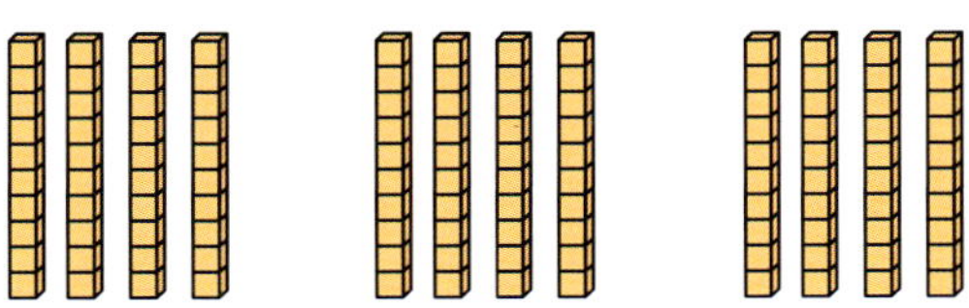

$40 + 40 + 40 = 120$
$3 \cdot 40 = 120$

$3 \cdot 40 = 3 \cdot 4 \cdot 10$
$= 12 \cdot 10$
$= 120$

oder: $3 \cdot 4 = 12$
$3 \cdot 40 = 120$

Wir lösen die Grundaufgabe und multiplizieren das Ergebnis mit 10.

1 $7 \cdot 5$ / $7 \cdot 50$ $\quad 8 \cdot 6$ / $8 \cdot 60$ $\quad 9 \cdot 4$ / $9 \cdot 40$ $\quad 3 \cdot 5$ / $3 \cdot 50$ $\quad 4 \cdot 7$ / $4 \cdot 70$ $\quad 5 \cdot 9$ / $5 \cdot 90$ $\quad 6 \cdot 8$ / $6 \cdot 80$

1 Löse die Aufgaben in den Tabellen!

·	3	30
7		
2		
5		
9		
4		

·	6	60
3		
6		
4		
0		
8		

·	7	70
4		
6		
8		
3		
1		

·	9	90
2		
5		
3		
6		
8		

2 Inge fährt an ihrem ersten Ferientag 30 km mit dem Rad.
Ihr Bruder legt am gleichen Tag die sechsfache Strecke mit der Bahn zurück.
Stelle eine Frage! Löse die Aufgabe!

3 Brigitte fährt täglich 40 km mit dem Zug zur Arbeit.
Wie viel Kilometer sind das von Montag bis Freitag?

4

a	b	c	d
3 · 40 km	80 km · 6	8 · 40 €	20 € · 7
2 · 50 km	30 km · 2	5 · 90 €	30 € · 9
9 · 30 km	60 km · 7	4 · 70 €	80 € · 3
7 · 70 km	90 km · 4	7 · 80 €	50 € · 5

5 Herr Bauer kauft ein Hemd und eine Jacke.
Das Hemd kostet 40 Euro,
die Jacke kostet das Dreifache.

a Wie teuer ist die Jacke?
b Berechne den Preisunterschied zwischen Jacke und Hemd!
c Wie viel bezahlt er für beide Kleidungsstücke zusammen?

6

a	b	c
3 —· 30→ ☐	5 —· ☐→ 200	4 —· ☐→ 360
6 —· 50→ ☐	10 —· ☐→ 800	6 —· ☐→ 300
8 —· 40→ ☐	7 —· ☐→ 210	3 —· ☐→ 180
9 —· 60→ ☐	8 —· ☐→ 480	5 —· ☐→ 450

7 Berechne das Vierfache von
30, 60, 90, 80, 20, 10, 0!

8 Berechne das Sechsfache von
20, 50, 80, 30, 70, 0, 1!

9 Vergleiche: <, > oder = ?

a	b	c
4 · 50 < 210	3 · 50 ● 150	3 · 90 ● 270
7 · 60 ● 500	6 · 70 ● 400	10 · 10 ● 990
3 · 40 ● 80	4 · 20 ● 100	5 · 40 ● 0
8 · 90 ● 800	5 · 80 ● 300	7 · 60 ● 500

Das schriftliche Verfahren der Multiplikation

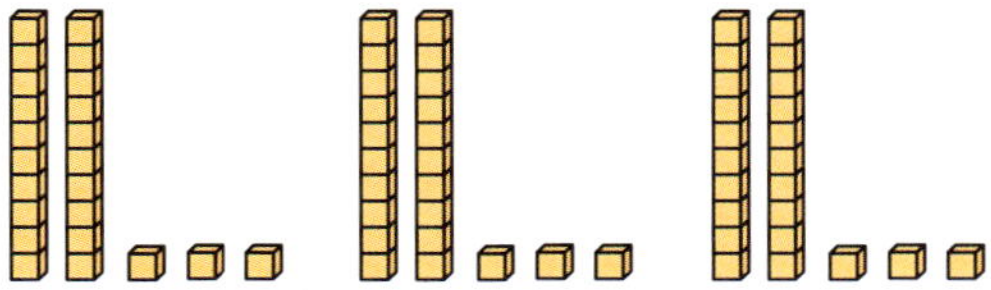

23 + 23 + 23 = 69

3 · 23 = 69

3 · 23

3 · 20 = 60
3 · 3 = 9
60 + 9 = 69

3 · 23 = 69

Wir rechnen mit dem schriftlichen Verfahren:

	Ich rechne:	Ich schreibe:
23 · 3	3 mal 3 E ist gleich 9 E.	9 E
69	3 mal 2 Z ist gleich 6 Z.	6 Z
	Das Produkt beträgt 69.	

Beim Aufschreiben des Ergebnisses beginne ich unter dem einstelligen Faktor.
Ich kontrolliere das Ergebnis durch Nachrechnen.

---

1 a 33 · 3, 31 · 2 b 21 · 3, 22 · 4 c 41 · 2, 32 · 3 d 21 · 4, 31 · 3 e 43 · 2, 23 · 3

	a	b	c	d	e
	33 · 3	21 · 3	41 · 2	21 · 4	43 · 2
	31 · 2	22 · 4	32 · 3	31 · 3	23 · 3

	Ich rechne:	Ich schreibe:
123 · 3	3 mal 3 E ist gleich 9 E.	9 E
369	3 mal 2 Z ist gleich 6 Z.	6 Z
	3 mal 1 H ist gleich 3 H.	3 H
	Das Produkt beträgt 369.	

---

2 Multipliziere und kontrolliere! Beachte: 0 · 2 = 0   2 · 0 = 0

a	b	c	d	e
212 · 2	203 · 3	212 · 4	333 · 2	204 · 2
424 · 2	312 · 3	111 · 5	303 · 3	321 · 3
304 · 2	132 · 3	403 · 2	211 · 4	430 · 2
340 · 2	332 · 3	222 · 3	223 · 3	220 · 4

3 Berechne

a das Doppelte von 432!

b das Vierfache von 210!

c das Doppelte von 441!

d das Dreifache von 320!

4 ★

a Die Hälfte einer Zahl ist 444. Wie heißt die Zahl?

b Wie heißt eine Zahl, wenn 333 der dritte Teil dieser Zahl ist?

5 Am Freitag kamen 203 Besucher in die Katzenausstellung.
Am Samstag waren es dreimal so viele Besucher.
Stelle eine Frage und löse die Aufgabe!

Schriftliches Multiplizieren mit Übertrag

	Ich rechne:	Ich schreibe:
62 · 3	3 · 2 E = 6 E	6 E
186	3 · 6 Z = 18 Z, 18 Z = 1 H + 8 Z	8 Z, 1 H
	Das Produkt beträgt 186.	

1 Multipliziere und kontrolliere!

a	b	c	d	e
52 · 2	92 · 2	81 · 5	51 · 9	72 · 4
61 · 4	73 · 3	72 · 4	42 · 3	51 · 3
41 · 5	82 · 4	61 · 6	84 · 2	64 · 2

Beachte den Übertrag an der Einerstelle!

	Ich rechne:	Ich schreibe:	Ich merke:
37 · 2	2 · 7 E = 14 E	4 E	1 Z
74	2 · 3 Z = 6 Z, 6 Z + 1 Z = 7 Z	7 Z	
	Das Produkt beträgt 74.		

2 Beschreibe deiner Partnerin/deinem Partner, wie du die Aufgaben gelöst hast!

a	b	c	d	e	f★
25 · 3	35 · 2	29 · 4	39 · 0	28 · 6	57 · 7
24 · 4	27 · 3	38 · 2	47 · 3	36 · 4	85 · 5

	Ich rechne:	Ich schreibe:	Ich merke:
337 · 2	2 · 7 E = 14 E	4 E	1 Z
674	2 · 3 Z = 6 Z, 6 Z + 1 Z = 7 Z	7 Z	
	2 · 3 H = 6 H	6 H	
	Das Produkt beträgt 674.		

3

a	b	c	d	e
125 · 3	226 · 3	429 · 2	215 · 2	114 · 4
218 · 2	317 · 2	218 · 4	117 · 5	219 · 3
219 · 4	215 · 4	228 · 3	225 · 3	118 · 2

4 Wasser sparen

a Wenn wir einmal duschen, verbrauchen wir etwa 35 Liter Wasser. Bei einem Vollbad verbrauchen wir mindestens das Dreifache. Berechne den Wasserverbrauch bei einem Vollbad!

b Wenn ein Wasserhahn nicht richtig zugedreht wird, fällt jede Sekunde ein Tropfen. Das sind 17 Liter Wasser an einem Tag. Wie viel Wasser würde man an 6 Tagen verschwenden?

Beachte den Übertrag an der Zehnerstelle!

	Ich rechne:	Ich schreibe:	Ich merke:
253 · 3	3 · 3 E = 9 E	9 E	
759	3 · 5 Z = 15 Z	5 Z	1 H
	3 · 2 H = 6 H, 6 H + 1 H = 7 H	7 H	
	Das Produkt beträgt 759.		

1 Multipliziere und kontrolliere durch Nachrechnen!

a	b	c	d	e
152 · 4	283 · 2	483 · 2	454 · 2	141 · 7
273 · 3	232 · 4	262 · 3	281 · 3	161 · 6
143 · 3	163 · 3	242 · 4	172 · 4	181 · 5

Beachte die Überträge an zwei Stellen!

	Ich rechne:	Ich schreibe:	Ich merke:
175 · 5	5 · 5 E = 25 E	5 E	2 Z
875	5 · 7 Z = 35 Z, 35 Z + 2 Z = 37 Z	7 Z	3 H
	5 · 1 H = 5 H, 5 H + 3 H = 8 H	8 H	
	Das Produkt beträgt 875.		

2 Multipliziere und kontrolliere durch Nachrechnen!

a	b	c	d	e
265 · 3	274 · 3	366 · 2	257 · 3	455 · 2
186 · 4	287 · 2	177 · 4	496 · 2	125 · 5
398 · 2	156 · 4	276 · 3	245 · 4	134 · 6

3 a

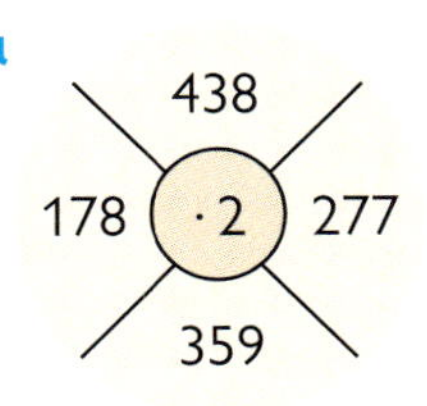

b

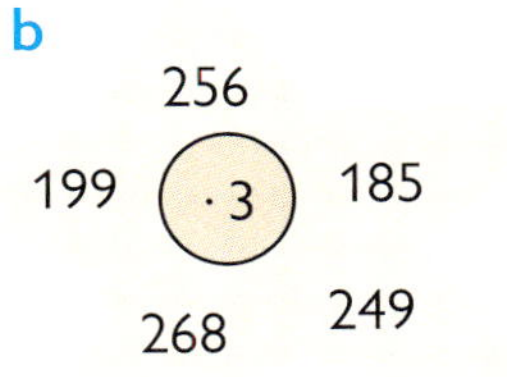

c

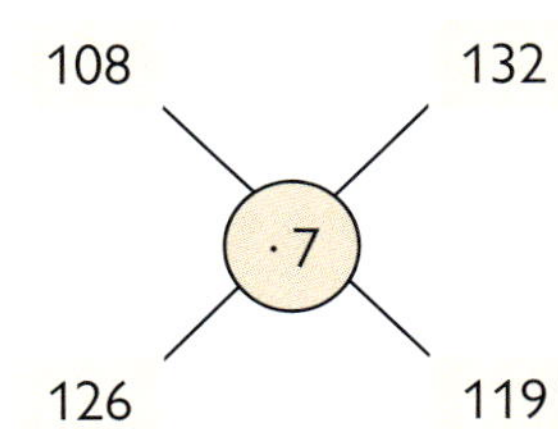

4 Multipliziere und kontrolliere! Beachte die Null!

a	b	c	d	e
407 · 2	170 · 4	208 · 4	309 · 2	160 · 5
302 · 2	250 · 3	260 · 3	270 · 3	109 · 9
209 · 4	307 · 2	409 · 2	480 · 2	106 · 8

5
- a Berechne das Produkt aus 3 und 258!
- b Multipliziere die Zahlen 4 und 106!
- c Von 275 ist das Dreifache zu berechnen!
- d Berechne das Vierfache von 249!
- e Ein Faktor ist 105, der andere Faktor ist 9. Berechne das Produkt!

Dividieren mit Rest

Eine Gruppe von 10 Wanderern kommt zur Seilbahn. Zwei Gondeln sind noch frei. In einer Gondel dürfen 4 Personen sitzen. Wie viele Wanderer müssen warten?

Aufgabe: 10 : 4 =

Diese Aufgabe ist nicht lösbar.
Wir suchen die nächstkleinere Zahl, die durch 4 teilbar ist.

Wir rechnen: 8 : 4 = 2, denn 4 · 2 = 8
4 · 2 + 2 = 10
10 : 4 = 2 Rest 2

Antwortsatz: 8 Wanderer können mitfahren, 2 müssen warten.

So dividieren wir mit Rest:

8 : 4 = 2, denn 4 · 2 = 8
9 : 4 = 2 Rest 1, denn 4 · 2 + 1 = 9
10 : 4 = 2 Rest 2, denn 4 · 2 + 2 = 10
11 : 4 = 2 Rest 3, denn 4 · 2 + 3 = 11
12 : 4 = 3, denn 4 · 3 = 12

1 Dividiere ebenso!

21 : 7 =
22 : 7 = Rest
23 : 7 = Rest
⋮ ⋮
28 : 7 =

2 Löse die Aufgaben! Nutze dazu die Tabelle!

37 : 6 38 : 5 47 : 7 54 : 8 63 : 7 29 : 4 85 : 9 25 : 3

Aufgabe	teilbare Zahl	neue Aufgabe	Ergebnis	Rest	
19 : 6	18	18 : 6	3	1	19 : 6 = 3 R 1

3 Schreibe nun kürzer! *Beispiel:* 18 : 4 = 4 R 2
16 : 4

a 27 : 5, 19 : 4, 32 : 6, 17 : 3

b 37 : 7, 48 : 5, 67 : 7, 19 : 2

c 65 : 9, 78 : 8, 74 : 9, 41 : 6

d 71 : 7, 52 : 5, 32 : 3, 41 : 4

4 In eine Verpackung gehören 6 Stifte. 13 Stifte liegen auf dem Tisch. Wie viele Verpackungen braucht man, um die Stifte aufzuräumen?

5 Die Kinder haben 75 Glückwunschkarten gebastelt. In eine Mappe werden immer 8 Glückwunschkarten gesteckt.

a Wie viele Mappen können sie füllen?

b Wie viele Karten bleiben übrig?

Die Zeit und Zeitangaben

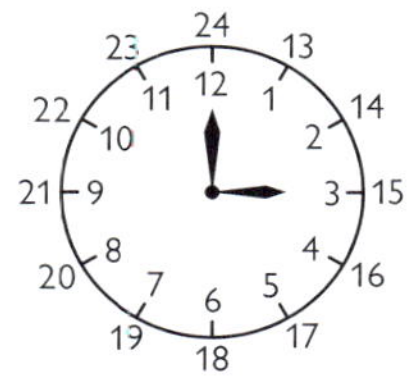

Stunde (h)
Minute (min)
Eine Stunde hat 60 Minuten.

1 h = 60 min

1 a Wie spät ist es?
Schreibe beide Uhrzeiten so in dein Heft: 4.00 Uhr – 16.00 Uhr

b Nenne nun zu jeder Uhrzeit die Tageszeit!
Beispiel: 4 Uhr – Nacht, 16 Uhr – Nachmittag

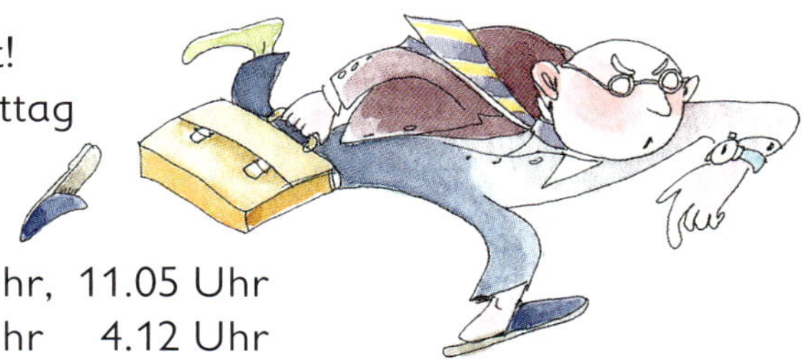

2 Stelle auf deinem Uhrenmodell ein!

a 8.00 Uhr, 20.00 Uhr, 7 Uhr 15, 14.30 Uhr, 11.05 Uhr
b 13.20 Uhr, 23.50 Uhr, 6 Uhr 26, 16.29 Uhr 4.12 Uhr

Eine viertel Stunde hat fünfzehn Minuten.	$\frac{1}{4}$ h = 15 min
Eine halbe Stunde hat dreißig Minuten.	$\frac{1}{2}$ h = 30 min
Eine drei viertel Stunde hat fünfundvierzig Minuten.	$\frac{3}{4}$ h = 45 min

3 Wie viel Minuten? Viertel, halbe oder drei viertel Stunde?

a Die Nachrichtensendung im Fernsehen dauert 15 Minuten.
Das ist eine ___ Stunde.
b Eine Unterrichtsstunde dauert ▢ Minuten. Das ist eine ___ Stunde.
c Die Halbzeitpause beim Fußballspiel ist ▢ Minuten lang. Das ist eine ___ Stunde.
d Eine Entfernung von 3 Kilometern legt man in ▢ Minuten zurück.
Das ist eine ___ Stunde.

4 Katja braucht für ihren Schulweg 15 Minuten.
Ihre Freundin benötigt eine viertel Stunde.
Wer braucht mehr Zeit für den Schulweg?

5 Schreibe die Uhrzeiten auf! Beginne immer bei 12.10 Uhr!

a Stelle die Uhr dreimal je eine Stunde weiter!
b Stelle die Uhr dreimal je eine halbe Stunde weiter!
c Stelle die Uhr dreimal je 10 Minuten weiter!

Sekunde (s)
Eine Minute hat 60 Sekunden.

1 min = 60 s

1 Wie viel Sekunden zeigen die Uhren an?

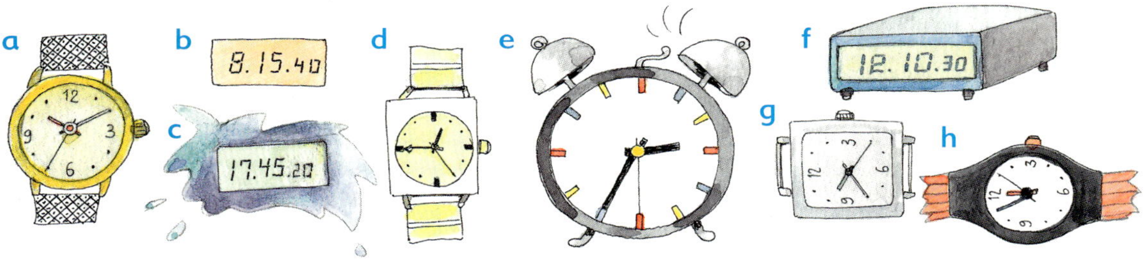

2 Schätze zuerst, wie viel Sekunden es jeweils dauert!
Überprüfe dann mit einer Uhr,
die einen Sekundenzeiger hat!

- **a** Sprich die Zahl 21!
- **b** Schlage das Mathematikbuch auf Seite 12 auf!
- **c** Schreibe das Wort Sekunde!
- **d** Halte die Luft an!

3 1 000-Meter-Lauf
Um wie viel Sekunden sind die anderen Läufer langsamer als der Sieger?

1. Schmidt:	3 min 28 s	4. Schulz:	3 min 46 s
2. Klein:	3 min 31 s	5. Schubert:	3 min 51 s
3. Mann:	3 min 35 s	6. Lehmann:	3 min 59 s

4 Ergänze die Einheiten!

- **a** Im Training legt der Radrennfahrer eine Entfernung von 176 Kilometern in 5 ______ zurück.
- **b** Eine Halbzeit beim Handball dauert 30 ______ .
- **c** Ein Atemzug dauert ungefähr 1 ______ .
- **d** Die Schwimmhalle hat täglich 10 ______ geöffnet.
- **e** Lena läuft 200 Meter in 33 ______ .
- **f** Bert hat bis zur Haltestelle einen Kilometer zu laufen. Dazu braucht er 10 ______ .

Die Dauer von Vorgängen

Die Sendung „Ratgeber“ beginnt um 8.30 Uhr und endet um 8.40 Uhr.
Wie lange dauert die Sendung?

Wir überlegen:

Beginn: 8.30 Uhr   Ende: 8.40 Uhr

Die Stunden sind gleich. Es vergehen Minuten.

Wir ermitteln die Differenz:

Von 8.30 Uhr bis 8.40 Uhr vergehen 10 Minuten.

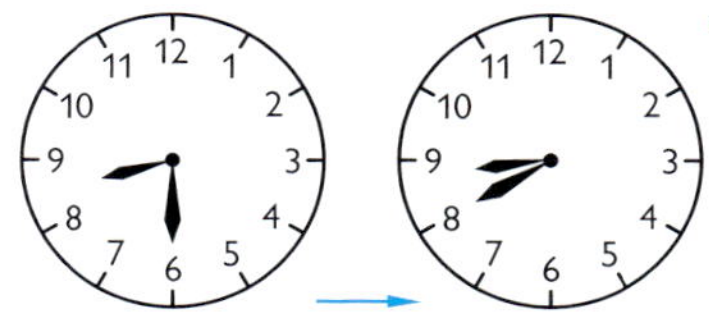

Antwortsatz: Die Sendung dauert 10 Minuten.

Der Spielfilm am Nachmittag beginnt um 14.35 Uhr und endet um 16.35 Uhr.

Wir überlegen:

Beginn: 14.35 Uhr   Ende: 16.35 Uhr

Es vergehen Stunden. Die Minuten sind gleich.

Wir ermitteln die Differenz:

Von 14.35 Uhr bis 16.35 Uhr vergehen 2 Stunden.

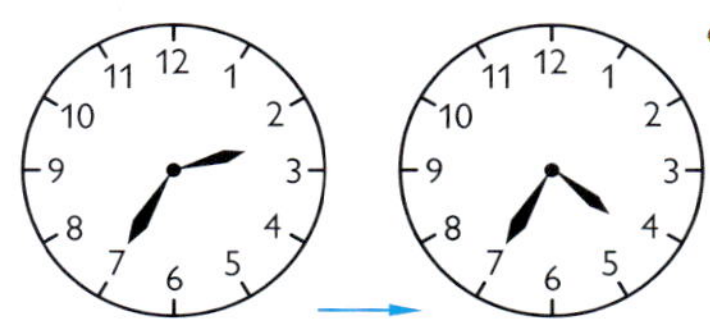

Der Spielfilm am Nachmittag dauert 2 Stunden.

1 Der Bus ist um 9.10 Uhr am Zeltplatz abgefahren. Um 9.35 Uhr war er am Bahnhof. Wie viel Minuten dauerte die Busfahrt?

2 Das Flugzeug startet pünktlich um 14.15 Uhr. Die Ankunft in Stockholm ist für 16.15 Uhr vorgesehen. Berechne die Flugdauer!

Die Sportsendung am Sonntag beginnt um 16.20 Uhr und endet um 18.10 Uhr.

Wir überlegen:

Beginn: 16.20 Uhr   Ende: 18.10 Uhr

Stunden und Minuten sind nicht gleich.

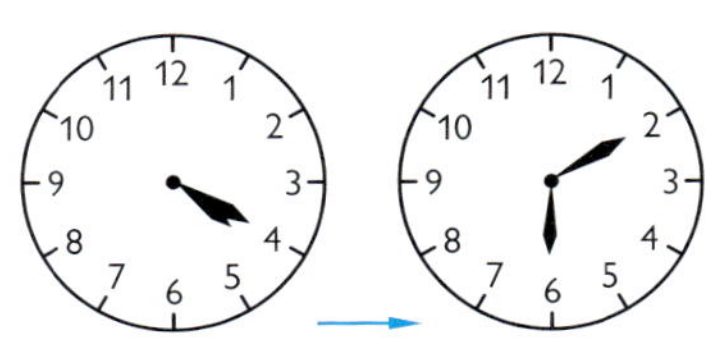

Wir ermitteln die Differenz: Von 16.20 Uhr bis 17.00 Uhr vergehen 40 Minuten.
Von 17.00 Uhr bis 18.00 Uhr vergeht 1 Stunde.
Von 18.00 Uhr bis 18.10 Uhr vergehen 10 Minuten.

Wir rechnen: 40 min + 1 h + 10 min = 1 h 50 min

Die Sportsendung dauert 1 Stunde 50 Minuten.

1 Berechne die Fahrzeiten der Parkbahn im Erlebnispark!

Rundfahrt mit der Parkbahn

	Kleine Fahrt		*Große Fahrt*	
Abfahrt	10.30 Uhr	14.15 Uhr	11.15 Uhr	14.45 Uhr
Ankunft	11.45 Uhr	15.30 Uhr	13.30 Uhr	17.00 Uhr

2 Berechne die Fahrzeiten!

Abfahrt	4.30 Uhr	5.50 Uhr	7.25 Uhr	9.40 Uhr	10.30 Uhr	12.50 Uhr
Ankunft	4.55 Uhr	6.50 Uhr	8.00 Uhr	11.40 Uhr	13.20 Uhr	14.00 Uhr

3 Berechnet, wie lange Sendungen im Fernsehen dauern!
Nehmt euch dazu eine Fernsehzeitung!

4 Die Wanderung um den See dauert 3 Stunden.
Um 10.30 Uhr ist die Gruppe losgelaufen.
Wann wird die Wandergruppe zurück sein?

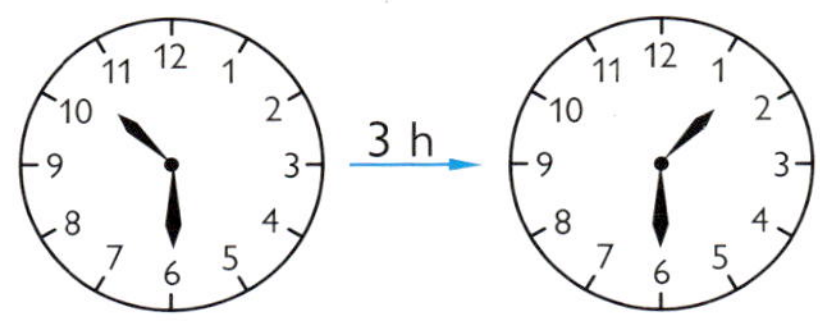

5 Jörg ist bei seinem Freund zum Geburtstag eingeladen.
Die Feier beginnt um 15.00 Uhr und dauert 4 Stunden.
Wann geht er wieder nach Hause?

6 Der Bus fährt in 2 Stunden. Jetzt ist es 14.40 Uhr.
Um wie viel Uhr fährt der Bus ab?

7 Die Pause dauert 20 Minuten. Sie ist um 10.35 Uhr zu Ende.
Um wie viel Uhr beginnt die Pause?

8 Der Linienbus hatte 14 Minuten Verspätung. Er fuhr erst um 7.44 Uhr ab.
Wann war die planmäßige Abfahrt?

9 Peters Armbanduhr geht sieben Minuten nach. Sie zeigt 12.28 Uhr an.
Wie spät ist es wirklich?

10 Berechne die fehlenden Angaben!

Anfang	Dauer	Ende
7.30 Uhr		12.30 Uhr
10.15 Uhr	5 h	
	45 min	19.15 Uhr
9.50 Uhr	eine viertel Stunde	
	eine halbe Stunde	15.55 Uhr

Der Kalender

Juni

Montag	Dienstag	Mittwoch	Donnerstag	Freitag	Samstag	Sonntag
	1	2	3	4	5	6
7	8	9	10	11	12	13
14	15	16	17	18	19	20
21	22	23	24	25	26	27
28	29	30				

1 Die Woche und ihre Tage

a Lies die Wochentage im Kalender!

b Wie viel Tage hat eine Woche (4 Wochen, 12 Wochen, 15 Wochen)?

c Die Sommerferien sind sechs Wochen lang. Wie viel Tage sind das?

d Lottis Bruder ist acht Wochen alt. Wie viel Tage sind das?

e Wie viel Wochen sind 49 Tage (14 Tage, 70 Tage)?

f Wie viel Wochen sind 31 Tage (53 Tage, 17 Tage)? Wie viel Tage bleiben jeweils übrig?

2 Das Jahr und seine Monate

a Wie viel Tage hat ein Jahr? Unterscheide auch das Schaltjahr!

b Wie viel Monate hat ein halbes Jahr?

c Wie viel Wochen hat ein Vierteljahr ungefähr?

d Schreibe alle Monatsnamen auf!

e Unterstreiche alle Monate, die 30 Tage haben! Wie viel Tage haben die anderen Monate?

1 Tag	=	24 Stunden
1 Woche	=	7 Tage
1 Monat		etwa 4 Wochen
1 Jahr	=	12 Monate
1 Jahr		etwa 52 Wochen
1 Jahr	=	365 (366) Tage

3 Das Datum

a Schreibe die folgenden Daten auf!
- das heutige Datum
- dein Geburtsdatum
- den Beginn des Sommers
- den Beginn der Sommerferien

b Wie viel Tage sind vom 2. Juni bis zum 20. Juni?

c Welches Datum ist von heute ab gerechnet in 14 Tagen?

d Schreibe die Daten für die Weihnachtstage auf! Suche aus einem Kalender heraus, an welchen Wochentagen in diesem Jahr Weihnachten ist!

17. 12. 2002
17. Dezember 2002

3. 2. 1992
03. 02. 1992
3. Februar 1992

Der Zahlenraum bis 10 000

Vierstellige Zahlen

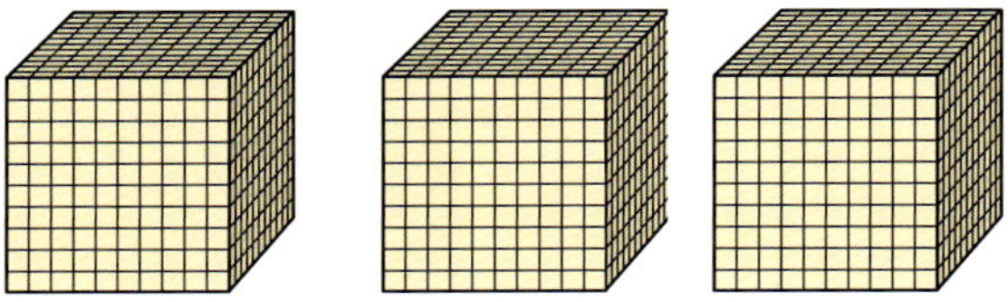

1 000 + 1 000 + 1 000 = 3 000
3 · 1 000 = 3 000

T	H	Z	E
3	0	0	0

Zahl: 3 000

Zahlwort: dreitausend

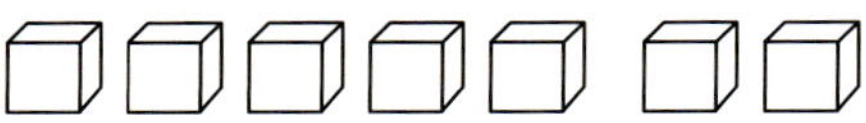

7 · 1 000 = 7 000

T	H	Z	E
7	0	0	0

7 000

siebentausend

Vielfache von 1 000 sind: 1 000, 2 000, 3 000, 4 000, 5 000, 6 000, 7 000, 8 000, 9 000, 10 000.

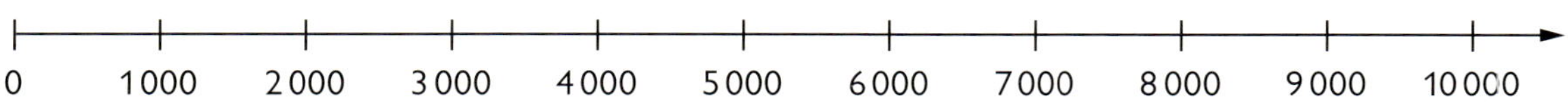

---

1 Bilde die Vielfachen von Eintausend!

a
1 000
1 000 + 1 000 = ___
2 000 + 1 000 = ___
3 000 + 1 000 = ___
4 000 + 1 000 = ___
5 000 + 1 000 = ___
6 000 + 1 000 = ___
7 000 + 1 000 = ___
8 000 + 1 000 = ___
9 000 + 1 000 = 10 000

b
1 · 1 000 = 1 000
2 · 1 000 = ___
3 · 1 000 = ___
4 · 1 000 = ___
5 · 1 000 = ___
6 · 1 000 = ___
7 · 1 000 = ___
8 · 1 000 = ___
9 · 1 000 = ___
10 · 1 000 = 10 000

1 Zehntausender (ZT) = 10 Tausender

2 Schreibe die Zahlwörter für die Tausender auf! *eintausend, …, zehntausend*

1 Rechne! Beachte bekannte Aufgaben!

a	3 + 6	9 − 5	b 4 000 + 3 000	2 000 + 7 000
	30 + 60	90 − 50	8 000 + 2 000	6 000 − 5 000
	300 + 600	900 − 500	9 000 − 8 000	1 000 + 3 000
	3 000 + 6 000	9 000 − 5 000	6 000 − 6 000	10 000 − 8 000

c Trage die Ergebnisse von Aufgabe a in eine Stellentafel ein!

2 Ergänze!

a	3 000 + □ = 5 000	b 9 000 − □ = 7 000	c 6 000 = □ · 1 000
	1 000 + □ = 1 000	3 000 − □ = 1 000	10 000 = □ · 1 000
	5 000 + □ = 10 000	8 000 − □ = 8 000	3 000 = □ · 1 000
	6 000 + □ = 7 000	5 000 − □ = 0	1 000 = □ · 1 000

3 Vergleiche!

a 4 000 ○ 3 000	b 7 000 ○ 8 000	c 90 ○ 3 000	d 500 ○ 5 000
400 ○ 3 000	6 000 ○ 1 000	1 000 ○ 900	20 ○ 200
40 ○ 300	800 ○ 7 000	5 000 ○ 80	7 000 ○ 700
4 000 ○ 30	2 000 ○ 2 000	1 000 ○ 10 000	100 ○ 100

4 Suche die Nachbarzahlen und schreibe so: 3 000, <u>4 000</u>, 5 000

a Zwischen welchen Tausendern liegt 2 000, 5 000, 8 000?

b Zwischen welchen Hundertern liegt 200, 700, 900?

c Zwischen welchen Zehnern liegt 40, 60, 70?

5 Schreibe die Zahlen in eine Stellentafel!

fünftausend, sechshundert, eintausend,
zwanzig, zehntausend, achttausend

ZT	T	H	Z	E

6 Rockkonzerte

a Für das 2. Konzert der Rockgruppe „Zweitausend" wurde ein Stadion für 10 000 Zuschauer gemietet. Im Vorverkauf wurden 4 000 Karten verkauft, an der Abendkasse weitere 2 000. Wie viele Karten wurden insgesamt verkauft?

b Beim 1. Konzert in der 12 km entfernten Kreisstadt waren es 1 000 Karten weniger als beim 2. Konzert. Wie viele Karten wurden für das 1. Konzert verkauft?

c Vor den Konzerten wurden bereits 3 000 CDs mit den neusten Songs verkauft. Bei jedem Konzert erwarben noch 1 000 Besucher diese CD. Wie viele CDs wurden insgesamt verkauft?

Zehnkampf	1. Platz:	7402 Punkte
	2. Platz:	7294 Punkte
	3. Platz:	7123 Punkte
	4. Platz:	7041 Punkte
	5. Platz:	6968 Punkte
	6. Platz:	6904 Punkte

T	H	Z	E
1	3	0	0

Zahl: 1 300

1 000 + 300 = 1 300

Zahlwort:
eintausenddreihundert

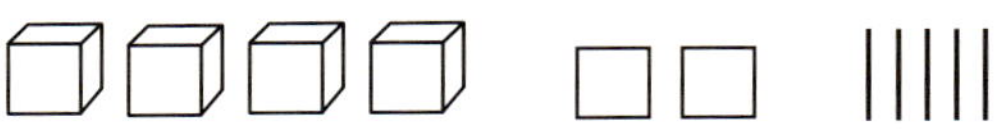

4 000 + 200 + 50 = 4 250
4 T + 2 H + 5 Z = 4 250
4 · 1 000 + 2 · 100 + 5 · 10 = 4 250

T	H	Z	E
4	2	5	0

4 250

viertausendzweihundert-
fünfzig

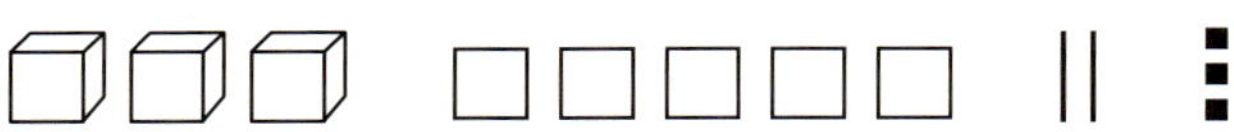

3 000 + 500 + 20 + 3 = 3 523
3 T + 5 H + 2 Z + 3 E = 3 523
3 · 1 000 + 5 · 100 + 2 · 10 + 3 · 1 = 3 523

T	H	Z	E
3	5	2	3

3 523

dreitausendfünfhundert-
dreiundzwanzig

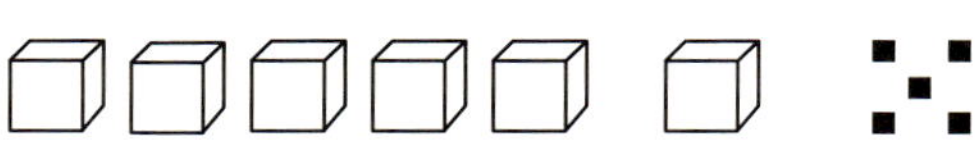

6 000 + 5 = 6 005
6 T + 5 E = 6 005
6 · 1 000 + 5 · 1 = 6 005

T	H	Z	E
6	0	0	5

6 005

sechstausendfünf

Vierstellige Zahlen werden aus Tausendern, Hundertern, Zehnern und Einern gebildet. Sie haben vier Stellen.

1 Trage die Zahlen in eine Stellentafel ein! Lest sie euch gegenseitig vor!
8 175, 5 791, 624, 2 052, 86, 1 305, 9 009, 407

2 Schreibe die Zahlen auf!
fünftausendzwei
viertausendzwölf
zweitausendvierhundertvier
neuntausendzweihundertsechzig
siebentausendfünfundvierzig

3 **a** Diktiert euch die Zahlen gegenseitig!
5 286, 1 650, 9 011,
7 403, 4 001, 3 037

b Suche dir eine Zahl aus und schreibe das Zahlwort auf!

4 Welche Zahlen sind dargestellt? Trage die Zahlen in eine Stellentafel ein!

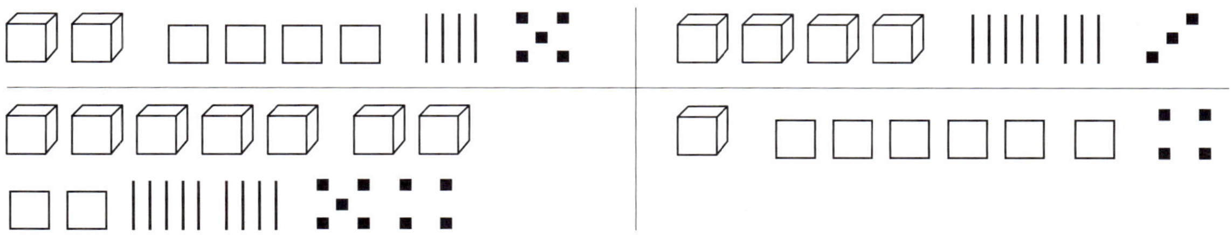

5 Zerlege die folgenden Zahlen wie in den Beispielen **a** und **b**!
5 822, 1 010, 4 370, 9 009, 3 333, 2 244, 8 963, 6 049, 1 872, 5 407

a Schreibe so: 3 625 = 3 T + 6 H + 2 Z + 5 E
b Schreibe so: 3 625 = 3 · 1 000 + 6 · 100 + 2 · 10 + 5 · 1

6 Bilde Zahlen! Du kannst auch die Stellentafel nutzen.

a	b	c
7 T + 8 H + 5 Z + 2 E	8 000 + 700 + 5	7 000 + 906
2 T + 6 H + 7 Z + 4 E	3 000 + 10	4 000 + 25
9 T + 1 H + 8 E	6 000 + 700 + 40 + 6	1 100 − 100
1 T + 1 Z + 1 E	5 000 + 50 + 1	2 550 − 550
4 T + 8 E	2 000 + 9	8 000 − 0

7 Welche Zahlen sind auf dem Zahlenstrahl markiert? Schreibe sie auf!

a
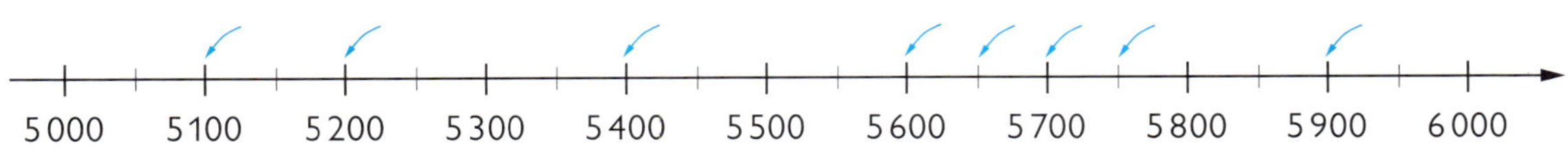

b
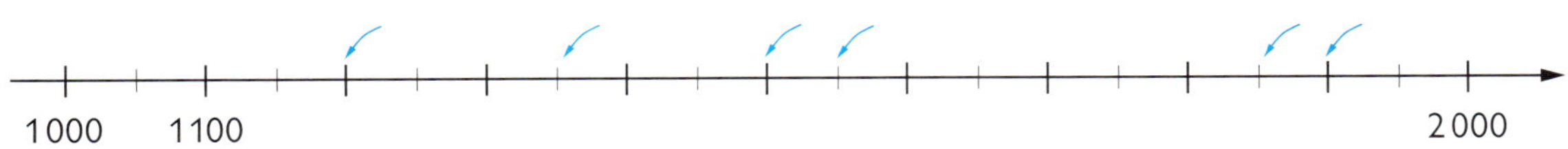

10 Einer = 1 Zehner
10 Zehner = 1 Hunderter
10 Hunderter = 1 Tausender
10 Tausender = 1 Zehntausender

8 Wandle um!
70 E = ☐ Z
50 Z = ☐ H
20 E = ☐ Z
40 H = ☐ T

9 Wandle um und rechne!
10 H + 1 T = ☐
10 Z + 1 H = ☐
90 E + 1 Z = ☐

Die Ordnung der Zahlen bis 10 000

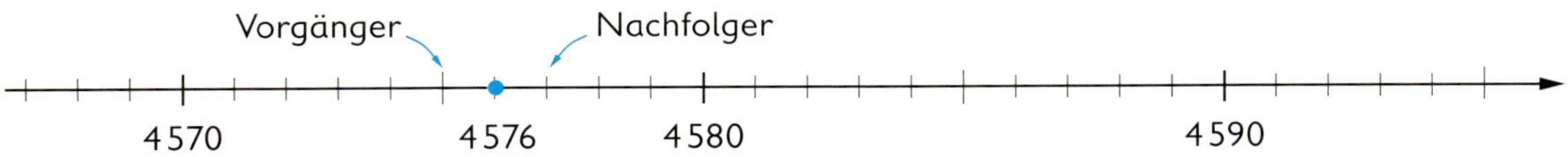

1 Gib Vorgänger und Nachfolger an!
Schreibe so: 4 575, <u>4 576</u>, 4 577
9 635, 2 758, 8 500, 2 567,
1 019, 6 000, 4 999, 3 001

2 Ergänze die fehlenden Zahlen!

Vorgänger	Zahl	Nachfolger
46	47	
	347	348
	6 347	
7 021		7 023
	1 899	
		4 002
	5 410	
	999	

3 Zähle in Einerschritten!
6 421, 6 422, ..., 6 428
8 495, 8 496, ..., 8 502
5 008, 5 009, ..., 5 014
2 657, 2 658, ..., 2 663
3 998, 3 999, ..., 4 005

4 Zähle in großen Schritten! Bildet weitere Zahlenfolgen!
a Zehnerschritte: von 1 660 bis 1 710, von 3 275 bis 3 325, von 7 391 bis 7 441
b Hunderterschritte: von 2 270 bis 2 870, von 8 003 bis 8 703, von 6 800 bis 7 400
c Tausenderschritte: von 4 000 bis 10 000, von 3 700 bis 8 700, von 6 209 bis 9 209

5 Welcher Tausender liegt vor der Zahl, welcher danach?

a 5 000 < 5 640 < 6 000
▢ < 6 670 < ▢
▢ < 3 822 < ▢
▢ < 4 065 < ▢

b ▢ < 7 203 < ▢
▢ < 1 007 < ▢
▢ < 9 849 < ▢
▢ < 2 435 < ▢

5 000 und 6 000 sind **benachbarte Tausender** der Zahl 5 640.

6 Schreibe alle Zahlen auf, die dazwischen liegen!
Lest euch die Zahlen gegenseitig vor!

a 9 895, ..., 9 903
6 098, ..., 6 104
4 045, ..., 4 055

b 2 465, ..., 2 455
5 304, ..., 5 294
8 005, ..., 7 995

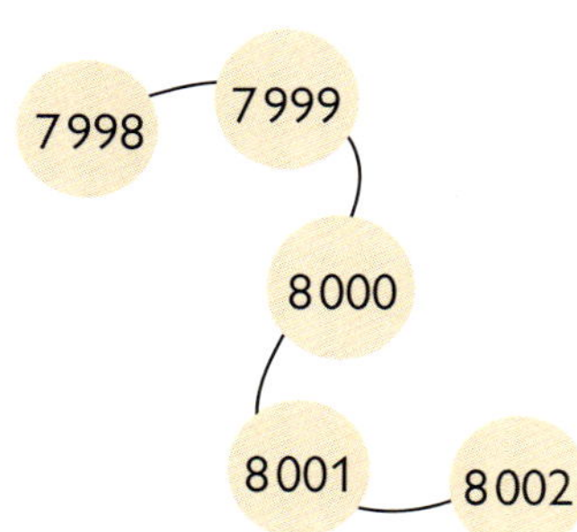

7 Zeichne den Ausschnitt aus dem Zahlenstrahl in dein Heft!
Markiere die folgenden Zahlen!
6 200, 6 300, 6 350, 6 400, 6 500, 6 600, 6 650, 6 700, 6 800, 6 900,
7 000, 7 100, 7 150, 7 200

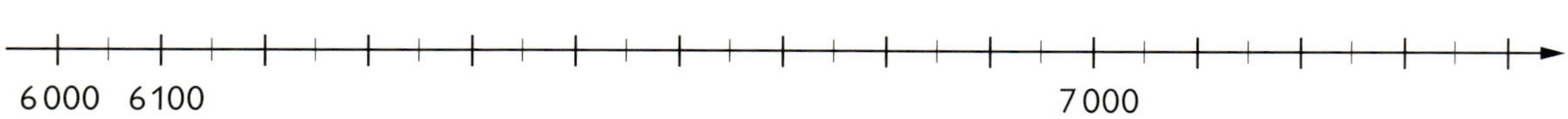

<, =, >

So vergleichen wir Zahlen:

Schritte		*Beispiele*
1. Zuerst vergleiche ich die Anzahl der Stellen.		665 < 1 321 4 085 > 99
2. Bei gleicher Stellenzahl vergleiche ich der Reihe nach		
	die Tausender	3 428 < 5 118 6 513 > 4 853
	die Hunderter	4 709 < 4 809 8 640 > 8 288
	die Zehner	9 823 < 9 858 2 097 > 2 027
	die Einer	1 047 < 1 048 5 312 > 5 310
3. Beim *ersten Unterschied*, den ich so feststelle, kann ich entscheiden, welche Zahl die kleinere oder die größere ist.		
4. Finde ich *keinen* Unterschied, dann sind die Zahlen gleich.		8 020 = 8 020 6 798 = 6 798

1 Welche Zahlen sind dargestellt? Schreibe sie auf und vergleiche die Zahlen!

2 Vergleiche! Begründe! Kontrolliert gegenseitig!

a			b			c		
15	●	351	988	●	208	7 385	●	7 805
707	●	702	75	●	7 005	9 119	●	9 119
825	●	1 258	5 072	●	3 012	3 863	●	5 236
6 545	●	655	4 441	●	4 414	8 642	●	8 646

1 Ordne die Zahlen nach der Größe!
Beginne mit der kleinsten Zahl!

a 5 894, 5 892, 5 899, 5 896, 5 890

b 8 753, 8 427, 8 888, 8 008, 8 605

c 5 317, 3 007, 7 620, 403, 904

d 579, 59, 5 759, 7 559, 957

2 Ordne die Zahlen nach der Größe!
Beginne mit der größten Zahl!

a 6 574, 6 570, 6 579, 6 571, 6 575

b 9 038, 9 804, 9 779, 9 260, 9 468

c 3 654, 8 420, 3 861, 133, 813

d 436, 4 346, 3 464, 64, 634

3 Ergänze und schreibe die Sätze auf!

a Die kleinste **einstellige** Zahl ist ■. Die größte **einstellige** Zahl ist ■.

b Die kleinste **zweistellige** Zahl ist ■. Die größte **zweistellige** Zahl ist ■.

c Die kleinste **dreistellige** Zahl ist ■. Die größte **dreistellige** Zahl ist ■.

d Die kleinste **vierstellige** Zahl ist ■. Die größte **vierstellige** Zahl ist ■.

4 ✶ Bilde aus den Ziffern sechs verschiedene vierstellige Zahlen!
Ordne sie nach der Größe!
Lest euch die Zahlen gegenseitig vor
und vergleicht! 

8 9 8 9

5 Stefan erreichte im Zehnkampf folgende Punkte:

am 12. Mai	am 14. Juni	am 21. Juli
7 923 Punkte	8 231 Punkte	8 091 Punkte

a Ordne die Punkte! Beginne mit dem besten Ergebnis!

b Die Norm für die Weltmeisterschaft sind 8 150 Punkte.
Bei welchem Wettkampf hat Stefan die Norm überboten?

6 Im Siebenkampf wurden auf den Plätzen 1 bis 4 folgende Punkte erreicht:

Sportlerin	Katrin	Susan	Heike	Grit
Punkte	6 428	6 502	6 381	6 482

Ordne die Ergebnisse nach der Reihenfolge der Plätze!

7 Anja schaffte im Speerwurf 40,42 m. Für Petra wurden 40,62 m gemessen.
Vergleiche!

8 ✶ Silke und Mona schafften im Weitsprung jeweils 4,36 m.
Der zweite Versuch musste über den Sieg entscheiden.
Silke sprang 4,24 m weit und Mona 4,26 m.
Wer hat den Weitsprung gewonnen?

Näherungswerte

Aus Zeitungsmeldungen

Rund 5 000 Baugenehmigungen jährlich
Im vergangenen Jahr haben die Behörden den Bau von 5 028 Wohnungen genehmigt. Im Jahr davor waren es 4 976 Wohnungen. Auch in diesem Jahr werden wieder über 5 000 Anträge erwartet.

1 000 Zuschauer beim Hochsprung mit Musik
In diesem Jahr erlebte der Hochsprung mit Musik einen Besucherrekord. 934 Eintrittskarten wurden verkauft. Die Athleten dankten mit spannenden Wettbewerben.

Was bedeutet die Zahlenangabe „rund 5 000“?

Überlege, warum in der Überschrift eine andere Zahl als im Text steht!

Zahlenangaben, die einen Sachverhalt ungefähr beschreiben, sind **Näherungswerte.**

So bestimmen wir Näherungswerte:

Wir bilden benachbarte Zehner, Hunderter oder Tausender.

Beispiel für benachbarte Zehner:

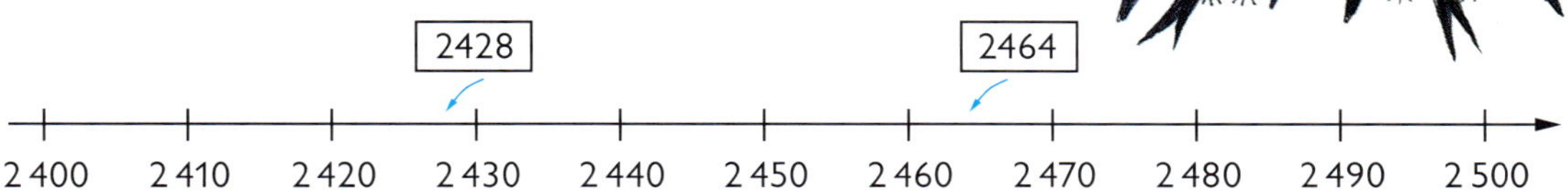

2 420 < 2 428 < 2 430 2 460 < 2 464 < 2 470

1 Übertrage die Tabelle in dein Heft und ergänze! S. 110

Nachbarzahlen	2 428		4 176		8 857		5 622	
Zehner	2 420	2 430						
Hunderter	2 400	2 500						
Tausender	2 000	3 000						

2 2430 liegt näher an 2428 als 2420.

Unterstreiche in deiner Tabelle aus Aufgabe **1** die benachbarten Zehner, Hunderter und Tausender, die der gegebenen Zahl am nächsten sind!

2 428	
2 420	2 430
2 400	2 500
2 000	3 000

Runden

Wir runden Zahlen, indem wir den **nächstgelegenen** Zehner, Hunderter oder Tausender bestimmen.

Runden auf Zehner:

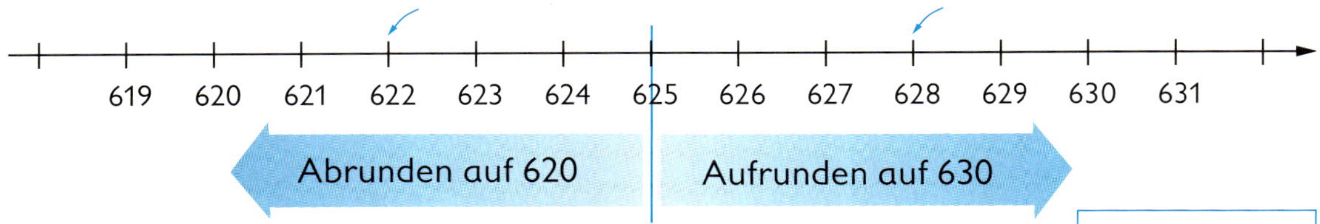

Wir schreiben:	622 ≈ 620	628 ≈ 630
Wir sprechen:	622 ist rund 620.	628 ist rund 630.
	622 ist ungefähr 620.	628 ist ungefähr 630.

≈ ist das Zeichen für rund oder ungefähr.

Abrunden: 543 ≈ 540 Ist die letzte Zahl eine 1, 2, 3 oder 4, so wird sie durch „0“ ersetzt.

Aufrunden: 548 ≈ 550 Ist die letzte Zahl eine 5, 6, 7, 8 oder 9, so wird sie durch „0“ ersetzt. Die davor stehende Zahl wird um 1 erhöht.

1 Runde auf Zehner! 791, 2 964, 650, 8 888, 35, 5 002, 489, 7 507

Runden auf Hunderter:

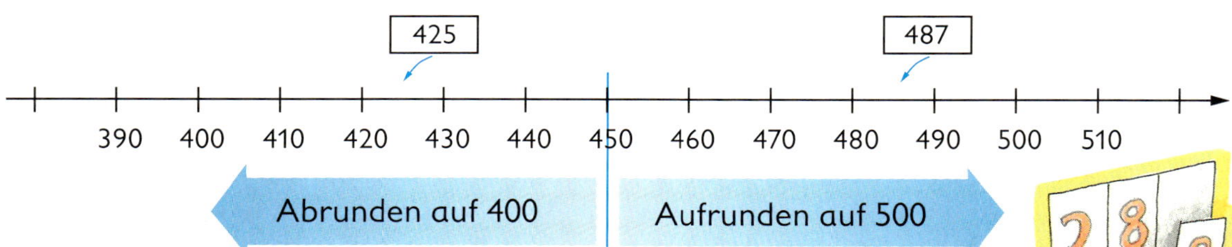

425 ≈ 400 487 ≈ 500

Abrunden: Ist an der Zehnerstelle eine 1, 2, 3 oder 4, so wird sie durch „0“ ersetzt. An der Einerstelle wird ebenfalls eine „0“ geschrieben.

Aufrunden: Ist an der Zehnerstelle eine 5, 6, 7, 8 oder 9, so wird sie durch „0“ ersetzt. An der Einerstelle wird ebenfalls eine „0“ geschrieben. Die Zahl an der Hunderterstelle wird um 1 erhöht.

2 Runde auf Hunderter! 284, 7 720, 695, 705, 3 040, 9 261, 89, 1 201

Runden auf Tausender:

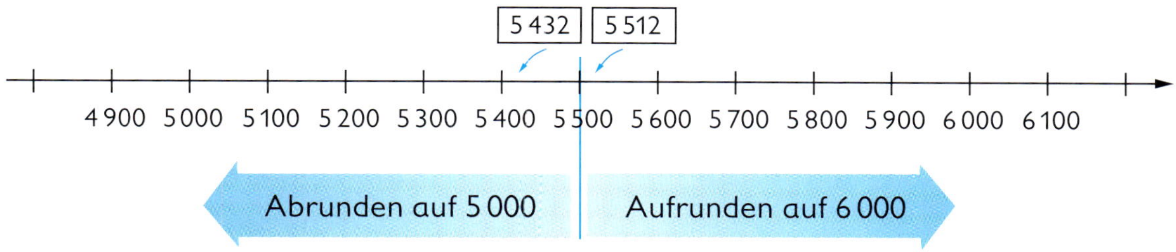

5 432 ≈ 5 000 5 512 ≈ 6 000

Beschreibe, wie du beim Runden auf Tausender vorgehst!

1 Runde auf Tausender! 3 872, 8 178, 3 290, 4 500, 6 702, 1 111, 2 499, 2 721

2 Übertrage die Tabelle! Runde auf Zehner, Hunderter und Tausender!

	4 813	7 385	8 233	2 608	5 009	3 098
Zehner	4 810					
Hunderter	4 800					
Tausender	5 000					

3 Wie viel Euro sind es ungefähr?

a 497 ct, 102 ct, 88 ct

b 854 ct, 995 ct, 908 ct

c 6,75 €, 9,82 €, 1,15 €

d 42,09 €, 77,99 €, 21,39 €

Schreibe so:
635 ct ≈ 6 €
3,40 € ≈ 3 €

4 Wie viel Meter sind es ungefähr?

a 625 cm, 99 cm, 281 cm

b 102 cm, 464 cm, 320 cm

5 Wie viel Kilometer sind es ungefähr?

a 4 800 m, 6 250 m, 1 030 m

b 7 980 m, 3 652 m, 2 100 m

6 Wie viel Kilogramm sind es ungefähr?

a 6 850 g, 1 045 g, 3 700 g

b 2 075 g, 5 650 g, 3 400 g

7 a Runde auf Stunden!

1 h 55 min
8 h 04 min
2 h 33 min

b Runde auf Minuten!

17 min 45 s
59 min 01 s
22 min 53 s

8 Suche in Zeitungen und Zeitschriften Angaben mit gerundeten Zahlen und gerundeten Größenangaben! Stelle diese im Unterricht vor!

Längenangaben

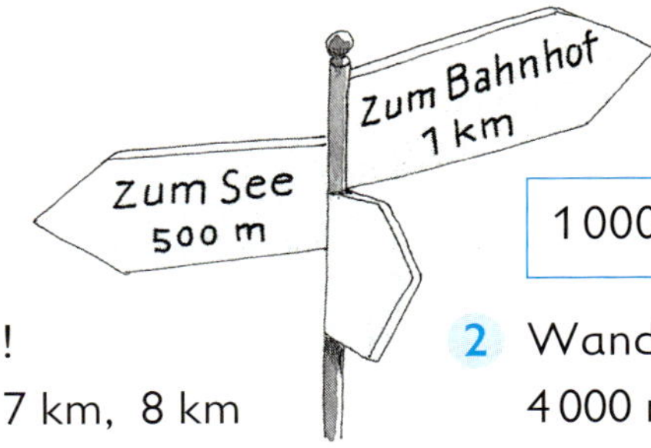

1 km = 1000 m

1000 m = 1 km

S. 29

1 Wandle in Meter um!
3 km, 10 km, 9 km, 7 km, 8 km

2 Wandle in Kilometer um!
4000 m, 1000 m, 6000 m, 9000 m

3 Silke, Bernd und Julia messen die Breite und die Länge einer Schachtel.
Die Messergebnisse sind in der Tabelle eingetragen:

Silke	Bernd	Julia
85 mm	8 cm 5 mm	8,5 cm
235 mm	23 cm 5 mm	23,5 cm

	cm		mm	
	Z	E	E	
8 cm 5 mm		8	5	8,5 cm
23 cm 5 mm	2	3	5	23,5 cm

Vergleiche jeweils die drei verschiedenen Längenangaben!

S. 30

4 Miss die Länge und die Breite einer Ansichtskarte!
Gib die Ergebnisse, wie in Aufgabe 3, auf drei verschiedene Arten an!

So wandeln wir um:

Millimeter in Zentimeter

84 mm = 8 cm 4 mm

cm		mm
8	,	4

84 mm = 8,4 cm

Zentimeter in Meter

545 cm = 5 m 45 cm

m		cm
5	,	45

545 cm = 5,45 m

Meter in Kilometer

7450 m = 7 km 450 m

km		m
7	,	450

7450 m = 7,450 km

5 **a** Wandle in Zentimeter um!
60 mm, 20 mm, 72 mm, 38 mm, 46 mm, 125 mm, 890 mm, 407 mm

b Wandle in Meter um!
300 cm, 800 cm, 127 cm, 608 cm, 350 cm, 2554 cm, 3802 cm, 9500 cm

c Wandle in Kilometer um!
5000 m, 5600 m, 8635 m, 9921 m, 1864 m, 4702 m, 1050 m, 6870 m

6 Vergleiche die Längenangaben! *Beispiel:* 2 km < 2,728 km < 3 km

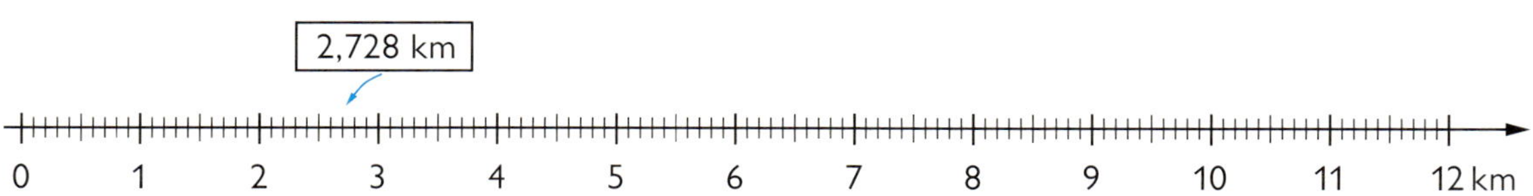

2,728 km liegen zwischen 2 km und 3 km

a 3,862 km ● 4 km
8,554 km ● 8 km

b 21,708 km ● 21 km
14,082 km ● 15 km

c 45 km ● 44,800 km
100 km ● 99,875 km

Masseangaben

1 Herr Kern schreibt auf, was für das Wochenende gebraucht wird.

a Wie viel Kilogramm Obst und Gemüse sollen eingekauft werden?

5 kg Kartoffeln
1 kg Spargel
1 kg Aprikosen
2 kg Pfirsiche
500 g Erdbeeren
500 g Kirschen

b Wie viel Gramm Wurst und Fleisch sollen eingekauft werden? Gib die Masse auch in Kilogramm an!

100 g Bierschinken
200 g Teewurst
200 g Leberwurst
300 g Pastete
600 g Rindfleisch
600 g Schweinefleisch

1 kg = 1 000 g

1 000 g = 1 kg

S. 32

2 Wandle in Gramm um!

a 4 kg, 5 kg, 7 kg, 3 kg
b 8 kg, 2 kg, 10 kg, 9 kg

3 Wandle in Kilogramm um!

a 2 000 g, 1 000 g, 6 000 g, 8 000 g
b 9 000 g, 3 000 g, 5 000 g, 10 000 g

4 Frau Bauer kauft eine Salami.
Auf der Verpackung steht: 1,275 kg.
Schreibe die Masseangabe in zwei Einheiten!

kg	g			
E	H	Z	E	
1	2	7	5	1,275 kg

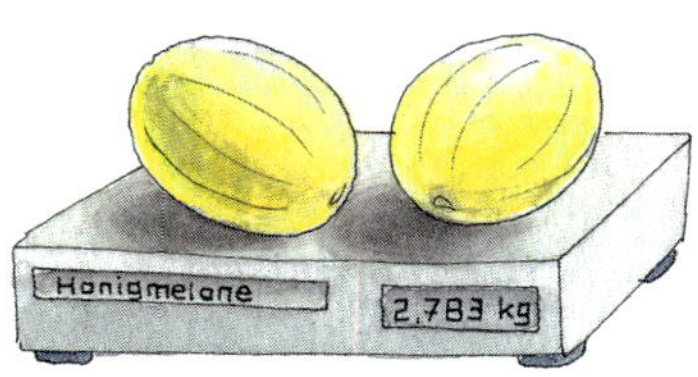

So wandeln wir Gramm in Kilogramm um:

2 783 g = 2 kg 783 g
2 783 g = 2,783 kg

kg		g
2	,	783

5 **a** Schreibe in zwei Einheiten!
5 575 g, 1 582 g, 9 250 g, 7 600 g
4 302 g, 8 075 g, 1 002 g, 2 095 g

b Wandle in Kilogramm um!
3 kg 629 g, 7 kg 832 g, 1 kg 500 g,
20 kg 750 g, 15 kg 500 g

c Wandle in Kilogramm um! 3 629 g, 7 832 g, 5 293 g, 8 124 g, 4 025 g

Beachte:

500 g = 0 kg 500 g = 0,500 kg
758 g = 0 kg 758 g = 0,758 kg
65 g = 0 kg 65 g = 0,065 kg

kg		g
0	,	500
0	,	758
0	,	065

6 **a** ✶ Wandle in Gramm um!
0,468 kg, 0,027 kg,
0,040 kg, 0,007 kg

b ✶ Wandle in Kilogramm um!
728 g, 100 g, 850 g, 250 g,
50 g, 75 g, 10 g, 4 g

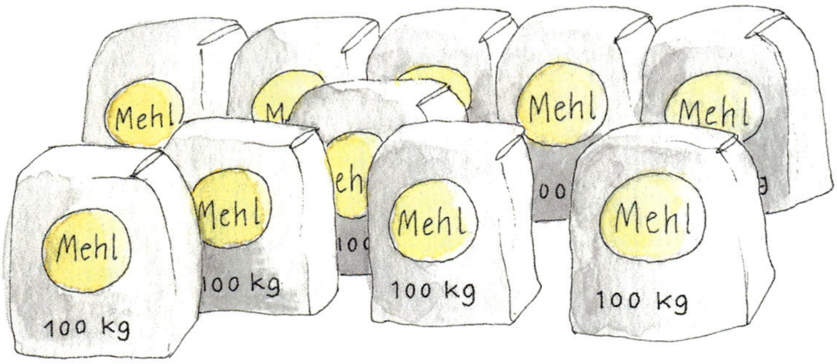

10 · 100 kg = 1 000 kg
1 000 kg = 1 t

Ein kleiner PKW wiegt ungefähr 1 Tonne.

Die **Tonne** ist eine Einheit der Masse.
1 t ist die Abkürzung für 1 Tonne.

1 t = 1 000 kg

1 Wandle in Kilogramm um!

a 3 t, 2 t, 7 t, 5 t
b 10 t, 8 t, 1 t, 4 t

2 Wandle in Tonnen um!

a 6 000 kg, 1 000 kg, 4 000 kg, 10 000 kg
b 3 000 kg, 9 000 kg, 2 000 kg, 5 000 kg

So wandeln wir Kilogramm in Tonnen um:

2 326 kg = 2 t 326 kg
2 326 kg = 2,326 t

t		kg
2	,	326

3 a Wandle in Kilogramm um!
4,320 t, 7,561 t, 9,016 t,
7,003 t, 2,405 t, 1,500 t

b Wandle in Tonnen um!
5 170 kg, 2 514 kg, 2 043 kg,
7 955 kg, 9 800 kg

c Schreibe die Masseangaben aus den Aufgaben a und b auch in zwei Einheiten!

4 Vergleiche die Masseangaben!
Beispiel: 3 t < 3,500 t < 4 t

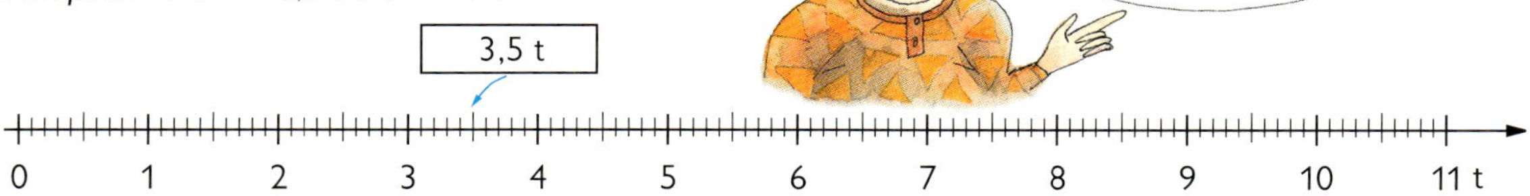

3,500 t liegen zwischen 3 t und 4 t.

a 7,542 t ● 8 t
3,550 t ● 3 t

b 23,500 t ● 24 t
155,800 t ● 155 t

c 77 t ● 77,235 t
200 t ● 199,200 t

5 Gramm, Kilogramm oder Tonne?

a Ein Sack Zement hat eine Masse von 50 ______ .
b Ein LKW wiegt 8,5 ______ .
c Petra wiegt 42 ______ .
d Ein Stück Würfelzucker hat eine Masse von 5 ______ .
e Ein Transporter wiegt 1,650 ______ .
f Ein Brötchen ist 50 ______ schwer.

$10 \cdot 10\ \text{kg} = 100\ \text{kg}$
$100\ \text{kg} = 1\ \text{dt}$

$10 \cdot 1\ \text{dt} = 10\ \text{dt}$
$10\ \text{dt} = 1\ \text{t}$

Die **Dezitonne** ist eine Einheit der Masse.
1 dt ist die Abkürzung für 1 Dezitonne.

1 dt = 100 kg
10 dt = 1 t

1 Wandle um!

a		b		c		d	
	200 kg = ☐ dt		5 dt = ☐ kg		50 dt = ☐ t		8 t = ☐ dt
	800 kg = ☐ dt		1 dt = ☐ kg		70 dt = ☐ t		2 t = ☐ dt
	3 000 kg = ☐ dt		12 dt = ☐ kg		100 dt = ☐ t		6 t = ☐ dt
	6 800 kg = ☐ dt		85 dt = ☐ kg		400 dt = ☐ t		3 t = ☐ dt

2 Leichter oder schwerer?
Ordne die Masseangaben zu **a** und **b** jeweils nach dem Gewicht!
Beginne mit dem kleinsten Gewicht!

a

PKW	1,42 t
Sack	50 kg
Güterwagen	9,3 t
Lok	82,2 t
Fass	1 dt
Fahrrad	12,3 kg

b

ein voller Karton	40 kg
LKW	93 dt
1 Stück Butter	250 g
Elefant	45 dt
Eimer mit Sand	8 kg
Wurst	730 g

3 Wie viel Gramm fehlen an einem Kilogramm bei 700 g, 400 g, 750 g, 870 g, 950 g?

4 Wie viel Kilogramm fehlen an einer Tonne bei 500 kg, 600 kg, 920 kg, 890 kg, 790 kg?

Aus einem alten Backbuch:
Mürber Teig: Zutaten sind 1 Pfund feines Weizenmehl, ein halbes Pfund Butter, 2 Löffel voll süßer Rahm oder Milch, 3 bis 4 Eier und eine Prise Salz.

Alte Massemaße

1 Pfund	=	500 g
1 Zentner	=	50 kg
1 Doppelzentner	=	100 kg

Addieren und Subtrahieren

Das kannst du schon!

1 Addiere zu jeder Zahl 8!
57, 36, 64, 29, 83,
357, 536, 664, 129, 983.

S. 35

2 Subtrahiere von jeder Zahl 8!
45, 77, 21, 96, 54,
645, 377, 721, 196, 454.

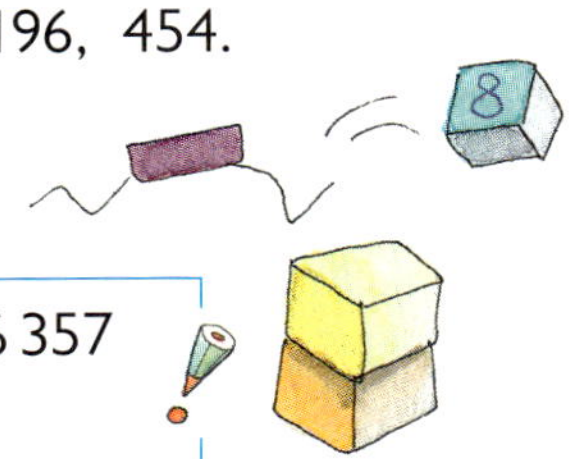

Wir rechnen nun:

6 357 + 8 = 6 365
6 357 + 3 + 5

6 365 − 8 = 6 357
6 365 − 5 − 3

3

a	b	c	d
5 348 + 3	7 457 + ▢ = 7 462	6 521 − 5	1 522 − ▢ = 1 517
3 437 + 9	1 516 + ▢ = 1 523	3 360 − 2	5 981 − ▢ = 5 977
6 181 + 6	2 678 + ▢ = 2 682	4 538 − 7	2 598 − ▢ = 2 590
8 826 + 5	8 319 + ▢ = 8 320	8 294 − 8	7 111 − ▢ = 7 108

4 Addiere zu jeder Zahl 7!
5 656, 1 001, 4 779, 2 099

5 Subtrahiere von jeder Zahl 5!
6 735, 2 020, 5 641, 8 301

6 Frau Becker muss ihr neues Auto nach 5 000 Kilometern zur Durchsicht bringen. Wie viel Kilometer fehlen noch?

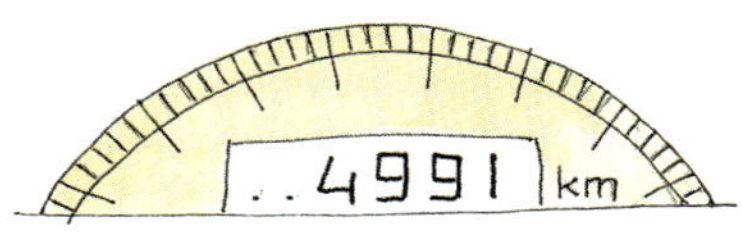

7

a	b	c	d
8 + 2	10 + 4	3 005 − 5	10 − 7
98 + 2	100 + 4	7 005 − 5	100 − 7
998 + 2	1 000 + 4	1 005 − 5	1 000 − 7
9 998 + 2	2 000 + 4	4 005 − 5	10 000 − 7

Wir rechnen:

2 999 + 5 = 3 004
2 999 + 1 + 4

3 004 − 5 = 2 999
3 004 − 4 − 1

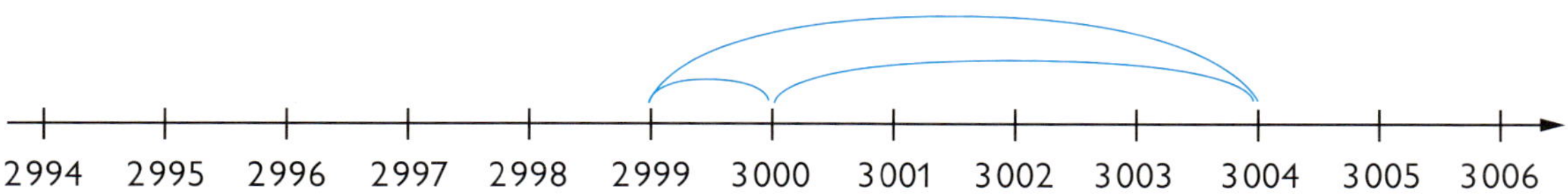

8

a	b	c	d
1 996 + 4	8 000 − 5	994 + 6	1 000 − 5
7 991 + 9	2 000 − 1	999 + 5	1 000 − 1
3 994 + 7	6 005 − 6	991 + 9	1 001 − 2
5 995 + 8	7 002 − 4	997 + 4	1 004 − 7

1 a
60 + 40
170 + 30
280 + 90

b
750 + ▢ = 800
620 + ▢ = 700
850 + ▢ = 920

c
100 − 40
620 − 20
450 − 60

d
750 − ▢ = 700
490 − ▢ = 400
840 − ▢ = 780

Wir rechnen:

7 890 + 40 = 7 930
7 890 + 10 + 30

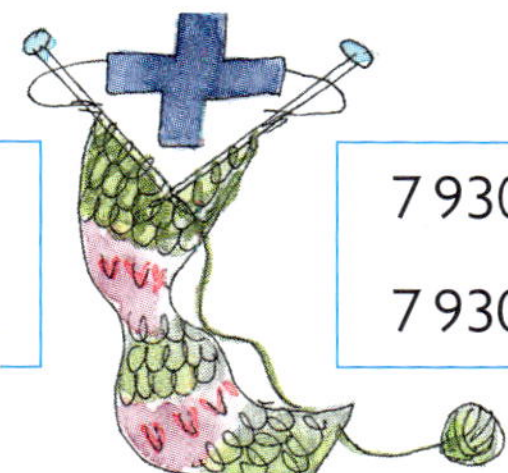

7 930 − 40 = 7 890
7 930 − 30 − 10

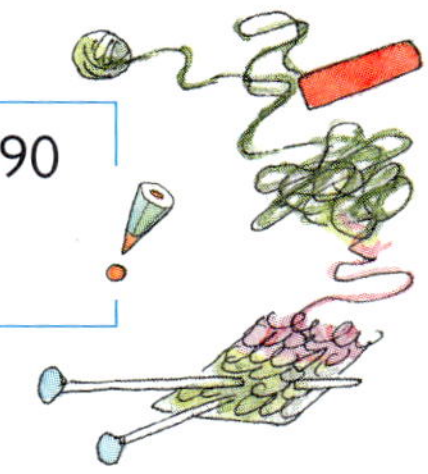

2 Löse die Aufgaben in den Tabellen!

+	30	50	70	80
3 470				
6 260				

−	20	40	50	60
4 320				
5 910				

★ **3** „Runde“ Geburtstage

a Im Jahr 2020 wird Silvias Vater 70 Jahre alt. Wann wurde er geboren?
b Ihre Mutter wurde im Jahr 1960 geboren. Wie alt ist sie im Jahr 2020?
c Silvia ist 40 Jahre jünger als ihr Vater. Wie alt ist sie im Jahr 2020?
In welchem Jahr wurde Silvia geboren?

4 Rechne bis zum nächsten Hunderter!

700 = 650 + ▢
100 = 70 + ▢
400 = 390 + ▢

2 370 + 30 = 2 400
4 880 + ▢ = 4 900
1 610 + ▢ = 1 700

5 Rechne bis zum nächsten Tausender!

5 200 + ▢ = 6 000
1 700 + ▢ = 2 000
500 + ▢ = 1 000

6 In einer Bäckerei werden täglich 2 500 Brötchen gebacken.
Vor den Feiertagen sind es 700 Brötchen zusätzlich.
Wie viele Brötchen werden vor Feiertagen insgesamt gebacken?

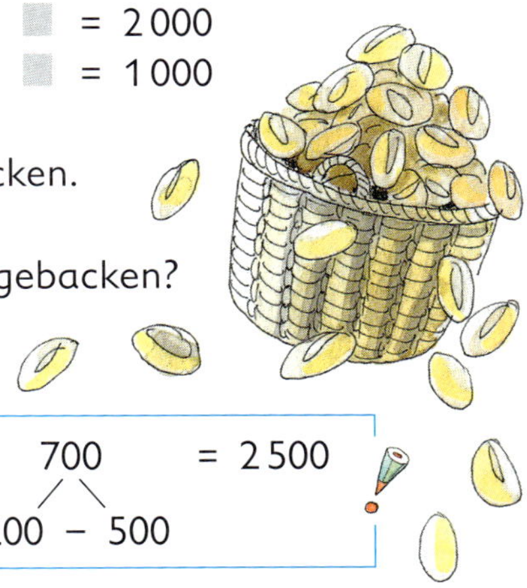

Wir rechnen:

2 500 + 700 = 3 200
2 500 + 500 + 200

3 200 − 700 = 2 500
3200 − 200 − 500

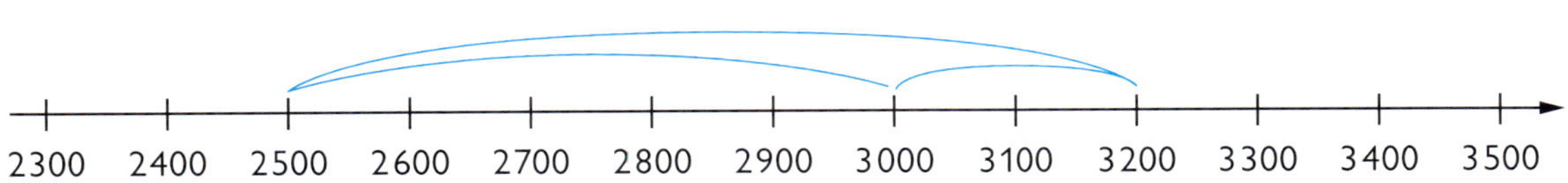

7 a
6 800 + 400
3 400 + 700
2 700 + 800

b
7 500 − 700
4 100 − 100
1 300 − 500

c
8 800 + 400
2 300 − 400
5 600 + 600

d
4 200 − 500
7 800 − 900
4 900 + 200

Zusammenfassende Übungen

1 An einem Hallenturnier nahmen 8 Fußballmannschaften teil. Folgende Preisgelder standen zur Verfügung:

Startgeld für jede Mannschaft	2 000 Euro
1. Platz	5 000 Euro
2. Platz	3 000 Euro
3. Platz	2 000 Euro
Prämie: bester Torschütze	1 000 Euro

a Wie viel Geld stand für die Plätze 1 bis 3 insgesamt zur Verfügung?
b Der beste Torschütze kam aus der Mannschaft, die den 3. Platz belegte. Wie viel Geld erhielt diese Mannschaft?
c Wie viele Zuschauer kamen insgesamt?
d Am zweiten Tag waren es mehr Zuschauer als am Tag zuvor. Wie groß ist der Unterschied?

Zuschauer
1. Tag: 4 700
2. Tag: ausverkauft (5 000)

2 Löse die Aufgaben in den Tabellen!

+	8	60	700	4 000
2 000				
3 200				
4 500				

−	200	500	700	4 000
7 500				
4 200				
8 800				

3 ★ Wandle zuerst in die kleinere Einheit um!

a
5 kg + 500 g = ▒ g
8 kg + 345 g = ▒ g
1 kg + 150 g = ▒ g
6 kg + 20 g = ▒ g
7 kg + 0 g = ▒ g

b
8 km + 300 m = ▒ m
7 km + 900 m = ▒ m
2 km + 100 m = ▒ m
1 km + 50 m = ▒ m
4 km + 2 m = ▒ m

c Gib die Ergebnisse der Aufgaben **a** und **b** auch in Kommaschreibweise an!

d Wie viel Meter fehlen an 3 Kilometern bei 2 800 m, 2 100 m, 2 600 m?
Wie viel Meter fehlen an 5 Kilometern bei 4 700 m, 4 900 m, 4 300 m?
Wie viel Meter fehlen an 1 Kilometer bei 400 m, 990 m, 750 m?

4
a
353 + 4 000
70 + 5 000
6 + 1 000

b
7 865 − 2 000
4 007 − 4 000
8 504 − 500

c ★
2 000 + 300 + 55
6 000 + 400 + 30 + 8
7 832 − 800 − 30 − 2

5 Ergänze immer bis 10 000! Schreibe so: 8 000 + ▒ = 10 000
8 000, 6 500, 1 000, 9 950, 7 800

Das schriftliche Verfahren der Addition

1 Aufgaben, die du schon kannst: S. 69

423	605	733	259	67	523
+ 362	+ 140	+ 46	+ 430	+ 912	+ 76

Für ein Handballspiel wurden 5 623 Karten zu 10 Euro und 3 216 Karten zu 12 Euro verkauft.
Wie viele Karten wurden insgesamt verkauft?

Aufgabe: 5 623 + 3 216 = ▢

Aufgaben mit beliebigen vierstelligen Zahlen rechnen wir mit dem schriftlichen Verfahren.

	T	H	Z	E
	5	6	2	3
+	3	2	1	6
	8	8	3	9

Ich addiere die Zahlen an den einzelnen Stellen.

Ich beginne mit der Einerstelle.

Zur Kontrolle vertausche ich die Summanden.

Kontrolle:
3 216
+ 5 623
8 839

Bei der Kontrolle kann ich auch von „oben“ nach „unten“ rechnen.

Ich vergleiche die Summen: 8 839 = 8 839

Formuliere einen Antwortsatz zur Sachaufgabe!

2 Schreibe die Aufgaben in eine Stellentafel! Addiere und kontrolliere!

3 444	1 721	6 136	8 507	5 081	2 687
+ 1 523	+ 4 256	+ 3 502	+ 1 032	+ 708	+ 6 201

3 Schreibe die Zahlen untereinander! Achte auf die Anzahl der Stellen!
Rechne und kontrolliere!

a	b	c	d
6 125 + 2 473	1 009 + 4 780	2 210 + 573	555 + 4 103
1 478 + 8 311	3 248 + 2 501	6 435 + 404	263 + 5 736
4 213 + 5 725	6 038 + 3 020	5 945 + 33	67 + 3 802

4 Addiere mit dem schriftlichen Verfahren! Kontrolliere!

+	2 514	1 633	657
4 142			
6 341			

+	4 226	3 202	2 074
4 420			
530			

1 Für das Rückspiel der Handballer in der Nachbarstadt wurden 4 735 Karten zu 11 Euro und 4 161 Karten zu 15 Euro verkauft.

a Wie viele Karten wurden **ungefähr** verkauft? S. 115

> Wir runden die Zahlen und rechnen einen **Überschlag** (Ü):
> 4 735 ≈ 5 000
> 4 161 ≈ 4 000   Ü: 5 000 + 4 000 = 9 000

Antwortsatz: Es wurden ungefähr 9 000 Karten verkauft.

b Wie viele Karten sind es genau, die verkauft wurden?
Rechne mit dem schriftlichen Verfahren!
Kontrolliere! Beantworte die Frage!

c Vergleiche nun die Summe mit dem Überschlag!
Vergleich (V): ▢ ≈ 9 000

> Beim Rechnen mit großen Zahlen können wir auch einen **Überschlag** rechnen.
> Mit dem Überschlag ermitteln wir das Ergebnis ungefähr.

2 Überschlage zuerst! Rechne dann genau und vergleiche!

3 258	Ü: 3 000 + 4 000 = 7 000	6 501	7 008	2 340	5 021
+ 4 141		+ 2 081	+ 1 870	+ 6 058	+ 4 307
7 399	V: 7 399 ≈ 7 000				

3 ★ Runde beim Überschlag auf Hunderter! Rechne dann genau und vergleiche!

437	3 084	765	5 707	635	2 685
+ 6 451	+ 904	+ 8 204	+ 290	+ 8 111	+ 212

4 Beachte den Übertrag an einer Stelle!

	T	H	Z	E
	3	5	5	6
+	4	0	7	1
		1		
	7	6	2	7

Kontrolle:

4 071
+ 3 556
7 627

Rechne und kontrolliere!

3 784	5 058	7 361
+ 4 209	+ 1 818	+ 1 452

5 Schreibe die Zahlen untereinander! Achte auf die Anzahl der Stellen!
Rechne und kontrolliere!

a	b	c	d
437 + 5 171	7 825 + 2 065	4 682 + 4 150	85 + 4 722
682 + 8 604	3 712 + 5 343	2 975 + 6 114	58 + 6 091
273 + 2 673	6 058 + 1 051	8 605 + 622	76 + 3 209

1 Beachte die Überträge an mehreren Stellen!

	T	H	Z	E
	5	3	2	8
+	2	8	4	6
	1		1	
	8	1	7	4

Kontrolle:

2 846
+ 5 328
8 174

	T	H	Z	E
	3	7	6	5
+	4	5	8	9
	1	1	1	
	8	3	5	4

Kontrolle:

4 589
+ 3 765
8 354

a

3 489	658	2 665	4 702	5 084	856
+ 4 706	+ 6 068	+ 2 525	+ 4 318	+ 1 985	+ 4 476

b

6 371	3 584	1 947	4 265	2 053	8 874
+ 1 859	+ 2 739	+ 6 253	+ 5 735	+ 7 947	+ 356

c ✶

2 314	6 472	5 642	1 807	305	214
1 042	314	504	4 288	27	425
+ 4 505	+ 41	+ 2 516	+ 552	+ 1 083	+ 674

✶ **2**

	T	H	Z	E
	2	7	6	8
	1	9	8	8
+	3	8	9	7
	2	2	2	
	8	6	5	3

Kontrolle:

3 897
1 988
+ 2 768
8 653

Rechne und kontrolliere!

674	6 090	1 758
3 583	257	3 405
+ 1 697	+ 2 571	+ 619

✶ **3** Schreibe die Zahlen richtig untereinander! Rechne und kontrolliere!

a 2 731 + 1 540 + 3 914
6 345 + 1 208 + 450

b 5 798 + 2 034 + 1 513
871 + 1 659 + 562

c 4 512 + 3 210 + 2 485
7 356 + 617 + 1 978

4 PKW-Transporte

Ein Autohändler bekommt vier neue PKW geliefert.
Der erste Transporter bringt zwei PKW.
Davon wiegt ein PKW 1 295 kg und der andere 1 550 kg.
Der zweite Transporter bringt zwei PKW, die jeweils 1 488 kg wiegen.

a Wie viel Kilogramm hat jeder Transporter insgesamt geladen?
b Gib nun in Tonnen an, wie viel jeder Transporter geladen hat!
c Vergleiche die beiden Massen!

Das schriftliche Verfahren der Subtraktion

1 Aufgaben, die du schon kannst: S. 71

687	859	577	463	956	774
− 432	− 253	− 314	− 103	− 554	− 634

In Sonnendorf fand eine Verkehrszählung statt.
Am Sonntag wurde die Dorfstraße von 2 621 Autos befahren und am Montag von 6 734 Autos.
Wie viele Autos waren es am Montag mehr als am Sonntag?

Aufgabe: 6 734 – 2 621 = ■

Wir subtrahieren mit dem schriftlichen Verfahren.

	T	H	Z	E
	6	7	3	4
−	2	6	2	1
	4	1	1	3

Ich rechne Ergänzungsaufgaben an den einzelnen Stellen.
Ich beginne mit der Einerstelle.
E: Von 1 bis 4 fehlen …

Kontrolle:
  4 113
+ 2 621
  6 734

Zur Kontrolle rechne ich die Umkehraufgabe.

Ich vergleiche den Minuenden (6 734) mit der Summe: 6 734 = 6 734

Formuliere einen Antwortsatz zur Sachaufgabe!

2 Schreibe die Aufgaben in eine Stellentafel! Subtrahiere und kontrolliere!

8 759	4 352	6 584	7 596	5 802	3 692	9 842
− 5 216	− 3 241	− 4 022	− 3 520	− 601	− 2 001	− 632

3 Schreibe die Zahlen untereinander! Achte auf die Anzahl der Stellen!
Rechne und kontrolliere!

a	b	c	d
6 543 − 2 311	7 482 − 7 151	6 852 − 832	5 708 − 602
4 179 − 1 037	9 907 − 8 904	4 739 − 639	3 657 − 3 246
8 752 − 4 642	2 653 − 2 652	1 977 − 63	8 067 − 2 022

4 Subtrahiere mit dem schriftlichen Verfahren! Kontrolliere!

−	2 621	4 325
5 936		
8 779		

−	4 704	605
7 777		
4 958		

Peter rechnet bei der Aufgabe 6 835 – 3 721 zuerst einen Überschlag.
Er rundet die Zahlen auf **Tausender**:

6 835 ≈ 7 000
3 721 ≈ 4 000

Ü: 7 000 – 4 000 = 3 000

```
  6 8 3 5
– 3 7 2 1
  3 1 1 4
```

Er vergleicht die Differenz mit dem Überschlag:
V: 3 114 ≈ 3 000

1 Rechne ebenso! Runde die Zahlen auf Tausender und überschlage!
Rechne dann genau und vergleiche!

4 825	7 944	9 907	6 824	8 532	6 470	3 865
– 2 305	– 5 141	– 2 705	– 5 724	– 4 532	– 2 300	– 2 844

Bei der Aufgabe 5 431 – 321 rundet Peter die Zahlen auf **Hunderter**:

5 431 ≈ 5 400
321 ≈ 300

Ü: 5 400 – 300 = 5 100

```
  5 4 3 1
–   3 2 1
  5 1 1 0
```

Er vergleicht die Differenz mit dem Überschlag:
V: 5 110 ≈ 5 100

2 Runde auf Hunderter und überschlage!
Schreibe dann die Zahlen untereinander! Rechne und vergleiche!

6 587 – 466	4 385 – 352	3 782 – 512	9 842 – 122
5 825 – 703	6 749 – 538	4 496 – 486	7 517 – 517

3 Beachte den Übertrag an einer Stelle! S. 77

T	H	Z	E
		10	
7	6	5	8
– 2	3	9	1
	1		
5	2	6	7

Kontrolle:

```
  5 267
+ 2 391
  7 658
```

Rechne und kontrolliere!

4 853	5 706	9 723
– 2 326	– 1 903	– 8 801

4 Schreibe die Zahlen untereinander! Achte auf die Anzahl der Stellen!
Rechne und kontrolliere!

a	b	c	d
4 732 – 582	6 581 – 479	1 645 – 823	7 085 – 4 722
7 591 – 670	3 878 – 529	8 765 – 538	3 758 – 3 091
3 468 – 837	8 058 – 355	5 608 – 522	4 776 – 4 776

1 Beachte die Überträge an mehreren Stellen!

	T	H	Z	E
		10		10
	6	7	4	2
−	3	8	1	4
	1		1	
	2	9	2	8

Kontrolle:

$$\begin{array}{r} 2\,928 \\ +\ 3\,814 \\ \hline 6\,742 \end{array}$$

	T	H	Z	E
		10	10	10
	8	4	5	6
−	1	6	9	8
	1	1	1	
	6	7	5	8

Kontrolle:

$$\begin{array}{r} 6\,758 \\ +\ 1\,698 \\ \hline 8\,456 \end{array}$$

Rechne und kontrolliere!

a

5 584	4 307	7 437	3 268	9 675	8 456
− 2 739	− 1 580	− 3 168	− 2 680	− 8 685	− 4 476

b

6 335	5 124	8 042	4 522	3 642	1 947
− 4 947	− 1 195	− 184	− 3 823	− 688	− 866

2 Im Zehnkampf fanden an zwei Tagen je fünf Wettkämpfe statt.
Martin, Franz und Boris erreichten folgende Punkte:

	Martin	Franz	Boris
1. Tag	3 288	3 324	3 305
2. Tag			
Gesamt:	7 952	7 875	7 798

a Berechne die Punkte für den zweiten Tag!
b Wie viele Punkte hat Martin mehr erreicht als Boris?

3 In den Weltrang-Listen der Tennisspieler sind die ersten zehn Plätze besonders wichtig.

a Bei den Frauen wurden auf dem ersten Platz 5 336 Punkte erreicht und auf dem zehnten Platz 3 079 Punkte. Berechne den Unterschied!

b Bei den Männern kam der beste Spieler auf 3 382 Punkte. Der Spieler auf dem zehnten Platz erreichte 2 216 Punkte. Wie groß ist der Unterschied?

4 Subtrahiere immer von 10 000!
7 384, 6 547, 8 005, 1 053, 482, 5 454, 9 876, 287

5 ★ Subtrahiere immer 645! Beginne mit 8 000!
Die Zahlenfolge endet mit der Zahl 2 840.

8 000 → ☐ → ☐ → ☐ → ☐ → ☐ → ☐ → ☐ → 2 840

Zusammenfassende Übungen

1 Überschlage zuerst! Rechne dann genau und vergleiche!

3 895	6 523	8 256	4 603	5 081	7 692
– 2 724	– 4 745	– 786	– 854	– 2 949	– 3 697

2 Rechne die Aufgaben mit den schriftlichen Verfahren!

+	5 284	3 798
2 328		
4 107		

–	2 826	4 371
8 731		
6 085		

3 Im Tierpark werden die Tiere jährlich einmal gezählt.
Im vergangenen Jahr waren es 8 259 Tiere.
In diesem Jahr sind es 768 Tiere mehr als im Jahr zuvor.
Wie viele Tiere hatte der Tierpark am Tag der letzten Zählung?

4 Herr Boden erntet Weißkohl in seinem Garten.
Die beiden größten Köpfe legt er auf die Waage.
Der eine Weißkohl wiegt 1 624 Gramm und der andere 1 376 Gramm.
Wie viel Kilogramm Weißkohl sind das insgesamt?

5 Die Donau ist 2 858 Kilometer lang, der Rhein 1 320 Kilometer.
Berechne den Längenunterschied beider Flüsse!

6 Der längste Fluss der Erde ist der Nil in Afrika. Er ist 6 671 Kilometer lang.
Der längste Fluss Europas ist die Wolga mit 3 685 Kilometern Länge.

a Wie lang sind die Flüsse ungefähr?
Runde zuerst auf Hunderter, dann auf Tausender!

b Berechne den genauen Längenunterschied der beiden Flüsse!

7 Der höchste Berg in Deutschland ist die Zugspitze mit 2 963 Metern.
Der Feldberg im Schwarzwald ist 1 493 Meter hoch.

a Berechne den Höhenunterschied!

b Der Watzmann ist 2 713 Meter hoch.
Um wie viel Meter ist der Watzmann höher als der Feldberg?

c Berechne auch den Höhenunterschied
zwischen Watzmann und Zugspitze!

8 Berechne immer die Summe und die Differenz der beiden Zahlen!

834, 577 | 3 245, 682 | 5 097, 2 134 | 4 281, 869 | 6 850, 1 243

Rechnen mit Größen in Kommaschreibweise

Familie Klein hat für eine Geburtstagsfeier eingekauft.

Wie viel wurde für den Käse bezahlt?

Wir rechnen mit dem schriftlichen Verfahren:

	Euro			Cent	
	Z	E		Z	E
		7	,	5	8
+		4	,	8	9
	1	2	,	4	7

  7,58 €
+ 4,89 €
12,47 €

Für den Käse wurden 12,47 Euro bezahlt.

Beachte bei Kommazahlen: Schreibe die Stellen genau untereinander!
Achte darauf, dass Komma unter Komma steht!

1 Wie teuer sind Salami und Nussschinken zusammen?
Übertrage die Stellentafel in dein Heft!
Rechne und schreibe einen Antwortsatz!

	Euro			Cent	
	Z	E		Z	E
	1	6	,	3	5
+	1	8	,	7	0

2 Berechne den Preisunterschied zwischen den Süßigkeiten!
Löse im Heft! Subtrahiere schriftlich!
Kontrolliere!

	Euro			Cent	
	Z	E		Z	E
	1	0	,	5	0
–		6	,	7	5

3 Rechne! Schreibe die Zahlen richtig untereinander! Achte auf das Komma!

a 3,75 € + 2,14 €
4,69 € + 5,30 €
13,20 € + 4,75 €

b 54,39 € + 32,57 €
46,27 € + 12,56 €
9,79 € + 50,43 €

c 17,32 € – 4,21 €
9,84 € – 7,61 €
5,79 € – 2,58 €

4 Bei einem internationalen Sportfest gab es folgende Ergebnisse:

	Männer			Frauen		
	Kugel	Speer	Hammer	Kugel	Speer	Diskus
1. Platz	21,45 m	90,72 m	82,68 m	21,69 m	69,80 m	68,49 m
2. Platz	19,98 m	86,92 m	78,92 m	19,81 m	66,95 m	65,94 m

a Berechne immer die Differenz zwischen dem ersten und dem zweiten Platz!

b In welcher Disziplin gab es bei Männern/bei Frauen das knappste Ergebnis?

1 Der Verkäufer schneidet für den Kunden von einer Rolle Teppichboden ein Stück mit 4,75 m Länge und ein Stück mit 6,35 m Länge ab.

a Wie viel Meter Teppichboden kauft dieser Kunde?
b Wie viel Meter Teppichboden bleiben übrig, wenn auf der Rolle insgesamt 40 Meter waren?

2 Eine Rolle Tapete ist 10 Meter lang.
Ein 2,75 m hohes Zimmer soll tapeziert werden.

a Wie viele Bahnen können von einer Rolle abgeschnitten werden?
b Wie viel Rest bleibt von einer Rolle?

3 Sascha bekommt ein eigenes Zimmer. Die eine Wand ist 4 Meter lang.
Dorthin will er einen Schrank von 1,20 m Breite stellen,
ein Bett von 2,12 m Länge und ein Regal von 0,86 m Breite.
Passen die Möbel nebeneinander? Begründe deine Antwort!

4 Der Obsthändler wiegt 2,455 kg Apfelsinen und 1,718 kg Mandarinen ab.
Wie viel Kilogramm sind das insgesamt?

5 Frau Stein verbraucht für einen Kuchen 175 Gramm Zucker
und für eine Süßspeise 125 Gramm Zucker.
Wie viel Gramm Zucker bleiben übrig, wenn in der Tüte 1 Kilogramm war?

6

Markus	Länge	Gewicht
geboren am 13. 7. 1992	52 cm	3 440 g
13. 7. 1993	79 cm	9 860 g
13. 7. 1999	1,18 m	22,5 kg

a Wie viel Zentimeter ist Markus in seinem ersten Lebensjahr gewachsen?
Wie viel hat er zugenommen?
b Wie viel ist Markus von der Geburt bis zum 7. Geburtstag gewachsen?
Wie viel hat er seit der Geburt zugenommen?

7 Ein LKW wiegt 7,5 t und ein PKW 1400 kg.

a Errechne das Gesamtgewicht von LKW und PKW!
b Wie viel Tonnen ist der PKW leichter als der LKW?

8 Ein LKW wiegt 7,5 t. Er wird mit 2 385 kg Kartoffeln beladen.
Wie schwer ist der beladene LKW?

In der Sportabteilung

1 Klaus kauft Tischtennisbälle und einen Fußball.
Wie viel muss er dafür bezahlen?

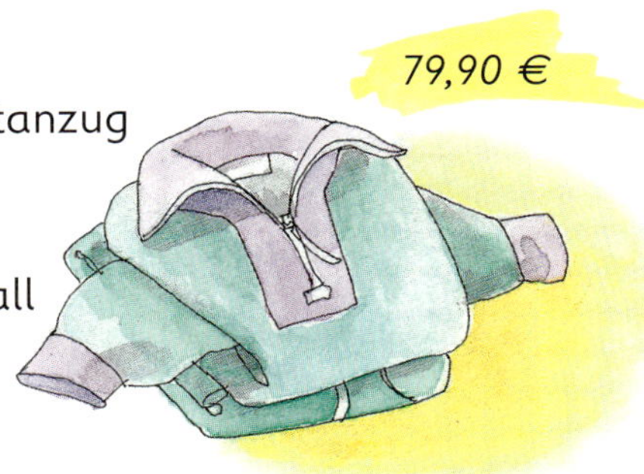

2 Fabian möchte wissen, wie viel Laufschuhe und Sportanzug zusammen kosten.

3 Die Klasse 6a will für die Klassenfahrt einen Volleyball und zwei Tischtennisschläger kaufen.
Wie viel Geld muss eingesammelt werden?

4 Ein Handball kostet 22,50 Euro und ein Sporthemd 12,75 Euro.
Rechne den Gesamtpreis aus!

5 Maxi und Tom haben 25 Euro gespart. Sie suchen einen Ball für 16,35 Euro und ein Springseil für 6,49 Euro aus. Reicht das gesparte Geld?

6 Frau Hofmann kauft einen Heim-Trainer zu 159,90 Euro.
Wie viel Geld erhält sie zurück, wenn sie mit einem 200-Euro-Schein bezahlt?

7 Olaf möchte einen Fußball und Fußballschuhe kaufen.
Er hat 50 Euro mit. Wie viel Geld behält er übrig?

8 Aus dem Angebot kauft der Trainer für den Sportverein einen Fußball, einen Volleyball und einen Basketball.

a Schreibe eine Rechnung!
b Wie viel Geld bleibt übrig, wenn für den Kauf insgesamt 400 Euro eingeplant waren?

9 Der Jugendklub hat Geld für Sportgeräte bekommen.
Davon werden gekauft: eine Tischtennisplatte zu 125 Euro, 6 Tischtennisschläger für insgesamt 47,70 Euro und Tischtennisbälle zu 22,25 Euro.
Wie viel Geld wird ausgegeben?

Geometrie

Körper

1 Auf dem Bild siehst du die Weltzeituhr auf dem Berliner Alexanderplatz. Welche Körperformen erkennst du?

2 a Forme aus Knetmasse einen Würfel, einen Quader, eine Kugel und einen Zylinder! S. 48

b Wie sehen die Körper aus, wenn du sie von oben und von rechts betrachtest? Suche die richtige Fläche! Übertrage die Tabelle und ergänze sie!

	Würfel	Quader	Kugel	Zylinder
von oben				
von rechts				

3 Wähle einen Gegenstand aus deiner Umgebung und stelle fest, wie viele Flächen, Ecken und Kanten der Gegenstand hat! Was ist es für ein Körper?

4 Baue die Figuren nach!
a Wie viele Würfel brauchst du?
b Wie viele kleine Würfel fehlen jeweils, damit ein großer Würfel entsteht?

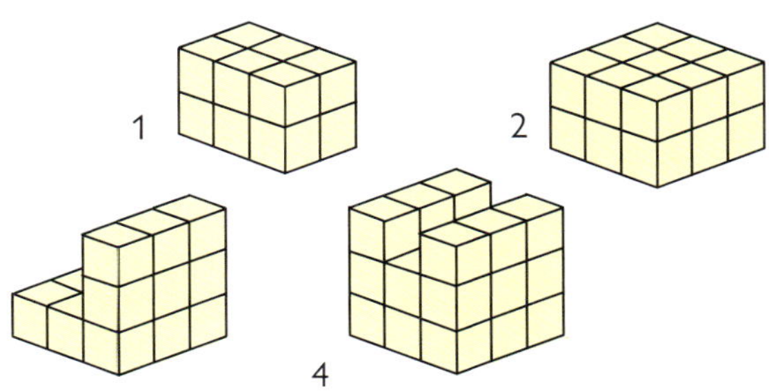

Streifen

1 Zeichne einen Streifen mit dem Lineal!

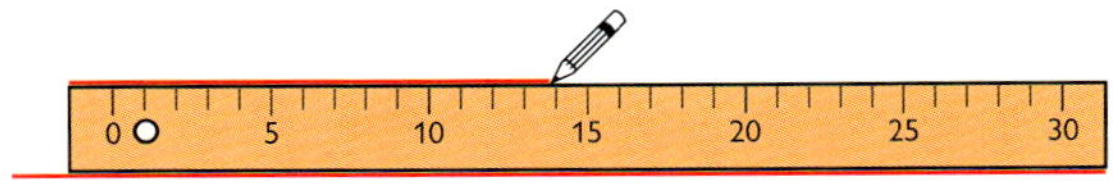

2 Zwei parallele Geraden bilden einen Streifen. Zeichne einen Streifen mit dem Geodreieck!

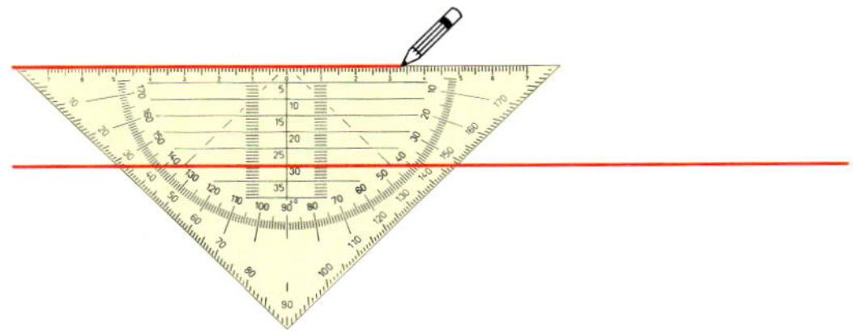

S. 55

3

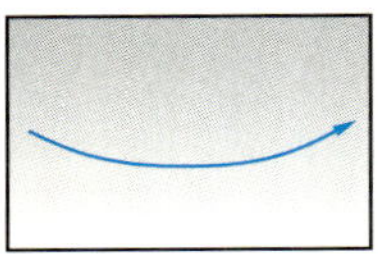

Falte ein rechteckiges Blatt bis zur Mitte!

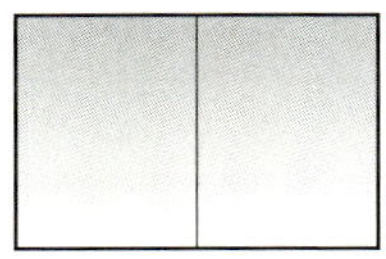

Klappe es auf!

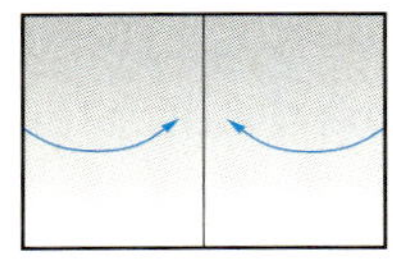

Falte es nun jeweils bis zur Faltlinie!

Wie viele Streifen hast du erhalten?

4 **a** Miss die Breite der Streifen aus den Aufgaben **2** und **3** an mehreren Stellen!

b Vergleiche die Breiten der gefalteten Streifen aus Aufgabe **3** miteinander! Was stellst du fest?

Die Breite eines Streifens misst man senkrecht zu einer Geraden.

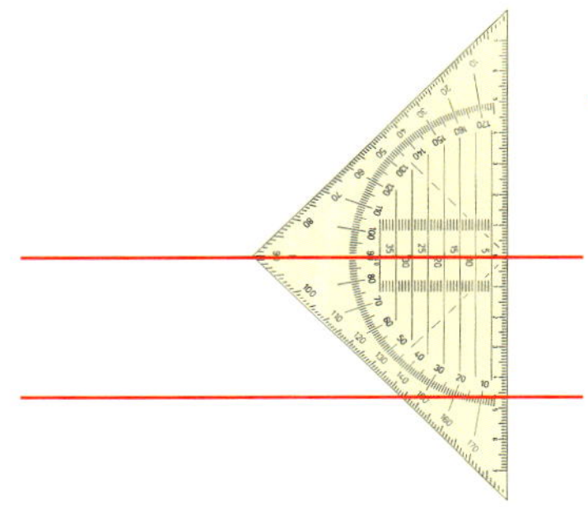

5 **a** Zeichne einen Streifen auf Kästchenpapier!

b Zerschneide den Streifen so, dass verschiedene Vierecke entstehen! Benenne bekannte Vierecke!

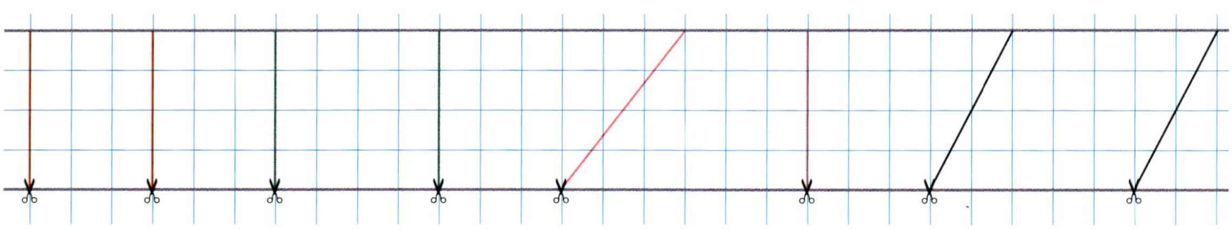

6 **a** Zeichne Muster mit Streifen!

b Gestalte die Muster farbig!

c Wo findest du solche Muster?

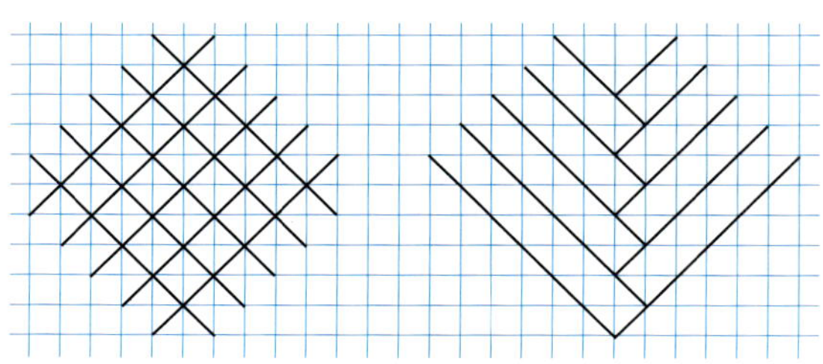

Winkel

1 a Zeichne einen Kreis mit dem Radius $r = 6$ cm! Schneide ihn aus!

b Falte ihn so wie im Bild dargestellt! Zeichne die Faltlinien rot nach!

c Kennzeichne mit verschiedenen Farben
- einen rechten Winkel, S. 65
- einen spitzen Winkel,
- einen stumpfen Winkel!

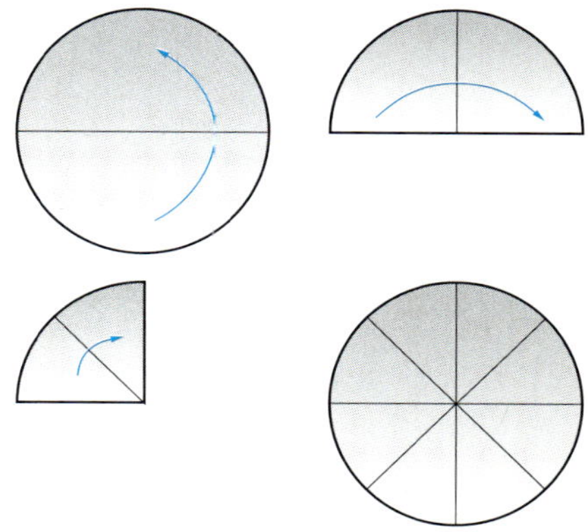

Winkel bezeichnen wir mit kleinen griechischen Buchstaben.

α – alpha γ – gamma
β – beta δ – delta

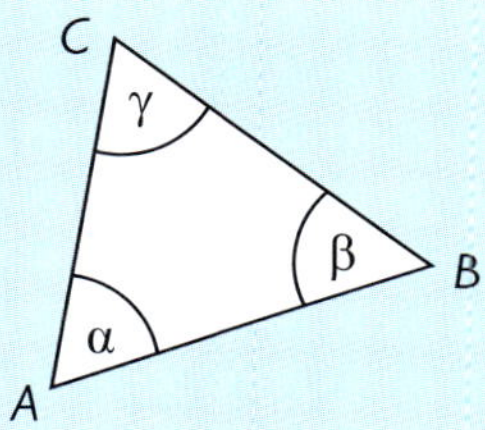

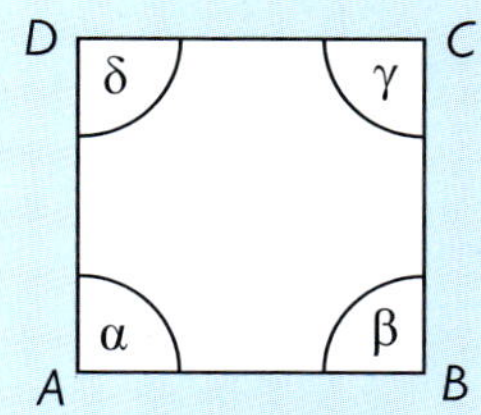

2 Ordne die Winkel nach der Größe! Beginne mit dem größten Winkel!

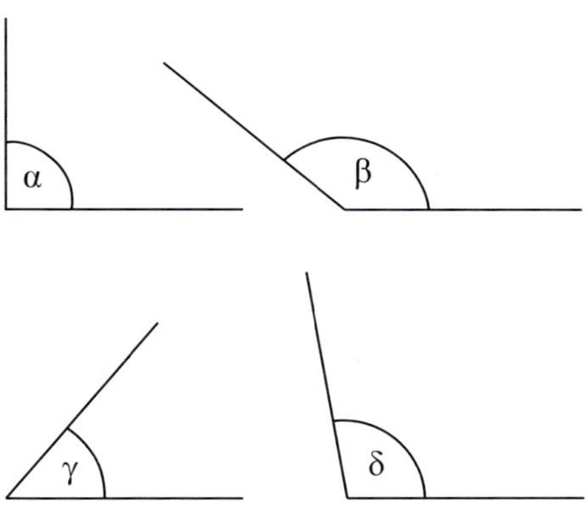

3 Zeichne die Punkte so wie im Bild in dein Heft und verbinde sie der Reihe nach! Bezeichne die Winkel: α ist bei A, β bei B, γ bei C und δ bei D!

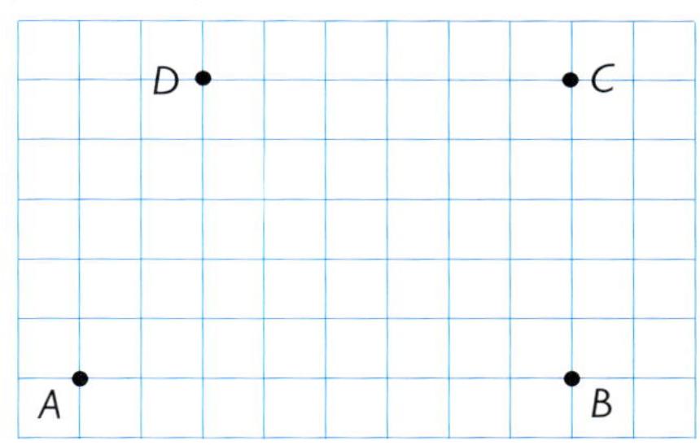

Wir messen Winkel mit dem Winkelmesser des Geodreiecks.

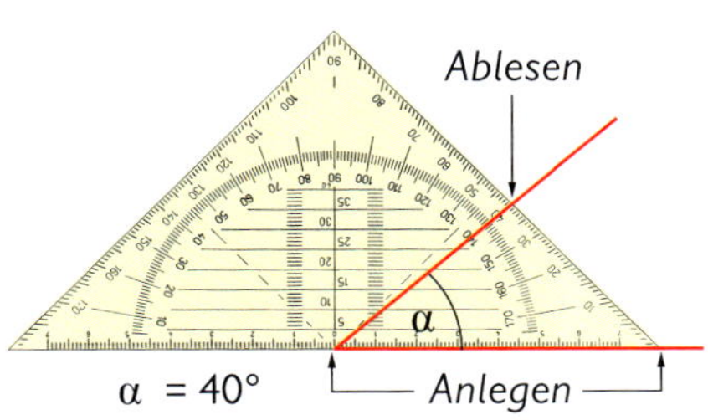

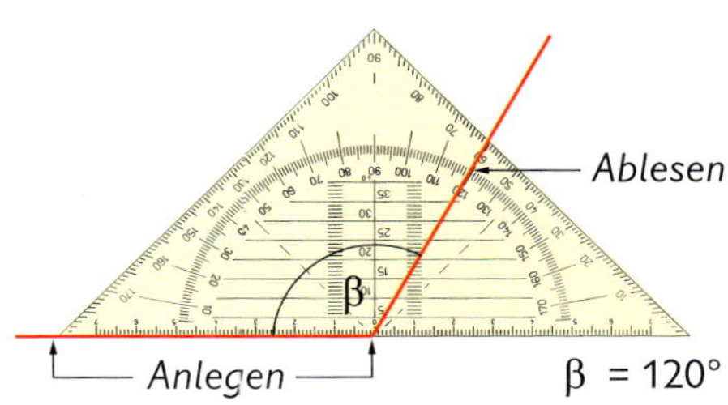

Die Skala ist in 180 gleiche Teile eingeteilt. Ein Teil heißt Grad. Wir schreiben 1°.

1 Miss die Größe der Winkel α, β, γ, δ mit dem Winkelmesser des Geodreiecks!
Schreibe die Größen auf!
Beispiel: α = ■ °

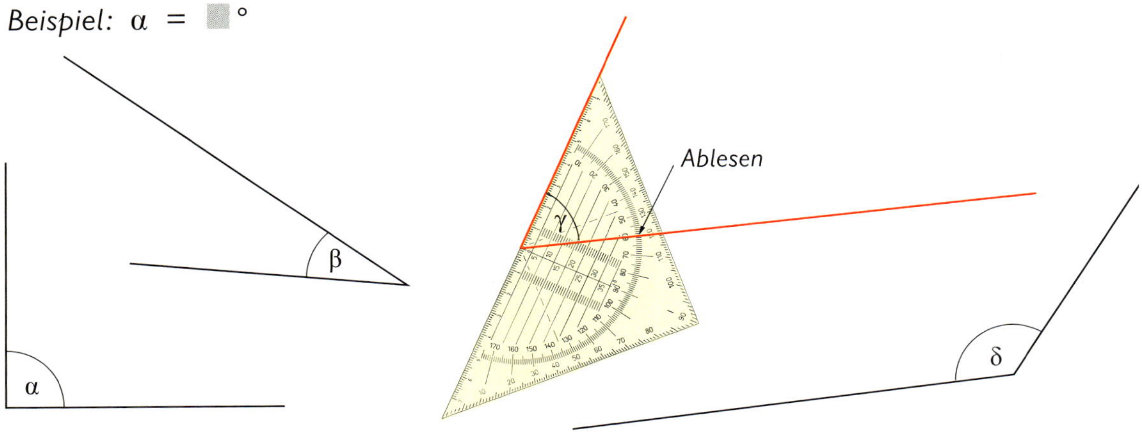

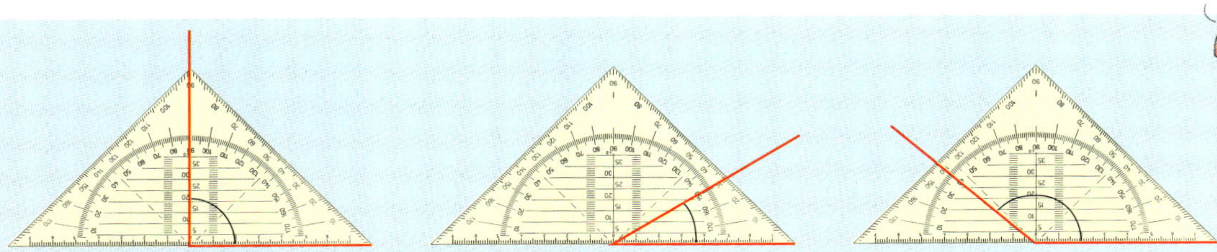

rechter Winkel
$\alpha = 90°$

spitzer Winkel
$0° < \alpha < 90°$

stumpfer Winkel
$90° < \alpha < 180°$

2 Ergänze!
Ein spitzer Winkel ist größer als ■ ° und kleiner als ■ °.
Ein stumpfer Winkel ist größer als ■ ° und kleiner als ■ °.

3 **a** Zeichne ein Quadrat mit der Seitenlänge a = 7 cm!
Verbinde die Punkte A und C!
Miss die Winkel der beiden Dreiecke!

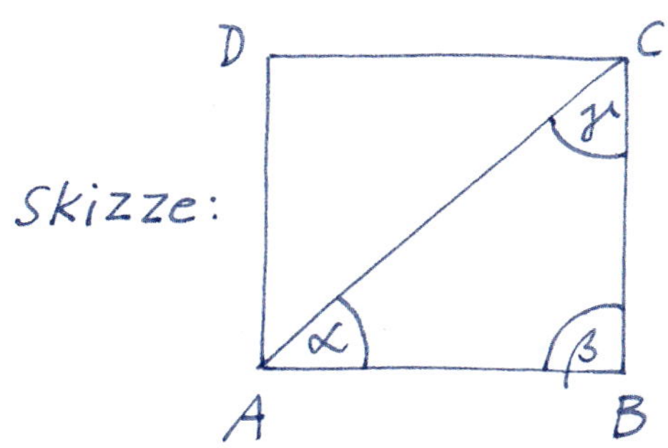

★ **b** Zeichne ein Rechteck mit den Seitenlängen
a = 51 mm, b = 88 mm!
Geh wie in Aufgabe **a** vor!

c Zeichne die Punkte so wie im Bild in dein Heft und verbinde sie zu einem Dreieck!
Miss die Winkel!

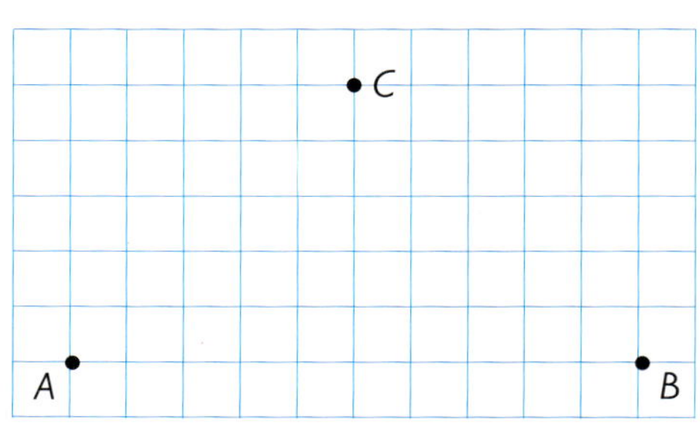

1 Suche rechte, spitze und stumpfe Winkel!
Miss ihre Größen!
– spitzer Winkel: __ = ▒ °.
– stumpfer Winkel: __ = ▒ °.
– rechter Winkel: __ = ▒ °.

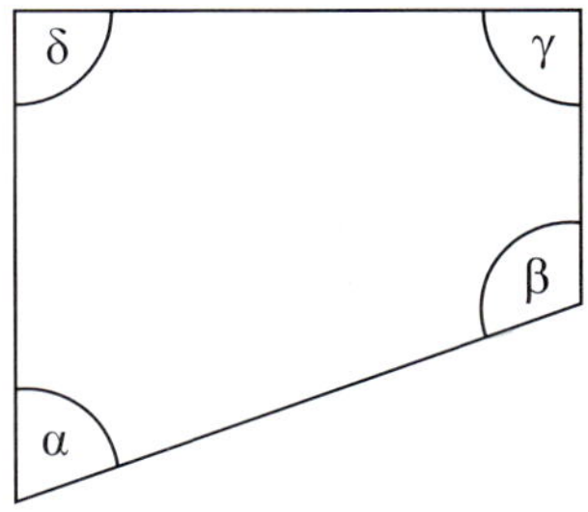

Wir zeichnen einen Winkel von 40°.

1. Zeichne einen Strahl!

2. Lege das Geodreieck bei 40° an den Strahl an!
Es gibt zwei Möglichkeiten:

Du kannst das Geodreieck so

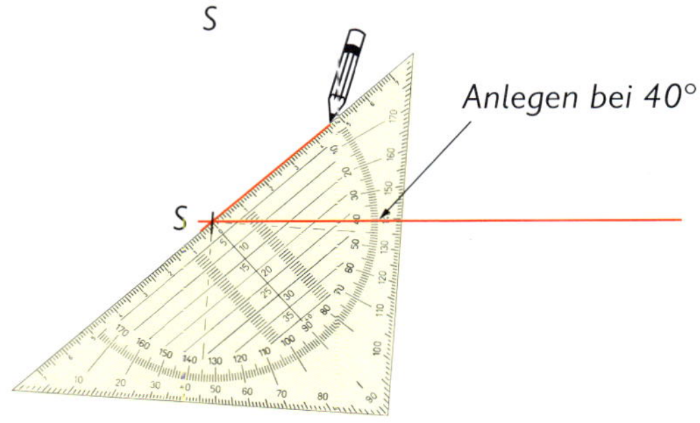

oder so anlegen.

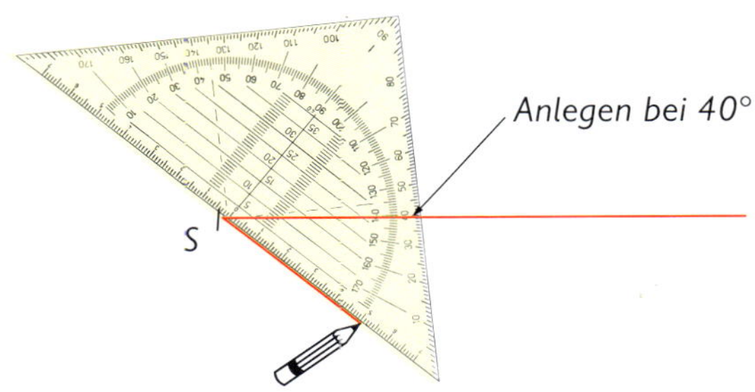

3. Zeichne den Schenkel!

2 Überlege zuerst, ob es ein rechter, ein stumpfer oder ein spitzer Winkel ist!

a Zeichne Winkel der folgenden Größen in dein Heft!
90°, 60°, 100°, 30°, 120°, 50°, 140°
Fertige auch Skizzen an!

b Tauscht eure Hefte aus und kontrolliert eure Ergebnisse gegenseitig!

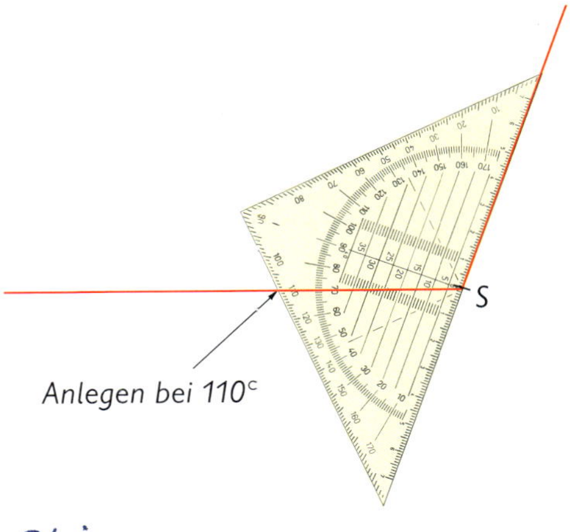

3 Zeichne zwei Geraden, die sich schneiden!
Der Winkel zwischen den Geraden beträgt $\alpha = 45°$.

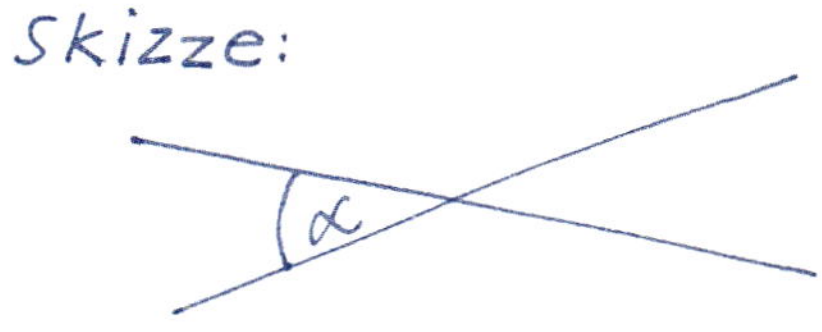

Dreiecke

S. 66

1 Suche rechte Winkel!

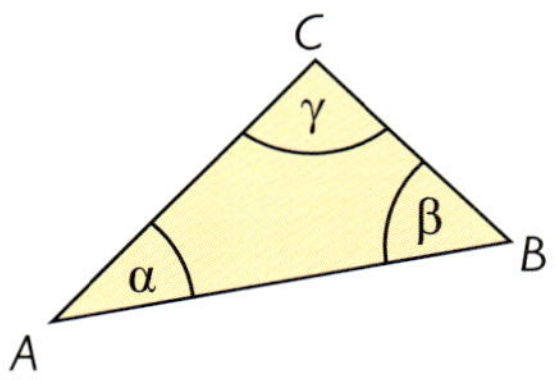

Dreiecke mit einem rechten Winkel sind **rechtwinklige Dreiecke**.

Suche spitze Winkel!

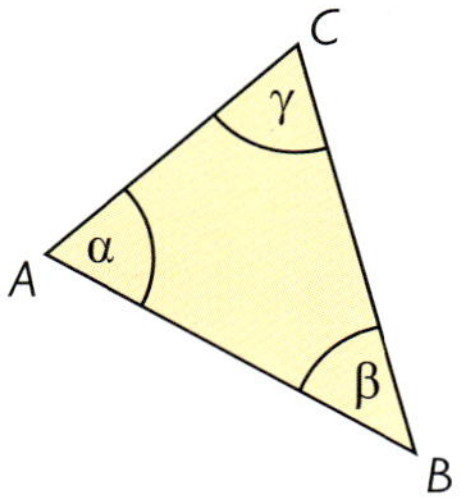

Dreiecke mit drei spitzen Winkeln sind **spitzwinklige Dreiecke**.

Suche stumpfe Winkel!

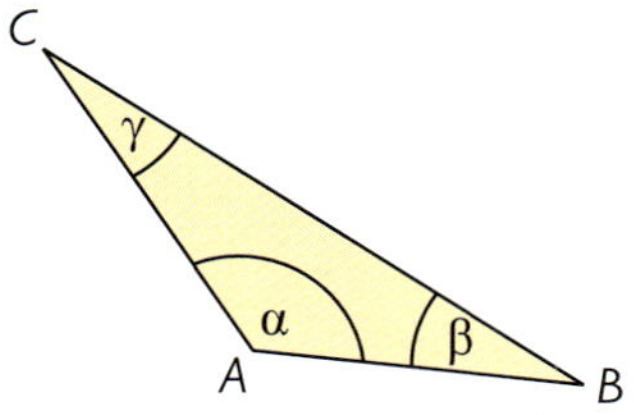

Dreiecke mit einem stumpfen Winkel sind **stumpfwinklige Dreiecke**.

2 Wo findest du rechtwinklige, spitzwinklige und stumpfwinklige Dreiecke?

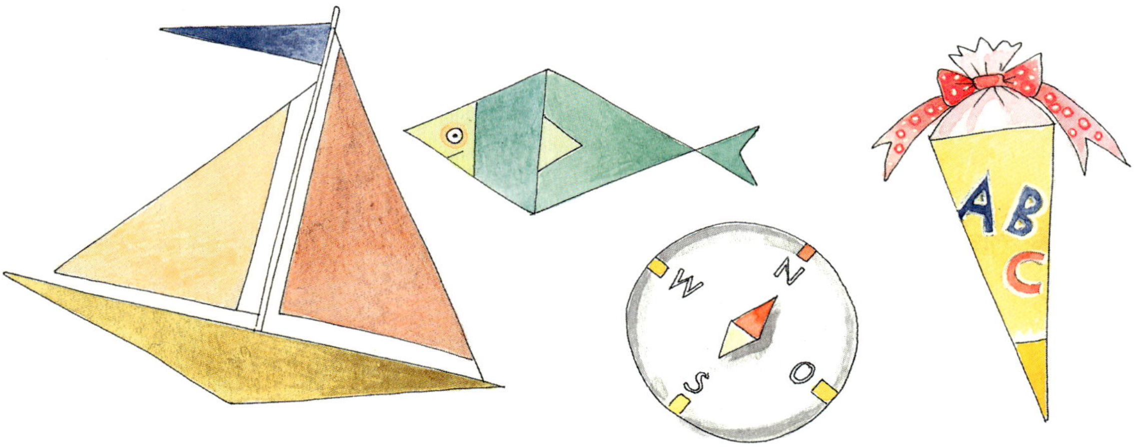

3 **a** Zeichne ein rechtwinkliges Dreieck!

b Zeichne ein spitzwinkliges Dreieck mit $\alpha = 60°$, $\beta = 50°$!
- Zeichne zuerst eine Skizze und trage ein, was du weißt!
- Zeichne die Strecke $\overline{AB}$ mit 8 cm Länge!
- Trage beide Winkel der Skizze entsprechend ab!
- Verlängere die Schenkel, bis ein Schnittpunkt entsteht!
- Bezeichne das Dreieck!

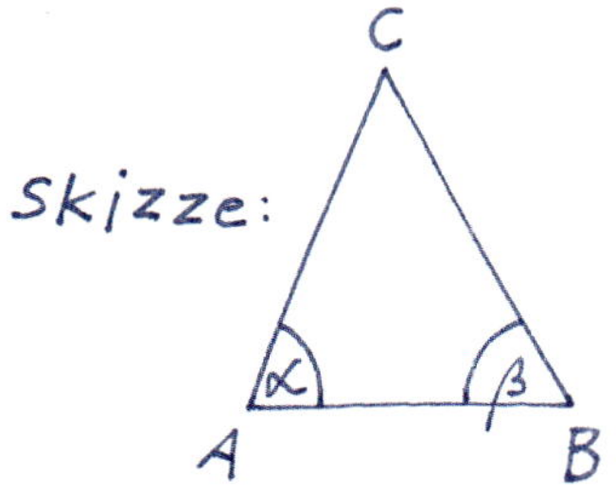

c Zeichne ein stumpfwinkliges Dreieck!
- Zeichne einen stumpfen Winkel!
- Trage auf jedem Schenkel eine Strecke ab!
- Verbinde die Schnittpunkte! Bezeichne sie!

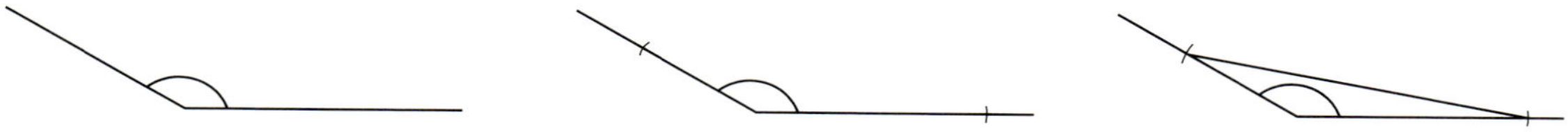

1 Miss die Seitenlängen der Dreiecke! Was stellst du fest?

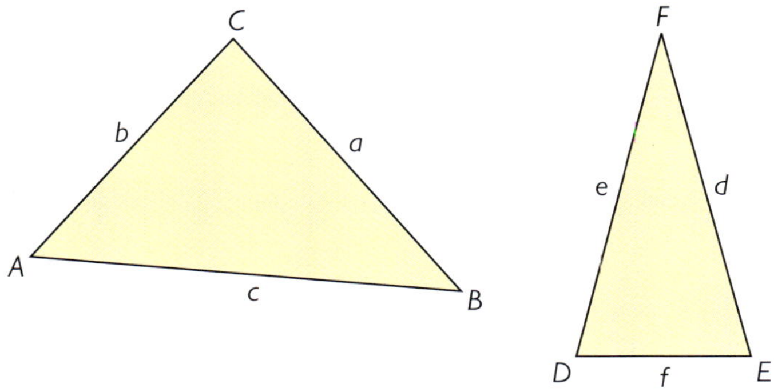

Ein Dreieck, in dem alle Seiten gleich lang sind, nennt man **gleichseitiges Dreieck**.
Ein Dreieck, in dem zwei Seiten gleich lang sind, nennt man **gleichschenkliges Dreieck**.

2 Lege zwei gleichseitige und zwei gleichschenklige Dreiecke mit Stäbchen!

3 Betrachte noch einmal die Dreiecke auf Seite 138, Aufgabe **2**!
Welche Dreiecke sind gleichseitig, welche sind gleichschenklig?

4 Suche aus Legeplättchen gleichseitige und gleichschenklige Dreiecke heraus!
Ordne sie in einer Tabelle! Umfahre sie mit dem Bleistift!

gleichseitige Dreiecke	gleichschenklige Dreiecke

Wir zeichnen ein gleichschenkliges Dreieck mit $a = 3$ cm, $b = 3$ cm, $c = 2$ cm.

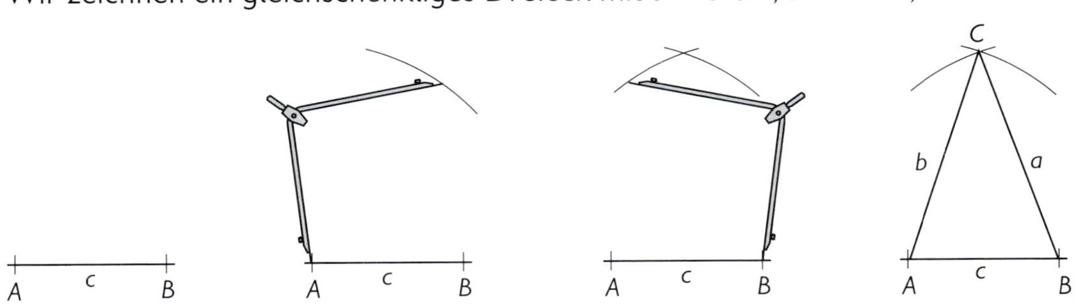

Zeichne die Strecke $\overline{AB}$ mit 2 cm Länge!

Nimm 3 cm in die Zirkelspanne! Zeichne einen Kreisbogen um *A*!

Zeichne einen Kreisbogen um *B* mit derselben Zirkelspanne!

Verbinde den Schnittpunkt der Kreisbögen mit *A* und *B*!

1 Zeichne gleichschenklige Dreiecke!

a $a = 4$ cm	**b** $a = 6$ cm	**c** $a = 5$ cm	**d** $a = 35$ mm
$b = 4$ cm	$b = 6$ cm	$b = 5$ cm	$b = 35$ mm
$c = 5$ cm	$c = 4$ cm	$c = 2$ cm	$c = 45$ mm

Wir zeichnen ein gleichseitiges Dreieck mit $a = 3$ cm.
Du weißt: Im gleichseitigen Dreieck sind alle Seiten gleich lang.
$a = b = c$

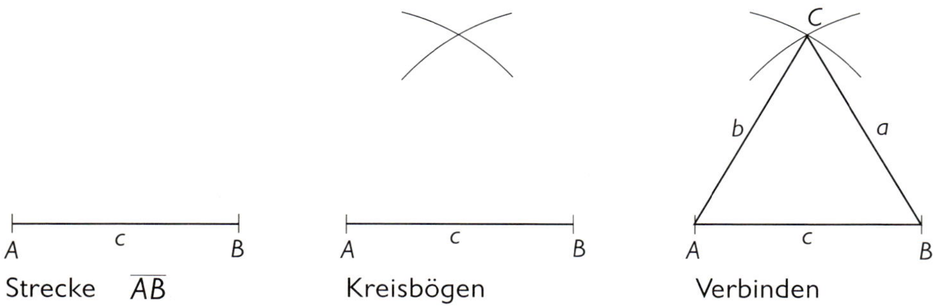

2 Zeichne gleichseitige Dreiecke!

a $a = 6$ cm $\quad a = 4$ cm $\quad a = 75$ mm $\quad a = 66$ mm $\quad a = 45$ mm

b Zeichne zwei gleichseitige Dreiecke! Wähle die Seitenlängen selbst!

3 Zeichne zwei gleichschenklige Dreiecke! Wähle die Seitenlängen selbst!

4 **a** Zeichne ein gleichseitiges Dreieck mit $a = 8$ cm!
Miss alle Winkel und schreibe sie auf!

b Zeichne ein gleichschenkliges Dreieck mit $a = 8$ cm, $b = 8$ cm, $c = 4$ cm!
Miss alle Winkel und schreibe sie auf!

	α	β	γ
gleichseitig			
gleichschenklig			

c Vergleiche die Größen der Winkel in den beiden Dreiecken!
Was stellst du fest?

d ★ Addiere die Winkelmaße in jedem Dreieck!
Was stellst du fest?

$\alpha + \beta + \gamma$

5 **a** Zeichne zwei Quadrate ($a = 6$ cm) und zwei Rechtecke ($a = 6$ cm, $b = 12$ cm)!

b Schneide sie aus und falte sie dann so wie im Bild!

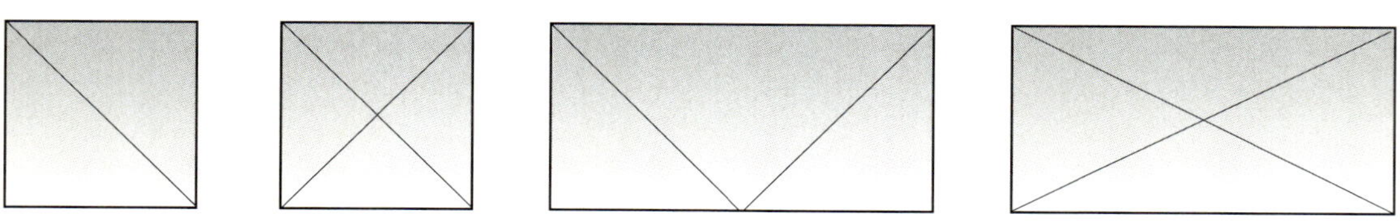

c Zerschneide die Quadrate und die Rechtecke entlang der Faltlinien!

d Beschreibe die Dreiecke, die du erhalten hast!
Achte dabei auf ihre Winkel und ihre Seiten!

Der Umfang ebener Figuren

1 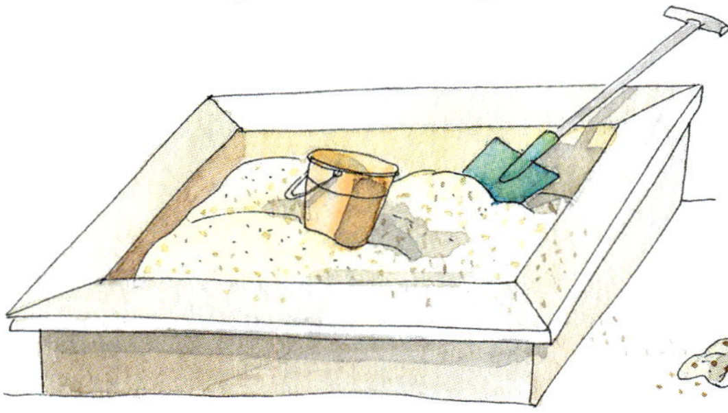

Der Sandkasten auf dem Spielplatz ist 4 Meter breit und 5 Meter lang. Wie viel Meter Bretter werden zur Einfassung gebraucht?

2 Lege die Figuren mit gleich langen Stäbchen nach!
Welche Figur hat den größten Umfang?

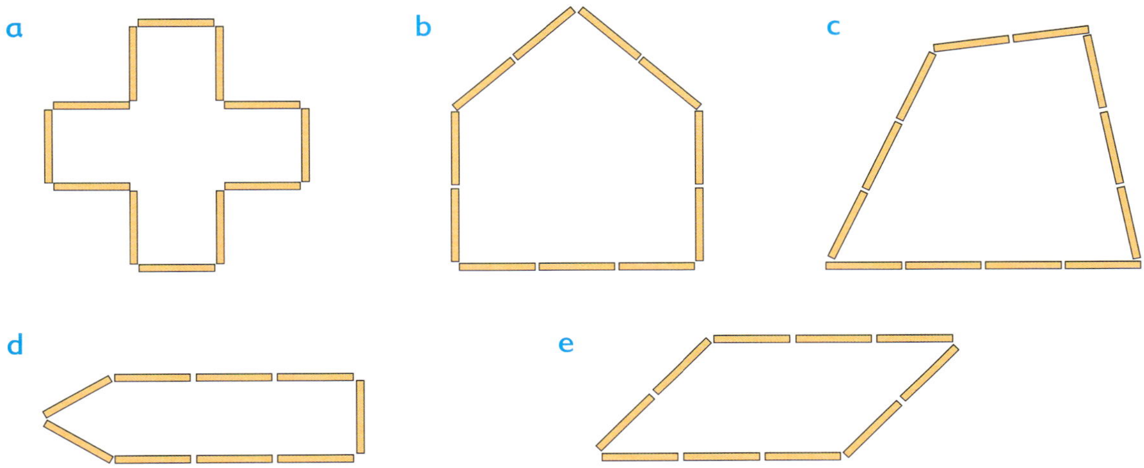

3 Finde selbst Figuren, die du mit gleich langen Stäbchen legen kannst!
Vergleiche sie mit den Figuren,
die deine Partnerin/dein Partner gelegt hat!

4 Zeichne den Umfang von Figuren!

a Umfahre Legeplättchen mit einem Stift!

b Umfahre auch die Grundfläche von Körpern!

5 a Lege mit 12 gleich langen Stäbchen ein Quadrat!
b Lege mit 12 gleich langen Stäbchen ein Rechteck!
c Vergleiche den Umfang der beiden Figuren! Was stellst du fest?

1 Wie groß ist der Umfang jeder Figur?

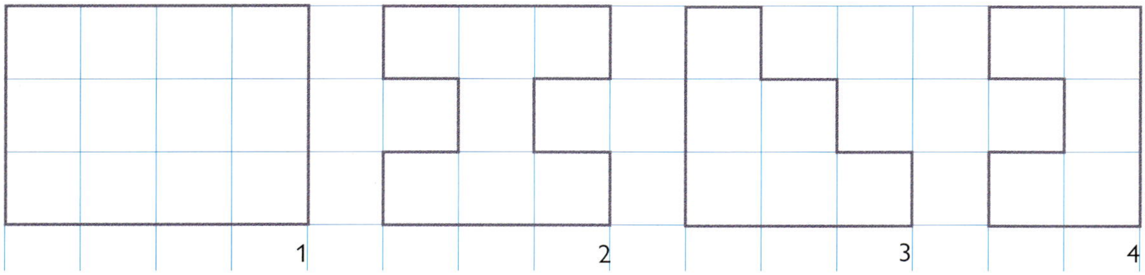

2 **a** Susan behauptet: „Mehrere Figuren haben den gleichen Umfang.“
Welche Figuren könnten das sein? Schätze zuerst!
Addiere dann die Seitenlängen! Miss anschließend mit dem Lineal!

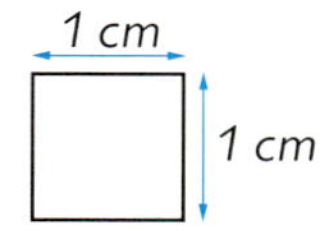

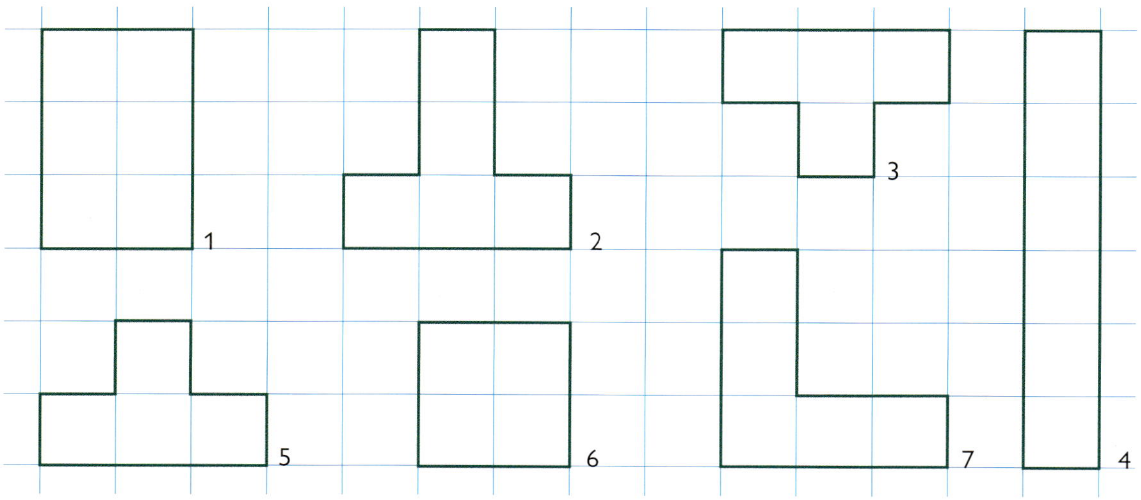

b Zeichne die Figuren, die den gleichen Umfang haben, in dein Heft!
Zwei Kästchen im Heft sind 1 cm lang.

c Zeichne nun zwei andere Figuren, die den gleichen Umfang haben!

3 Welches Rechteck hat den kleinsten Umfang?

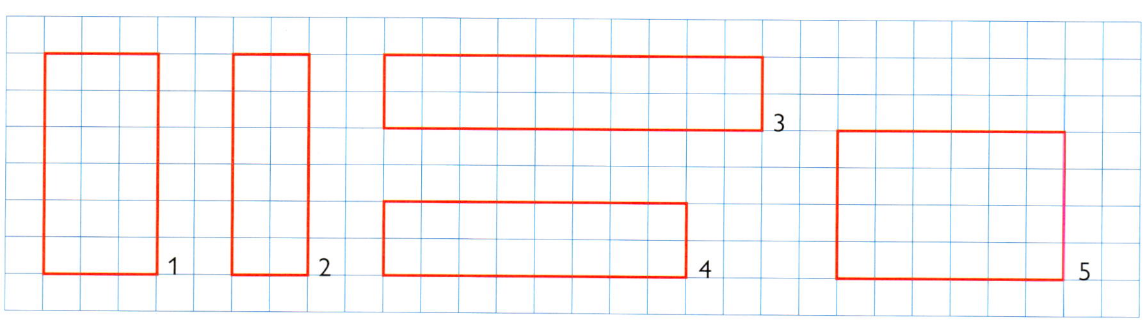

4 Zeichne auf Kästchenpapier eine Figur! Vergleiche dann mit deiner Partnerin/deinem Partner: Wer hat die Figur mit dem kleinsten Umfang gezeichnet?

Der Umfang eines Rechtecks und eines Quadrats ist jeweils die Summe aller Seitenlängen.

Das Quadrat

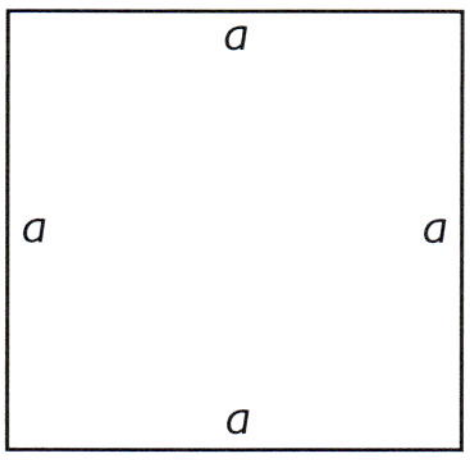

Alle Seiten sind gleich lang.

Das Rechteck

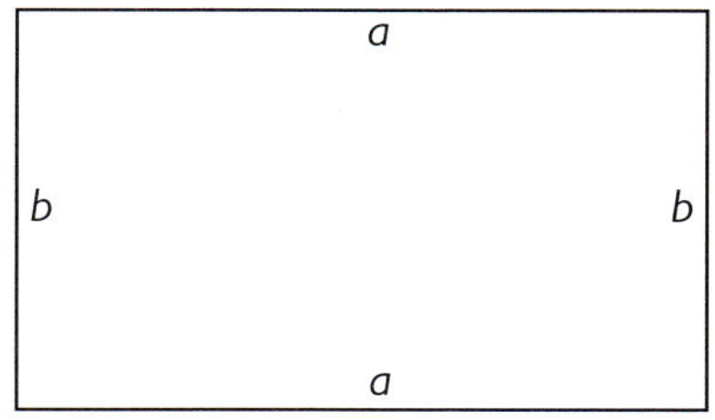

Die gegenüberliegenden Seiten sind gleich lang.

Den Umfang u eines Quadrats berechnen wir so:

$u = a + a + a + a$

$u = 4 \cdot a$

$u = 3\text{ cm} + 3\text{ cm} + 3\text{ cm} + 3\text{ cm}$

$u = 4 \cdot 3\text{ cm}$

$u = 12\text{ cm}$

Den Umfang u eines Rechtecks berechnen wir so:

$u = a + b + a + b$

$u = 2 \cdot a + 2 \cdot b$

$u = 5\text{ cm} + 3\text{ cm} + 5\text{ cm} + 3\text{ cm}$

$u = 2 \cdot 5\text{ cm} + 2 \cdot 3\text{ cm}$

$u = 10\text{ cm} + 6\text{ cm} = 16\text{ cm}$

1 a Zeichne drei Quadrate! $a = 4$ cm, $a = 6$ cm, $a = 5$ cm
b Berechne jeweils den Umfang u! Miss dann nach!

2 a Zeichne drei Rechtecke! $a = 3$ cm, $b = 6$ cm; $a = 5$ cm, $b = 1$ cm; $a = 2$ cm, $b = 6$ cm
b Berechne den Umfang u! Miss dann nach!

3 Berechne den Umfang u der Figuren! Miss genau!

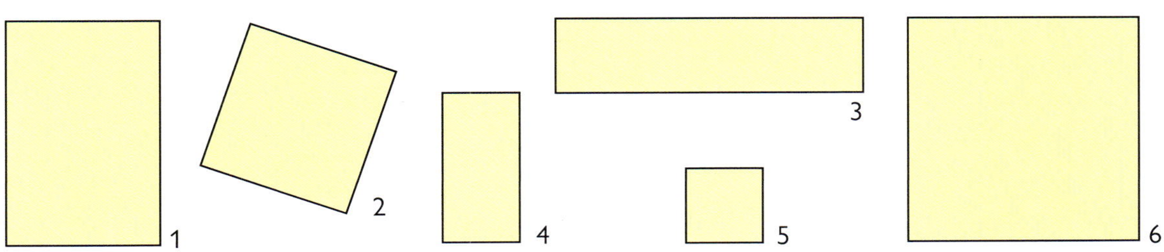

4 Berechne den Umfang u der Quadrate und der Rechtecke!
Quadrate: $a = 10$ cm, $a = 7$ cm, $a = 9$ cm, $a = 20$ cm
Rechtecke: $a = 7$ cm, $b = 4$ cm; $a = 9$ cm, $b = 5$ cm; $a = 4$ cm, $b = 20$ cm

Multiplizieren und Dividieren

Multiplizieren und Dividieren mit Vielfachen von 10

1

7 · 5	9 · 8	8 · 4	9 · 6	3 · 7	4 · 6	5 · 9	2 · 3
7 · 50	9 · 80	8 · 40	9 · 60	3 · 70	4 · 60	5 · 90	2 · 30

2 Anne und Micha sind 4 Tage lang mit dem Fahrrad unterwegs.
Täglich fahren sie rund 40 Kilometer.
Wie viel Kilometer fahren sie insgesamt?

S.100

3 Dividiere mit Rest und kontrolliere!

25 : 4 = 6 R 1, denn 6 · 4 + 1 = 25
24 : 4

18 : 5	36 : 7	82 : 9	53 : 6	39 : 4	70 : 8	13 : 2	29 : 3
26 : 8	45 : 6	74 : 8	42 : 5	50 : 7	78 : 9	17 : 4	34 : 5

Fred ist ein begeisterter Radsportler. An 3 Tagen fuhr er insgesamt 150 Kilometer. Wie viel Kilometer fuhr er täglich, wenn er jeden Tag etwa die gleiche Strecke zurückgelegt hat?

Aufgabe: 150 : 3 = ▢

> Wir rechnen: 15 : 3 = 5, denn 3 · 5 = 15
> 150 : 3 = 50, denn 3 · 50 = 150
> Wir lösen die Grundaufgabe und multiplizieren das Ergebnis mit 10.

Antwortsatz: Fred fuhr täglich 50 Kilometer.

4 Dividiere und kontrolliere!

32 : 8	45 : 9	63 : 7	28 : 7	35 : 5	72 : 8	42 : 6	24 : 4
320 : 8	450 : 9	630 : 7	280 : 7	350 : 5	720 : 8	420 : 6	240 : 4

5

a	b	c	d	e	f
7 · 60	5 · 90	60 · 5	420 : 7	490 : 7	270 : 9
4 · 50	3 · 80	90 · 3	160 : 4	450 : 5	320 : 4
9 · 30	4 · 70	70 · 8	560 : 8	630 : 9	120 : 2

6 Familie Fritsch plant eine Radtour durch die Lüneburger Heide.
In 6 Tagen will sie eine Gesamtstrecke von 300 Kilometern zurücklegen.
An jedem Tag soll etwa die gleiche Anzahl von Kilometern gefahren werden.
Wie viel Kilometer sind das pro Tag?

Bei Geldgeschäften rechnet die Bank so:
Ein Jahr hat 360 Tage und ein Monat hat 30 Tage.
Wie viele Monate sind 270 Tage?

Aufgabe: 270 : 30 = □

> Wir rechnen: 27 : 3 = 9, denn 3 · 9 = 27
> 270 : 30 = 9, denn 30 · 9 = 270
> Wir lösen die Grundaufgabe und kontrollieren mit der Malaufgabe.

Antwortsatz: 270 Tage sind 9 Monate.

1 Dividiere und kontrolliere!

a	b	c	d	e	f
21 : 3	24 : 4	35 : 5	24 : 6	42 : 7	56 : 8
210 : 3	240 : 4	350 : 5	240 : 6	420 : 7	560 : 8
210 : 30	240 : 40	350 : 50	240 : 60	420 : 70	560 : 80

2 Ein Monat hat rund 30 Tage. Wie viele Monate sind
a 210 Tage, 90 Tage, 180 Tage, 360 Tage, 120 Tage?
b 300 Tage, 30 Tage, 150 Tage, 240 Tage, 60 Tage?

> Eine Stunde hat 60 Minuten.
> 1 h = 60 min
>
> h → · 60 → min
> min → : 60 → h
>
> So wandeln wir um:
> 4 h = □ min
> 4 · 60 = 240, 4 h = 240 min
>
> 240 min = □ h
> 240 : 60 = 4, 240 min = 4 h

3 **a** Wandle in Minuten um!
5 h, 9 h, 2 h, 10 h,
6 h, 8 h, 3 h, 7 h

b Wandle in Stunden um!
300 min, 60 min, 420 min, 180 min,
360 min, 540 min

> Eine Minute hat 60 Sekunden.
> 1 min = 60 s
>
> min → · 60 → s
> s → : 60 → min
>
> So wandeln wir um:
> 5 min = □ s
> 5 · 60 = 300, 5 min = 300 s
>
> 300 s = □ min
> 300 : 60 = 5, 300 s = 5 min

4 **a** Wandle in Sekunden um!
3 min, 6 min, 8 min, 1 min,
10 min, 2 min, 7 min, 4 min

b Wandle in Minuten um!
120 s, 600 s, 60 s, 360 s,
180 s, 240 s, 420 s, 480 s

1 Schreibe immer beide Gleichungen auf!

a
: ☐
250 ⇄ 50
· ☐

· 7
30 ⇄ ☐
: ☐

b
· 4
40 ⇄ ☐
: ☐

· 9
70 ⇄ ☐
: ☐

c
: ☐
320 ⇄ 40
· ☐

: ☐
280 ⇄ 70
· ☐

d
: ☐
420 ⇄ 70
· ☐

· 9
60 ⇄ ☐
: ☐

2 Dividiere durch 50! Kontrolliere!
300, 450, 400, 100, 150, 0, 250, 200

3 Dividiere durch 40! Kontrolliere!
160, 280, 360, 320, 120, 400, 0

4 **a**

·	40	60	50
3			
7			
6			

b

:	30	60	10
180			
240			
300			

c

·	50	20	40
8			
3			
5			

5 Wie viele Gleichungen kannst du immer bilden? Schreibe sie auf!

560, 7, 80 | 270, 30, 9 | 7, 70, 490 | 90, 4, 360

6 Verdopple!
a 5, 9, 6, 12, 0, 1
b 70, 90, 30, 60, 100, 20

7 Halbiere!
a 40, 0, 8, 100, 6, 20
b 180, 140, 200, 160, 100, 400

8 Vervollständige die Gleichungen! Kontrolliere mit der Malaufgabe!

480 : ☐ = 8   300 : ☐ = 50   720 : ☐ = 80
480 : ☐ = 80   300 : ☐ = 5   ☐ : 50 = 7

9 **a** Wie oft ist die Zahl 50 in 200 (350, 450, 500, 100) enthalten?
b Wie oft ist die Zahl 70 in 420 (280, 350, 560, 700) enthalten?

10 Christian hat 20 Bilder von Fußballstars gesammelt. Paul sagt: „Ich habe dreimal so viele Bilder wie du.“ Wie viele Bilder hat Paul gesammelt?

11 Beachte: Punktrechnung geht vor Strichrechnung! S. 88

a
20 · 7 + 60
40 · 8 + 80
50 · 9 − 450
90 · 4 − 160

b
660 + 4 · 50
330 + 6 · 20
480 − 3 · 70
860 − 4 · 40

c
640 : 80 + 2
420 : 60 + 3
300 : 50 − 6
140 : 70 − 1

d
10 + 350 : 70
23 + 560 : 80
48 − 720 : 90
55 − 300 : 60

Multiplizieren zwei- und dreistelliger Zahlen mit einstelligen Zahlen

Ein Reiseveranstalter kauft 5 neue Busse. In jedem Bus sind 42 Sitzplätze. Wie viele Touristen können mit den neuen Bussen befördert werden?

Aufgabe: 5 · 42 = ☐

S. 97

Wir kennen zwei Rechenwege.

Multiplizieren durch Zerlegen:

5 · 42
5 · 40 = 200
5 · 2 = 10
5 · 42 = 210

Multiplizieren mit dem schriftlichen Verfahren:

42 · 5
210

Kontrolliere jeweils durch Nachrechnen!

Antwortsatz: Mit den neuen Bussen können 210 Touristen befördert werden.

1 Löse durch Zerlegen oder mit dem schriftlichen Verfahren!

a	b	c	d	e	f
32 · 2	11 · 5	27 · 3	58 · 6	35 · 4	76 · 6
41 · 2	21 · 4	18 · 3	43 · 9	44 · 5	37 · 3

2 Löse mit dem schriftlichen Verfahren!

a	b	c	d	e	f
242 · 4	125 · 3	226 · 2	215 · 4	112 · 7	114 · 2
153 · 5	224 · 4	317 · 3	472 · 2	253 · 3	262 · 2

3 Ralfs neue Armbanduhr kostete 36 Euro.
Die goldene Uhr seiner Mutter war viermal so teuer.
Wie viel hat die goldene Uhr gekostet?

4 ★ Welche Zahlen sind verdeckt?

2 * 5 · 2	2 * 5 · 2	* 3 2 · 4	3 * * · 3	* 4 * · 2
4 5 *	5 5 *	5 2 *	* 9 3	8 9 6

5 a Multipliziere! Vergleiche dann die Ergebnisse der untereinander stehenden Aufgaben! Was stellst du fest?

2 · 25	4 · 25	5 · 25	1 · 25	0 · 25
4 · 25	8 · 25	10 · 25	10 · 25	25 · 0

b Schreibe die Malfolge der 25 auf und lerne sie!

6 ★ Multipliziere! Vergleiche dann die Ergebnisse der untereinander stehenden Aufgaben! Was stellst du fest?

a	b	c	d	e	f
70 · 7	40 · 9	60 · 4	50 · 5	20 · 8	90 · 3
69 · 7	39 · 9	59 · 4	49 · 5	19 · 8	89 · 3

Zusammenfassende Übungen

1

2 Löse durch Zerlegen und mit dem schriftlichen Verfahren!

3 · 23   5 · 19   2 · 46   4 · 86   6 · 65   7 · 63   9 · 27

3 Dividiere und kontrolliere!

a	b	c	d	e
400 : 8	400 : 80	150 : 5	490 : 70	200 : 20
720 : 9	720 : 90	300 : 6	160 : 80	180 : 90
350 : 7	350 : 70	490 : 7	210 : 70	810 : 90
600 : 6	600 : 60	350 : 5	480 : 80	720 : 80

4 Wie lang ist der vierte Teil der Strecke?
80 km, 360 km, 280 km,
160 km, 200 km, 120 km

5 Berechne das 40fache von
9 km, 7 km, 4 km,
6 km, 8 km, 5 km!

6 Rechne vorteilhaft!

3 · 2 · 40   2 · 40 · 2   9 · 1 · 90   80 · 4 · 2   3 · 30 · 3

7 ★ Multipliziere erst, dividiere dann!

a	b	c	d	e
40 · 3 : 60	60 · 5 : 30	50 · 3 : 50	80 · 5 : 40	90 · 2 : 60
30 · 6 : 90	40 · 6 : 30	70 · 6 : 70	30 · 8 : 30	60 · 4 : 80

8 ★
a Wievielmal ist 240 größer als 60 (30, 40, 10, 80)?
b Wievielmal ist 400 größer als 80 (50, 40, 10, 20)?

9 Das Grundstück von Familie Wittke ist 90 Meter breit.
Das Grundstück der Nachbarn ist doppelt so breit.
Wie breit ist das Grundstück der Nachbarn?

10 In einem Büro werden 5 Regale nebeneinander aufgestellt.
Jedes Regal ist 85 cm breit.

a Wie lang ist die Regalwand?
b Gib das Ergebnis in Zentimetern und in Metern an!

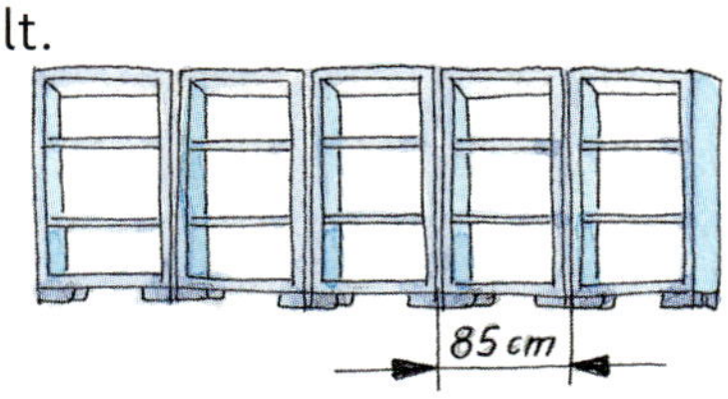

11 Ein Schokoeis kostet 99 Cent und ein Vanilleeis kostet 59 Cent.
Frau Blume kauft 4 Schokoeis und 8 Vanilleeis.

a Wie teuer ist das Eis insgesamt?
b Gib das Ergebnis in Euro an!

Multiplizieren mit der Zahl 100

1 Wir wiederholen: S. 92

a	b	c	d	e	f
5 · 10	30 · 10	10 · 43	1 · 10	10 · 77	8 · 100
4 · 10	10 · 70	88 · 10	35 · 10	10 · 0	4 · 100
9 · 10	80 · 10	52 · 10	10 · 74	11 · 10	5 · 100

2 In einer Tüte mit Gebäck sind 100 kleine Plätzchen verpackt.
Wie viele Plätzchen sind in 12 Tüten?

Ronny rechnet:
12 · 1 H = ▢
12 · 1 H = 12 H
12 H = 1 T 2 H
12 H = 1 200

Anja rechnet:
12 · 100 = ▢
12 · 100 = 1 200

a Formuliere einen Antwortsatz!
b Sieh dir die Gleichungen an! Was fällt dir auf? Beende die Sätze!
Wenn man eine Zahl mit 100 multipliziert, …
1 200 ist das 100fache …

3 Ein Quadrat mit der Seitenlänge von 1 cm besteht aus 100 kleinen Quadraten.

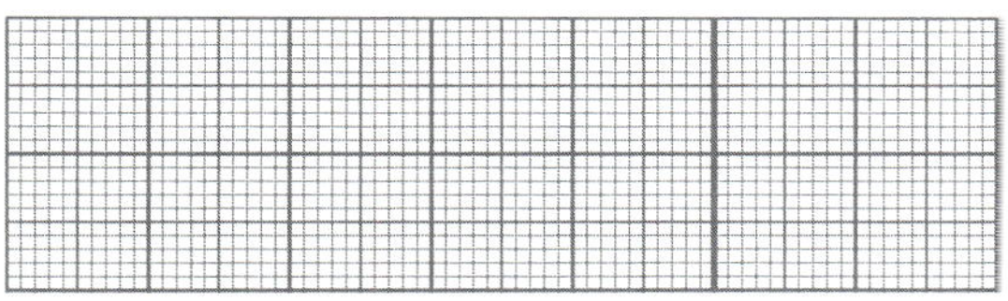

Wie viele kleine Quadrate sind abgebildet?
Bilde eine Gleichung!

4

a	b	c	d	e
14 · 100	45 · 100	55 · 100	93 · 100	47 · 100
23 · 100	32 · 100	0 · 100	61 · 100	1 · 100
41 · 100	73 · 100	31 · 100	21 · 100	18 · 100
7 · 100	12 · 100	9 · 100	99 · 100	66 · 100

5 Rechne vorteilhaft!

50 · 100	30 · 100	80 · 100	40 · 100	100 · 100	10 · 100
100 · 50	100 · 30	100 · 80	100 · 40	100 · 0	100 · 10

6 Berechne das 100fache von 19, 28, 47, 36, 72, 99!

1 m = 100 cm

1 Euro = 100 Cent

1 dt = 100 kg

7 Wandle um!

a	b	c
5 m = ▢ cm	9 Euro = ▢ Cent	4 dt = ▢ kg
7 m = ▢ cm	2 Euro = ▢ Cent	6 dt = ▢ kg
45 m = ▢ cm	33 Euro = ▢ Cent	50 dt = ▢ kg
21 m = ▢ cm	85 Euro = ▢ Cent	95 dt = ▢ kg

Dividieren durch die Zahl 100

1 Wir wiederholen: S. 93

a 80 : 10	**b** 500 : 10	**c** 150 : 10	**d** 890 : 10	**e** 220 : 10
60 : 10	700 : 10	180 : 10	740 : 10	780 : 10
10 : 10	100 : 10	110 : 10	530 : 10	990 : 10

2 100 Blätter werden zu einem Büroblock gebunden.
Wie viele Blöcke können aus 1 200 Blättern hergestellt werden?
Aufgabe: 1 200 : 100 = ▢

Tilo überlegt:
100 : 100 = 1
200 : 100 = 2
⋮
1 200 : 100 = 12

Marion rechnet:
1 200 : 100 = 12, denn 100 · 12 = 1 200

a Beantworte die Frage zur Sachaufgabe!
b Sieh dir die Gleichungen an! Was stellst du fest? Beende die Sätze!
Wenn man ein Vielfaches von 100 durch 100 dividiert, …
Der hundertste Teil von 1 200 ist …

3

a 700 : 100	**b** 8 000 : 100	**c** 1 100 : 100	**d** 2 800 : 100
900 : 100	5 000 : 100	1 300 : 100	4 600 : 100
600 : 100	3 000 : 100	1 200 : 100	3 300 : 100
1 000 : 100	4 000 : 100	1 800 : 100	5 400 : 100

4 Berechne den hundertsten Teil von
a 4 000, 800, 9 000, 5 000, 1 000, 100! **b** 2 100, 7 900, 4 800, 1 300, 3 900!

5 ★ Löse nur die Aufgaben, bei denen kein Rest bleibt! S. 100

a 2 000 : 100	**b** 7 600 : 100	**c** 3 820 : 100	**d** 2 300 : 100
3 040 : 100	2 005 : 100	9 000 : 100	0 : 100
8 100 : 100	4 501 : 100	6 700 : 100	3 800 : 100
6 500 : 100	9 000 : 100	1 001 : 100	5 002 : 100

6 Überlege: Kannst du jede beliebige Zahl mit 100 multiplizieren?
Kannst du jede beliebige Zahl durch 100 dividieren?
Berate dich mit deiner Partnerin/deinem Partner! Sucht Beispiele!

100 cm = 1 m

100 kg = 1 dt

7 Wandle in Meter um!
900 cm, 9 000 cm, 200 cm, 2 000 cm,
1 800 cm, 2 700 cm, 4 300 cm,
1 000 cm, 9 800 cm, 5 000 cm

8 Wandle in Dezitonnen um!
700 kg, 7 000 kg, 600 kg, 6 000 kg,
5 200 kg, 3 600 kg, 0 kg, 4 300 kg,
800 kg, 8 000 kg, 8 800 kg

Multiplizieren mit Vielfachen von 100

In einer Schachtel sind 200 Reißzwecken.
Wie viele Reißzwecken sind in 3 Schachteln?

Aufgabe: 3 · 200 = ☐

3 · 2 · 100 = 6 · 100 = 600	3 · 2 = 6
3 · 200 = 600	3 · 200 = 600

Wir lösen die Grundaufgabe und multiplizieren das Ergebnis mit 100.

Formuliere einen Antwortsatz zur Sachaufgabe!

1

a	b	c	d	e
7 · 2	8 · 5	6 · 3	4 · 9	7 · 6
7 · 20	8 · 50	6 · 30	4 · 90	7 · 60
7 · 200	8 · 500	6 · 300	4 · 900	7 · 600

2

a	b	c	d	e
2 · 400	700 · 7	3 · 400	500 · 6	2 · 800
7 · 800	600 · 6	3 · 500	300 · 0	8 · 600
6 · 500	900 · 9	2 · 900	700 · 4	5 · 900

3 Ergänze die fehlenden Faktoren! Schreibe die Gleichungen in dein Heft!

a	b	c
600 · ☐ = 1 800	☐ · 700 = 4 200	7 · ☐ = 3 500
200 · ☐ = 1 600	☐ · 500 = 2 500	9 · ☐ = 5 400
400 · ☐ = 3 600	☐ · 600 = 3 000	8 · ☐ = 6 400

4 Zwei Faktoren sind gegeben. Berechne immer das Produkt!

6, 400 | 200, 9 | 400, 5 | 8, 600 | 300, 7 | 500, 6

5 <, > oder = ?

a	b	c
4 · 500 < 4 000	700 · 4 ● 6 000	4 · 600 ● 2 000
0 · 600 ● 0	900 · 3 ● 2 700	2 · 500 ● 1 000
7 · 400 ● 2 900	200 · 1 ● 1	7 · 800 ● 5 400
6 · 500 ● 2 000	600 · 6 ● 3 000	6 · 700 ● 4 200

6

a Wie schwer sind 4, 8, 6, 10 Päckchen?

b Wie schwer sind 3, 6, 7, 9 Päckchen?

c Wie schwer sind 2, 3, 5, 10 Päckchen?

d Wandle die Ergebnisse aus a, b und c in kg um!

Das schriftliche Verfahren der Multiplikation

1 Diese Aufgaben kannst du schon rechnen. S. 147

a		b		c		d		e		f	
	26 · 3		37 · 2		89 · 4		234 · 2		199 · 5		309 · 2
	68 · 7		34 · 9		71 · 8		468 · 2		317 · 3		207 · 4
	53 · 6		44 · 3		92 · 5		108 · 8		241 · 4		389 · 2

2 Monika arbeitet in einem kleinen Theater. Es hat 415 Plätze.
Von Freitag bis Sonntag waren die Vorstellungen am Abend ausverkauft.

a Wie viele Zuschauer waren an den drei Abenden **ungefähr** im Theater? S. 124
Überschlag: 415 ≈ 400   400 · 3 = ▒
Beantworte die Frage!

b Wie viele Karten wurden verkauft?

	Ich rechne:	Ich schreibe:	Ich merke:
415 · 3	3 · 5 E = 15 E	5 E	1 Z
1 245	3 · 1 Z = 3 Z, 3 Z + 1 Z = 4 Z	4 Z	
	3 · 4 H = 12 H	12 H = 1 T + 2 H	
	Das Produkt beträgt 1 245.		

Vergleich des Produktes mit dem Überschlag: 1 245 ≈ 1 200

Bilde einen Antwortsatz!

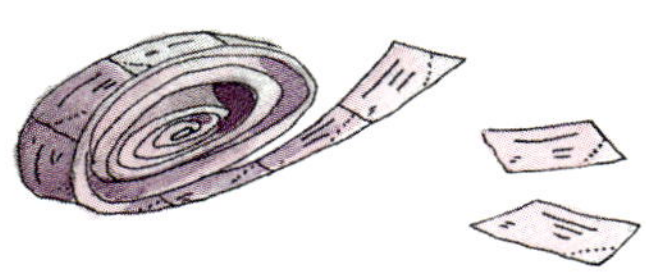

3 Überschlage zuerst! Rechne dann genau! Vergleiche!

Beispiel: 524 · 2
Überschlag: 524 ≈ 500
500 · 2 = 1 000
Multiplikation: 524 · 2 = 1 048
Vergleich: 1 048 ≈ 1 000

a		b		c		d		e		f	
	629 · 2		514 · 5		929 · 2		326 · 3		526 · 3		413 · 7
	612 · 8		729 · 3		748 · 2		615 · 4		513 · 5		626 · 3
	818 · 2		815 · 3		716 · 6		713 · 6		214 · 6		312 · 5

4 Überschlage, bevor du multiplizierst!

a		b		c		d		e		f	
	483 · 3		282 · 4		381 · 7		541 · 9		671 · 5		792 · 4
	294 · 2		471 · 5		261 · 8		271 · 5		283 · 3		652 · 3
	253 · 3		762 · 4		391 · 6		251 · 7		481 · 8		993 · 3

5 Überschlage zuerst!
Berechne dann das Produkt!
Vergleiche!

Faktor	45	6	844	9	592	3
Faktor	7	421	2	891	3	515
Produkt	▒	▒	▒	▒	▒	▒

Aufgabe: 527 · 6 Überschlag: 527 ≈ 500
500 · 6 = 3 000

Achtung: Überträge an mehreren Stellen!

	Ich rechne:	Ich schreibe:	Ich merke:
527 · 6	6 · 7 E = 42 E	2 E	4 Z
3162	6 · 2 Z = 12 Z, 12 Z + 4 Z = 16 Z	6 Z	1 H
	6 · 5 H = 30 H, 30 H + 1 H = 31 H	31 H = 3 T + 1 H	

Das Produkt beträgt 3 162.

Vergleich des Produktes mit dem Überschlag: 3 162 ≈ 3 000

1 Rechne wie im Beispiel!

a	b	c	d	e	f
285 · 3	389 · 5	437 · 7	384 · 6	357 · 6	893 · 8
256 · 4	267 · 6	129 · 9	229 · 7	849 · 5	787 · 7
329 · 8	643 · 8	463 · 4	387 · 3	643 · 7	999 · 9

2 Bei den folgenden Aufgaben ist an verschiedenen Stellen mit der Zahl „0“ zu rechnen. Beachte! 0 · 2 = 0 2 · 0 = 0 0 + 2 = 2

a	b	c	d	e	f
105 · 4	230 · 2	804 · 4	101 · 8	114 · 5	703 · 6
306 · 3	670 · 6	246 · 5	209 · 9	425 · 6	640 · 5
402 · 5	308 · 3	820 · 4	607 · 7	645 · 8	764 · 5

3 a Wie groß ist das Produkt aus den Zahlen 4 und 807?
b Ein Faktor ist 603, der andere ist 5. Wie groß ist das Produkt?
c Welches Produkt ist größer: 6 · 218 oder 4 · 309?
d Welches Produkt ist kleiner: 5 · 604 oder 6 · 504?

Faktor		Faktor		Produkt
4	·	807	=	▒

4 Überschlage zuerst! Runde dabei auf Tausender!
Rechne dann genau und vergleiche!

a	b	c	d	e	f
2 312 · 4	4 338 · 2	3 723 · 2	1 701 · 5	2 319 · 3	3 321 · 3
4 431 · 2	2 319 · 3	1 923 · 3	4 437 · 2	3 288 · 3	2 500 · 4
2 222 · 3	2 136 · 2	2 152 · 3	1 625 · 5	2 394 · 4	1 999 · 5
1 213 · 3	1 217 · 4	2 241 · 4	1 109 · 5	4 932 · 2	2 348 · 2

5 Herr Thiele fährt Umzüge. In der Woche vom 7. bis 14. 5. fährt er dreimal die Strecke Berlin – Hamburg und zurück. Wie viel Kilometer sind das?

6 ✶

a Berechne das Doppelte von 734, 208, 637, 569, 465!

b Berechne das Dreifache von 684, 269, 456, 395, 948!

c 987 ist die Hälfte einer Zahl. Wie heißt die Zahl?

d 324 ist der achte Teil einer Zahl. Wie heißt die Zahl?

e Multipliziere die Summe aus 749 und 221 mit 9!

f Multipliziere die Differenz aus 1 568 und 884 mit 7!

Schriftliches Multiplizieren mehrstelliger Faktoren

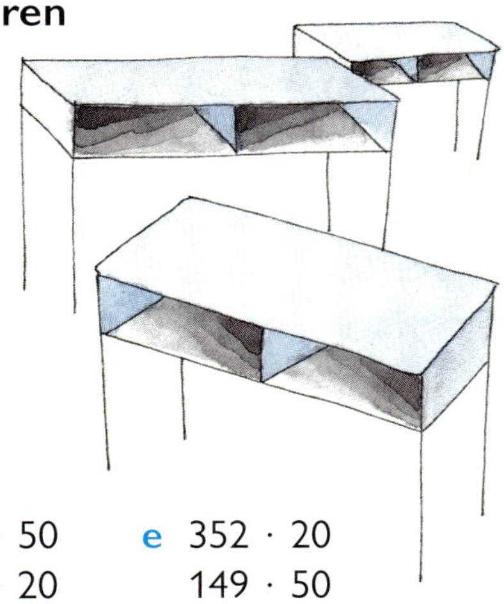

Die Herderschule bekommt 30 neue Schultische.
Ein Tisch kostet 115 Euro.
Wie viel kosten die neuen Tische insgesamt?
Aufgabe: 115 Euro · 30 = ▒ Euro

Wir lösen mit dem schriftlichen Verfahren:

```
115 · 30
    3450
```

Antwortsatz: Die neuen Tische kosten 3 450 Euro.

1

a	b	c	d	e
67 · 20	215 · 40	323 · 30	195 · 50	352 · 20
53 · 40	327 · 30	210 · 40	303 · 20	149 · 50
26 · 30	469 · 20	427 · 20	324 · 30	264 · 30

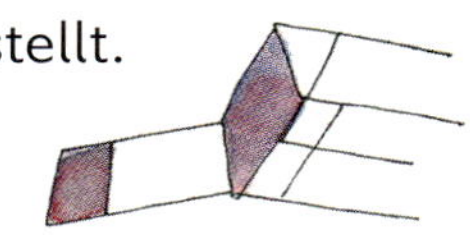

Für die Herderschule werden auch noch 86 neue Stühle bestellt.
Ein Stuhl kostet 43 Euro. Berechne den Gesamtpreis!
Aufgabe: 43 Euro · 86 = ▒ Euro

Wir lösen mit dem schriftlichen Verfahren:

	Ich rechne:	Ich schreibe:	Ich merke:
43 · 86	• 8 · 3 = 24	4	2
344	8 · 4 = 32, 32 + 2 = 34	34	
+ 258	• 6 · 3 = 18	8	1
3698	6 · 4 = 24, 24 + 1 = 25	25	
	• Ich addiere beide Produkte. Das Produkt beträgt 3 698.		

– Multipliziere zuerst mit dem Zehner, dann mit dem Einer!
– Beginne beim Aufschreiben der Produkte immer an der Stelle, mit der du multiplizierst!
– Addiere beide Produkte!
– Kontrolliere durch Nachrechnen!

2 Multipliziere nun mit zweistelligen Faktoren! Kontrolliere durch Nachrechnen!

a	b	c	d	e	f
26 · 42	63 · 54	93 · 24	213 · 17	185 · 28	319 · 31
45 · 61	39 · 48	78 · 49	157 · 45	492 · 19	226 · 42
32 · 55	52 · 67	62 · 54	384 · 24	307 · 24	438 · 15
71 · 34	46 · 72	39 · 83	409 · 16	288 · 33	164 · 29

3 42 Schülerinnen und Schüler der Klassen 5 und 6 brauchen Mathematikbücher für das neue Schuljahr. Ein Mathematikbuch kostet 13 Euro. Stelle selbst eine Frage! Rechne und antworte!

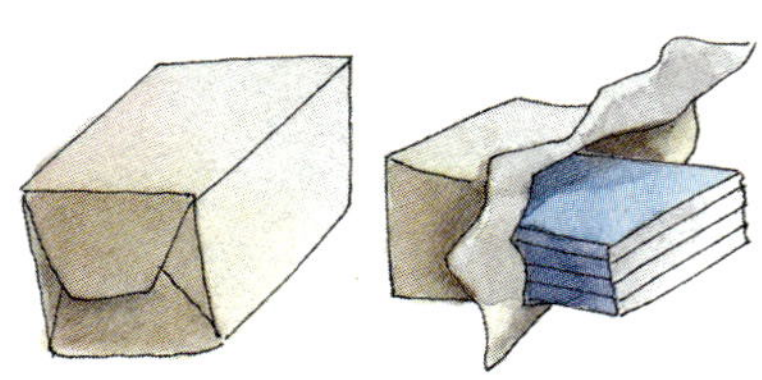

Das schriftliche Verfahren der Division

Für die Osterferien bucht Janas Mutter eine Ferienreise. Jana sagt: „Die Osterferien beginnen in 98 Tagen."
Wie viele Wochen sind das?
Aufgabe: 98 : 7 = ▒

Das Ferienhotel mit 268 Betten ist im April nur zur Hälfte belegt.
Wie viele Gäste wohnen im Hotel?

Aufgabe: 268 : 2 = ▒

Wir dividieren, indem wir den Dividenden zerlegen.

98 : 7
70 : 7 = 10
28 : 7 = 4
98 : 7 = 14

Kontrolle:
14 · 7
98

Der Quotient beträgt 14.
Vergleich: 98 = 98

268 : 2
200 : 2 = 100
60 : 2 = 30
8 : 2 = 4
268 : 2 = 134

Kontrolle:
134 · 2
268

Der Quotient beträgt 134.
Vergleich: 268 = 268

Formuliere Antwortsätze zu den beiden Sachaufgaben!

1 Dividiere! Zerlege den Dividenden! Kontrolliere!

a	b	c	d	e	f
44 : 4	55 : 5	72 : 6	57 : 3	555 : 5	699 : 3
36 : 3	84 : 4	56 : 4	85 : 5	628 : 2	777 : 7
28 : 2	69 : 3	96 : 8	91 : 7	486 : 2	844 : 4

Für gebrauchte Fahrräder wurde ein Geschäft eröffnet.
Das teuerste Fahrrad kostet 484 Euro.
Das billigste Fahrrad kostet genau den 4. Teil davon.
Wie teuer ist es?
Aufgabe: 484 : 4 = ▒

Conny rechnet, indem sie den Dividenden zerlegt.

484 : 4
400 : 4 = 100
80 : 4 = 20
4 : 4 = 1
484 : 4 = 121

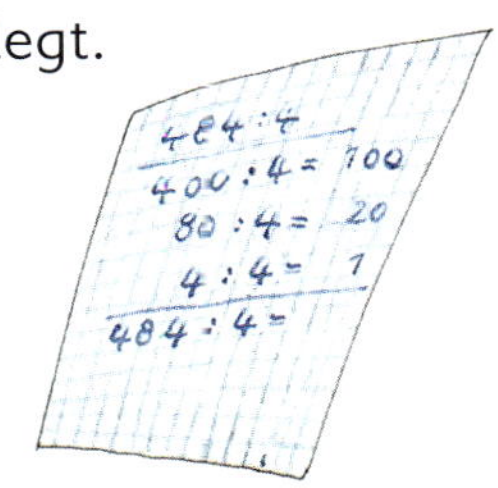

Der Quotient beträgt 121.
Kontrolle: 121 · 4
484
Vergleich: 484 = 484
Formuliere den Antwortsatz zur Sachaufgabe!

Tom löst die Aufgabe in der Stellentafel.

H	Z	E		H	Z	E
4	8	4 : 4 =		1	2	1

Tom rechnet: 4 H : 4 = 1 H
8 Z : 4 = 2 Z
4 E : 4 = 1 E

Der Quotient beträgt 121.
Kontrolle: 121 · 4
484
Vergleich: 484 = 484

1 Rechne wie Tom (Seite 155)! Schreibe die Aufgaben in eine Stellentafel! Beginne an der größten Stelle des Dividenden!

Z	E		Z	E
6	3 : 3 =		2	▒

H	Z	E		H	Z	E
2	8	4 : 2 =		▒	▒	▒

T	H	Z	E		T	H	Z	E
9	3	6	9 : 3 =		3	1	2	3

a	b	c	d	e
63 : 3	88 : 2	284 : 2	840 : 2	3 639 : 3
39 : 3	36 : 3	824 : 2	360 : 3	4 286 : 2
69 : 1	84 : 4	684 : 2	480 : 2	4 844 : 4

2 a Berechne den dritten Teil von 36 Euro, 366 Euro, 336 Euro, 3 636 Euro!
b Berechne den vierten Teil von 84 Euro, 844 Euro, 488 Euro, 8 484 Euro!

3 Frau Winter hat für 8 682 Euro ein gebrauchtes Auto gekauft. Als sie es nach drei Jahren wieder verkauft, erhält sie genau die Hälfte des Kaufpreises. Wie viel bezahlt der Käufer für das gebrauchte Auto?

Diese Aufgaben kennst du schon: Dividieren mit Rest. S. 100

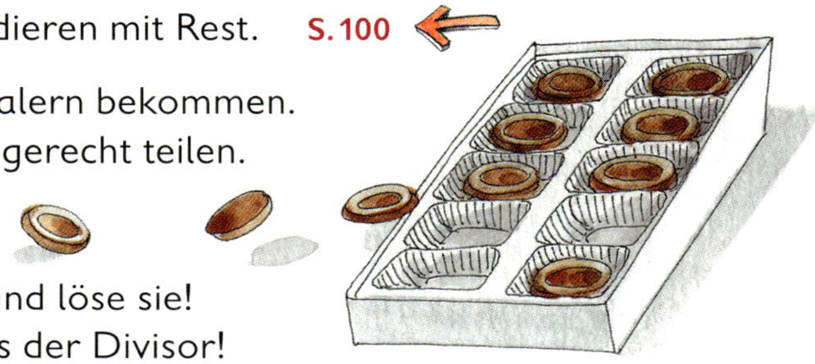

4 Petra hat eine Packung mit 10 Schokotalern bekommen. Sie will sie mit ihren zwei Freundinnen gerecht teilen. Stelle Fragen und rechne!

5 Übertrage die Aufgaben in dein Heft und löse sie! Beachte: Der Rest muss kleiner sein als der Divisor!

a : 2	b : 3	c : 4	d : 5
12 : 2 = 6	15 : 3 = 5	24 : 4 = ▒	30 : 5 = ▒
13 : 2 = 6 R 1	16 : 3 = ▒ R ▒	25 : 4 = ▒ R ▒	31 : 5 = ▒ R ▒
14 : 2 = 7	17 : 3	26 : 4	32 : 5
15 : 2	18 : 3	27 : 4	33 : 5
16 : 2	19 : 3	28 : 4	34 : 5
17 : 2	20 : 3	29 : 4	35 : 5

e Kontrolliere die Aufgaben aus den Folgen von a bis d nun so:
13 : 2 = 6 R 1, denn 2 · 6 + 1 = 13

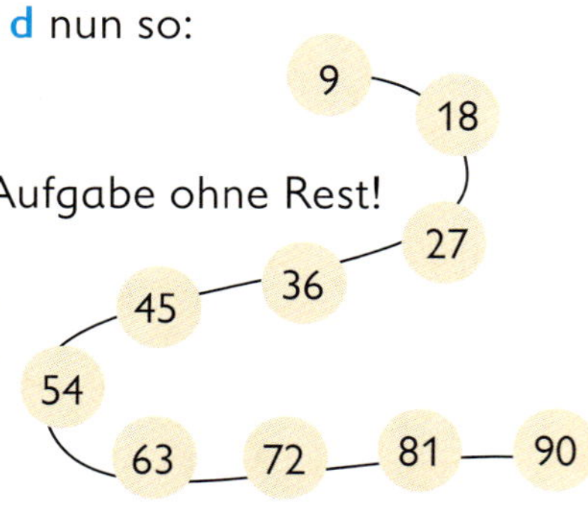

6 Setze die Folgen fort! Rechne immer bis zur nächsten Aufgabe ohne Rest! Kontrolliere wie in Aufgabe 5e!

a	b	c	d
36 : 9	48 : 8	12 : 6	63 : 7
37 : 9	49 : 8	13 : 6	64 : 7

7 Dividiere! Kontrolliere!

a	b	c	d	e	f
34 : 4	58 : 6	62 : 8	48 : 5	77 : 8	19 : 2
28 : 5	46 : 7	89 : 9	29 : 3	69 : 7	33 : 6

846 Würfel werden in kleine Schachteln zu je 6 Stück eingeordnet.
Wie viele Schachteln werden gebraucht?
Aufgabe: 846 : 6 = ▒

Wir rechnen mit dem schriftlichen Verfahren der Division.
Beim Dividieren beginnen wir an der größten Stelle des Dividenden.

```
H | Z | E        H | Z | E
8 | 4 | 6 : 6 =  1 | 4 | 1
6   ↓   |  ←1 · 6
2   4   |
2   4   ↓  ←4 · 6
    0   6
        6  ←1 · 6
        0
```

- 8 geteilt durch 6 ist gleich 1, (:)
  denn 1 mal 6 ist gleich 6. (·)
  Von 6 bis 8 fehlen 2. (−)
  Ich schreibe die nächste Stelle neben den Rest. (↓)
- 24 geteilt durch 6 ist gleich 4, (:)
  denn 4 mal 6 ist gleich 24. (·)
  Es bleibt kein Rest. (−)
  Ich schreibe die nächste Stelle neben die 0. (↓)
- 6 geteilt durch 6 ist gleich 1, (:)
  denn 1 mal 6 ist gleich 6. (·)
  Es bleibt kein Rest. (−)

Kontrolle: 141 · 6
846

Vergleich: 846 = 846

Der Quotient beträgt 141.

Formuliere einen Antwortsatz zur Sachaufgabe!

1 Dividiere! Kontrolliere!

a	b	c	d	e	f
68 : 4	982 : 2	726 : 6	688 : 4	955 : 5	855 : 5
78 : 6	546 : 3	805 : 5	847 : 7	648 : 4	729 : 3
81 : 3	655 : 5	968 : 8	968 : 4	786 : 6	568 : 4

2

```
7684 : 4 = 1921
4    ←1 · 4
36
36   ←9 · 4
 08
  8  ←2 · 4
 04
  4  ←1 · 4
  0
```

Kontrolle:
1921 · 4
7684

Vergleich:
7684 = 7684

Rechne wie im Beispiel!

a	b	c
9426 : 2	6844 : 4	8196 : 3
7893 : 3	5862 : 2	4869 : 3
6484 : 4	4263 : 3	9555 : 5
9177 : 7	9688 : 8	8466 : 6

3 Die Großeltern von Steffi, Alex und Jens haben für ihre drei Enkel 876 Euro gespart. In den Sommerferien erhält jedes Kind den gleichen Betrag für eine Ferienreise.

a Wie viel Geld bekommt jedes Kind? Lege mit Rechengeld, wechsle dabei!
b Rechne nun mit dem schriftlichen Verfahren der Division!

1. Dividieren :
2. Multiplizieren ·
3. Subtrahieren −
4. Die nächste Stelle neben die Differenz schreiben. ↓

1 Rechne wie im Beispiel! Kontrolliere!

```
575 : 5 = 115
5↓     ← 1 · 5
07
 5↓    ← 1 · 5
 25
 25    ← 5 · 5
  0
```

Kontrolle:
115 · 5
575

Vergleich:
575 = 575

a	b	c
256 : 2	784 : 7	595 : 5
496 : 4	896 : 8	684 : 6
675 : 3	672 : 6	852 : 4

d	e
7 847 : 7	8 728 : 4
4 688 : 4	5 855 : 5
3 783 : 3	8 746 : 2

2 Rechne und kontrolliere! Achte darauf, dass du alle Rechenschritte einhältst!

a	b	c	d	e
831 : 3	652 : 4	597 : 3	7 955 : 5	6 665 : 5
942 : 6	861 : 3	398 : 2	6 928 : 4	8 676 : 6
868 : 7	928 : 8	875 : 5	9 947 : 7	9 748 : 4

3 Frau Heinrich hat bei einem Versandhaus Waren im Wert von 196 Euro bestellt. Sie bezahlt in 7 Monatsraten.

a Wie hoch ist eine Rate ungefähr?
Überschlag: 196 ≈ 210   210 : 7 = ☐

b Wie viel muss sie monatlich bezahlen?
Aufgabe: 196 : 7 = ☐
Löse mit dem schriftlichen Verfahren!
Vergleiche dein Ergebnis mit dem Überschlag!

4 Wir rechnen Überschläge zu Divisionsaufgaben.
Aufgabe: 468 : 4 = ☐

Es sind verschiedene Näherungswerte möglich.
Überschlag: 468 ≈ 400, 400 : 4 = 100 *oder:* 468 ≈ 440, 440 : 4 = 110 *oder:* 468 ≈ 480, 480 : 4 = 120

Rechne die Aufgabe nun genau!
Vergleiche das Ergebnis mit den Überschlägen!

5 Überschlage zuerst! Dividiere und vergleiche!

a	b	c	d	e
436 : 2	585 : 5	872 : 4	8 648 : 4	7 236 : 3
642 : 3	855 : 5	959 : 7	3 766 : 2	9 844 : 4

Beachte: Die größte Stelle des Dividenden ist kleiner als der Divisor.

152 : 4 = 38	• 1 : 4 ist nicht lösbar.	
12 ← 3 · 4	• 15 : 4 = 3 R **3**,	:
32	denn 3 · 4 = 12	·
32 ← 8 · 4	12 + **3** = 15	−
0	Die nächste Stelle neben den Rest schreiben.	↓
	• 32 : 4 = 8,	:
	denn 8 · 4 = 32	·
		−

Kontrolle:
38 · 4
152

Der Quotient beträgt 38.
Vergleich: 152 = 152

1 Dividiere und kontrolliere!

a	b	c	d	e
235 : 5	384 : 4	297 : 9	665 : 7	275 : 5
432 : 6	291 : 3	384 : 6	288 : 3	656 : 8
512 : 8	558 : 6	664 : 8	256 : 4	198 : 3
639 : 9	175 : 5	498 : 6	828 : 9	198 : 2

2

a	b	c	d	e
2 724 : 4	3 345 : 5	1 236 : 2	3 468 : 4	2 988 : 4
1 926 : 6	2 574 : 3	6 657 : 7	1 848 : 8	2 475 : 5
4 755 : 5	1 992 : 2	7 479 : 9	5 592 : 6	3 996 : 6
8 739 : 9	7 624 : 8	5 796 : 7	4 284 : 9	6 488 : 8

3 Von den 3 824 Bäumen der Kreisstadt hat jeder vierte Baum große Schäden. Nur die Hälfte aller Bäume ist gesund.

a Wie viele Bäume sind stark geschädigt?
b Wie viele Bäume sind gesund?

4 97 Mädchen und 128 Jungen nehmen am Umwelt-Projekt teil.
Sie werden in drei gleich große Gruppen aufgeteilt.
Stelle selbst eine Frage! Rechne und antworte!

5 Die Schulen von Flendau haben zu der Aktion „Mehr Grün für unsere Schulhöfe“ aufgerufen.
Sie veranstalten einen großen Basar und eine Theater-Aufführung.
Der Erlös von 3 987 Euro wird zu gleichen Teilen an die 9 Schulen aufgeteilt.

6 Berechne den Quotienten! Kontrolliere!

Dividend	222	396	1 435	8 568	6 937	9 252
Divisor	6	9	5	9	7	6
Quotient						

Bei den folgenden Aufgaben ist an verschiedenen Stellen mit der Zahl „0" zu rechnen. Beachte: 0 : 5 = 0, denn 0 · 5 = 0

1

4205 : 5 = 841
40 ← 8 · 5
20
20 ← 4 · 5
05
5 ← 1 · 5
0

Kontrolle:
841 · 5
4205

Vergleich:
4 205 = 4 205

a
402 : 3
140 : 5
608 : 4

b
903 : 7
402 : 6
805 : 7

c
7 302 : 2
8 055 : 5
6 405 : 7

d
9 064 : 8
1 089 : 9
5 106 : 6

2

4038 : 2 = 2019
4 ← 2 · 2
00
0 ← 0 · 2
03
2 ← 1 · 2
18
18 ← 9 · 2
0

Kontrolle:
2019 · 2
4038

Vergleich:
4 038 = 4 038

a
707 : 7
609 : 3
408 : 4

b
560 : 8
540 : 9
630 : 7

c
4 092 : 2
6 307 : 7
5 075 : 5

d
4 005 : 5
3 006 : 6
8 109 : 9

3

3612 : 6 = 602
36 ← 6 · 6
01
0 ← 0 · 6
12
12 ← 2 · 6
0

Kontrolle:
602 · 6
3612

Vergleich:
3 612 = 3 612

a
624 : 6
515 : 5
828 : 4

b
621 : 3
749 : 7
824 : 8

c
5 015 : 5
7 218 : 9
7 212 : 6

d
8 128 : 4
7 012 : 2
4 016 : 8

Schriftliches Dividieren – ein Rest bleibt übrig

4766 : 4 = 1 191 R 2
4 ← 1 · 4
07
4 ← 1 · 4
36
36 ← 9 · 4
06
4 ← 1 · 4
2

Kontrolle:
1191 · 4
4764
\+ 2
4766

Vergleich:
4 766 = 4 766

a
9 379 : 4
2 765 : 3
3 013 : 6

b
2 731 : 7
2 967 : 5
3 143 : 6

c
6 403 : 3
8 734 : 7
6 935 : 8

d
2 098 : 8
9 007 : 9
8 108 : 9

Addiere bei der Kontrolle den Rest zum Produkt!
Vergleiche dieses Ergebnis mit dem Dividenden!

Zusammenfassende Übungen

1

a

·	500
2	
4	
7	

b

·	300
5	
3	
4	

c

·	700
4	
9	
8	

d

·	600
9	
3	
7	

2 <, > oder = ?

a
16 · 100 < 1 400
24 · 100 ● 3 000
56 · 100 ● 4 600

b
50 · 100 ● 5 500
6 · 100 ● 6 000
71 · 100 ● 710

c
19 · 100 ● 1 900
30 · 100 ● 300
1 · 100 ● 1

3 Beachte die unterschiedlichen Rechenarten!

a
63 · 100
240 : 10
50 · 10
3 000 : 100

b
4 500 : 100
36 · 100
20 : 10
7 000 : 10

c
84 · 100
9 000 : 100
63 · 10
6 400 : 100

d
2 810 : 10
1 800 : 100
45 · 100
180 : 10

4 Rechne vorteilhaft!

a 50 · 4; 21 · 3
b 64 · 30; 82 · 32
c 7 · 65; 6 · 80
d 260 · 30; 150 · 10
e 425 · 20; 100 · 49

5 Überschlage zuerst! Multipliziere dann mit dem schriftlichen Verfahren!

a 304 · 4; 285 · 6
b 974 · 4; 852 · 6
c 628 · 5; 396 · 2
d 539 · 9; 472 · 7
e 252 · 8; 845 · 9

6 Dividiere mit dem schriftlichen Verfahren!

a 868 : 4; 981 : 3
b 298 : 2; 765 : 5
c 798 : 6; 752 : 4
d 6 846 : 6; 3 429 : 3
e 3 049 : 7; 2 256 : 6

7 ★
a Wie viele Wochen sind 84 (91, 98) Tage?
b Was ist länger: der 5. Teil von 65 m oder der 4. Teil von 60 m?
c Was ist mehr wert: der 3. Teil von 78 Euro oder der 6. Teil von 90 Euro?

8 Familie Klein und Familie Schwarz besuchen die Märchen-Revue.
Für die vier Erwachsenen kosten die Karten insgesamt 56 Euro.
Für die sechs Kinder kosten die Karten insgesamt 66 Euro.

a Wie teuer ist die Karte für einen Erwachsenen?
Wie teuer ist die Karte für ein Kind?
Schreibe eine Preistafel!

b Frau Schwarz kauft die Karten für beide Familien.
Sie bezahlt mit einem 200-Euro-Schein.

Computerkauf

Sonderangebot!
Komplette Anlage nur 998 €
(ohne Abbildung)

Drucker

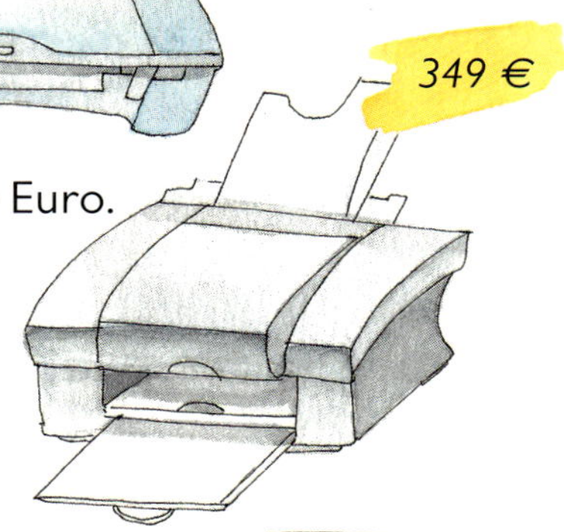

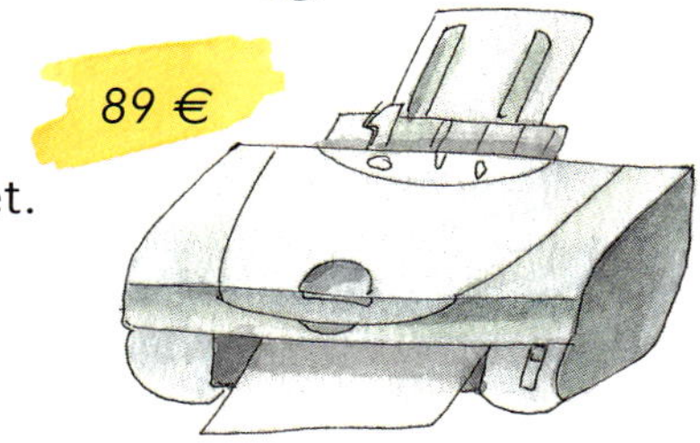

Scanner

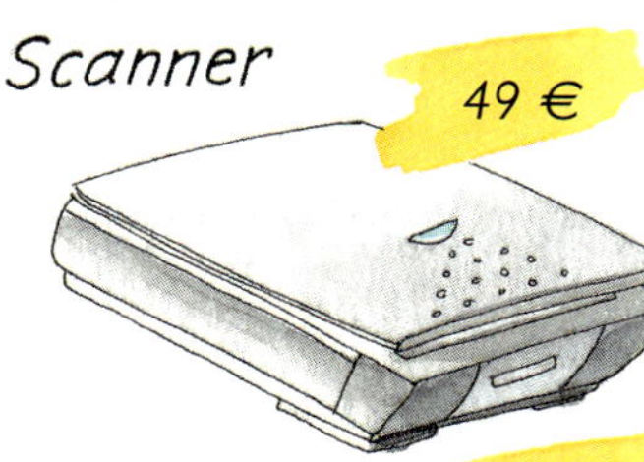

1 Die Pestalozzi-Schule erhält für drei neue Computer 3 600 Euro.

a Wie teuer darf ein Computer höchstens sein, wenn drei gleiche Anlagen gekauft werden?
b Wähle eine preisgünstige Anlage aus dem Angebot aus! Addiere dazu den Preis für einen Drucker!
c Berechne nun den Preis für drei Anlagen!
d Wie viel Geld bleibt übrig?

2 Eine Arztpraxis wird mit zwei Computern ausgestattet. Dafür sind 4 000 Euro vorgesehen. Wähle aus dem Angebot verschiedene Möglichkeiten für den Kauf aus! Berechne immer den Preis für zwei Anlagen!

3 Für ein Schreibbüro werden vier Drucker, fünf Scanner und zwei Monitore gekauft. Insgesamt können dafür 2 550 Euro ausgegeben werden.

a Wähle für den Kauf der Drucker drei Möglichkeiten aus! Berechne jeweils den Preis!
b Für fünf gleiche Scanner werden 490 Euro bezahlt. Wie teuer ist ein Scanner?
c Je Monitor werden 298 Euro bezahlt. Wie viel Euro kosten die Monitore?
d Berechne nun den Gesamtpreis für die Geräte! Wie viel Euro bleiben übrig?

Übungen mit Rauminhalten

Diese Gefäße fassen jeweils 1 Liter Flüssigkeit.
Der **Liter** (**l**) ist eine Einheit des Rauminhaltes.

1 Fülle mit einem Litermaß Wasser in einen Eimer!
Wie viel Liter Wasser passen in einen großen Eimer, wie viel in einen kleinen?

2 Der tägliche Wasserverbrauch

a Wie viel Liter Wasser verbraucht eine Person täglich?

b Berechne den Wasserverbrauch für vier Personen pro Tag!

So viel Wasser verbraucht ein Bundesbürger ungefähr:

– Körperpflege	45 l
– kochen/spülen	11 l
– WC-Spülung	40 l
– Reinigungs- und Gartenarbeiten	34 l

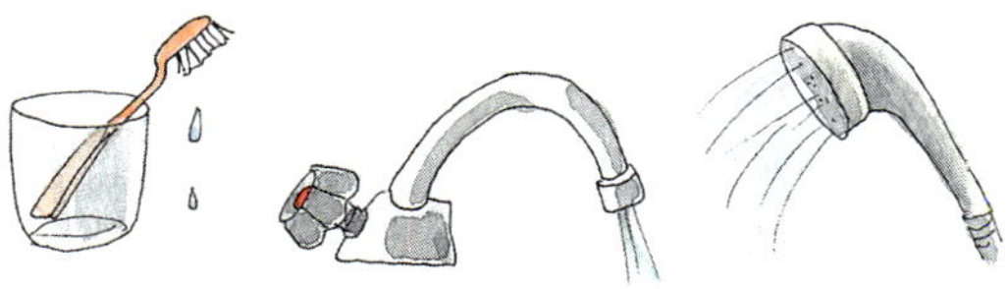

3 Vor 50 Jahren verbrauchte eine Person etwa 80 Liter Wasser pro Tag, vor 100 Jahren waren es etwa 30 Liter Wasser.

a Vergleiche den heutigen Wasserverbrauch mit dem Wasserverbrauch vor 50 Jahren! Berechne die Differenz!

b Wie groß ist der Unterschied zwischen dem Wasserverbrauch heute und vor 100 Jahren?

c Nenne Gründe, warum heute mehr Wasser verbraucht wird als früher!

Kleine Rauminhalte werden in Millilitern gemessen.

Milliliter (ml) 1000 ml = 1 l

4 Welche Rauminhalte werden in Millilitern angegeben?
Sammle Verpackungen, auf denen diese Maßeinheit steht und stelle sie im Unterricht vor!

1 Vergleiche die Flüssigkeitsmengen!

a

und

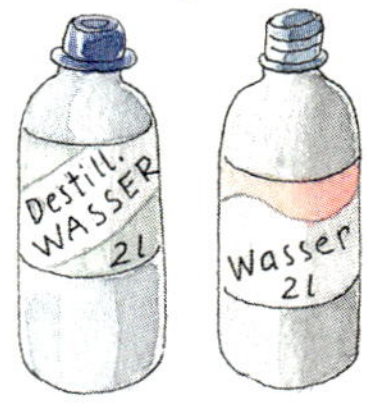

b

und

125 ml = $\frac{1}{8}$ l	
250 ml = $\frac{1}{4}$ l	
500 ml = $\frac{1}{2}$ l	
750 ml = $\frac{3}{4}$ l	
1000 ml = 1 l	

2 Wie viel Liter fasst eine Kaffeekanne, wenn der Inhalt für 4 Tassen (8 Tassen, 16 Tassen) reicht?

3 Zum Schulfest wurden 10 Liter Limonade getrunken. Wie viele Trinkbecher konnten mit Limo gefüllt werden?

4 400 Liter Saft werden in Flaschen abgefüllt. Eine Flasche fasst einen halben Liter. Wie viele Flaschen können gefüllt werden?

5 Pit kauft Getränke ein.
In seinem Einkaufsbeutel hat er
2 Flaschen Mineralwasser zu je 1 l,
2 Flaschen Limo zu je 0,75 l,
3 Packungen Eistee zu je 750 ml
und 2 Päckchen Saft zu je 125 ml.
Wie viel Liter Getränke hat Pit gekauft?

250 ml = $\frac{1}{4}$ l = 0,25 l	
500 ml = $\frac{1}{2}$ l = 0,5 l	
750 ml = $\frac{3}{4}$ l = 0,75 l	

6 Für eine Süßspeise werden 0,25 l Milch und 0,25 l Wasser gebraucht. Wie viel Flüssigkeit ist das insgesamt?

7 In einem Kasten sind 12 Flaschen mit je 0,5 l Saft. Wie viel Liter Saft sind das insgesamt?

8 ★ Was bedeuten die Angaben auf den abgebildeten Etiketten?

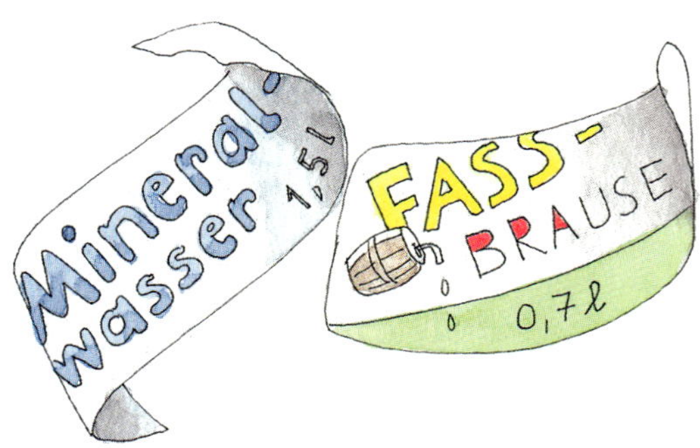

Zeitdauer und Zeitpunkt

1 Wie viel Zeit ist vergangen?

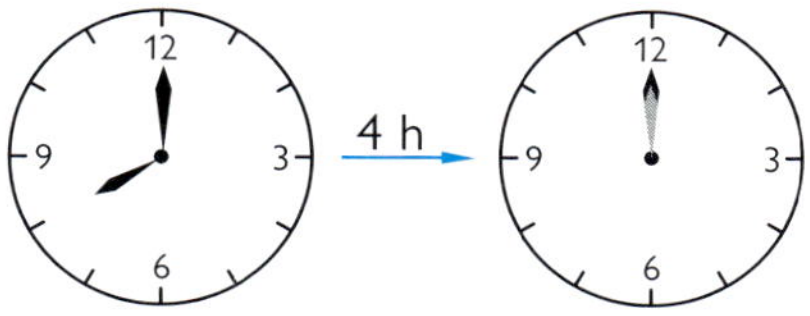

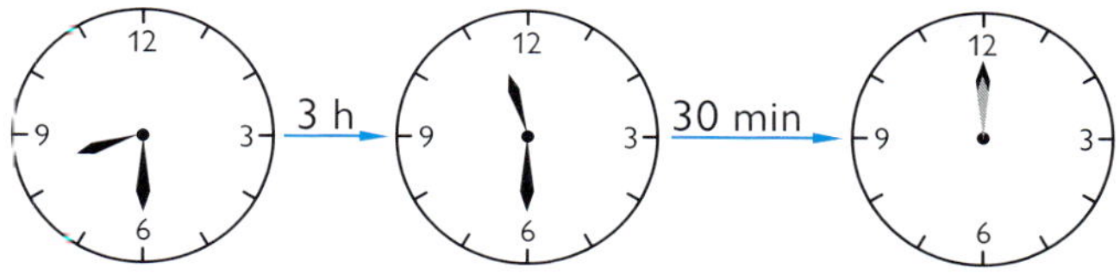

Von 8.00 Uhr bis 12.00 Uhr: ☐ h

Von 8.30 Uhr bis 12.00 Uhr:
☐ h + ☐ min = ☐ h ☐ min

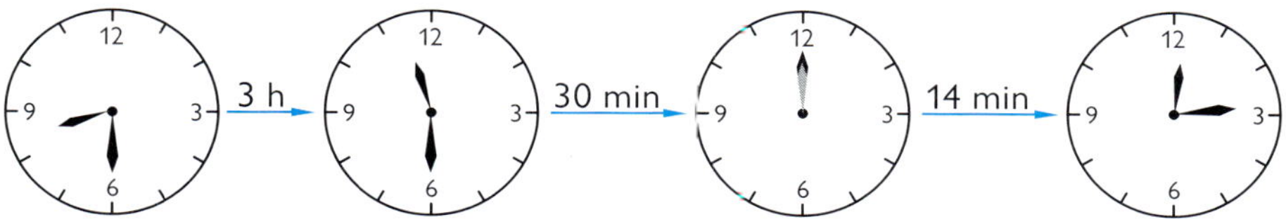

Von 8.30 Uhr bis 12.14 Uhr: ☐ h + ☐ min + ☐ min = ☐ h ☐ min

2 Weltzeit
Berechne den Zeitunterschied!
Schreibe so: *In Athen ist es eine Stunde später als in Berlin.*
In ______ ist es ☐ Stunde/n früher als in Berlin.

Peking 21.00 Uhr	Sydney 24.00 Uhr	Paris 14.00 Uhr	Athen 15.00 Uhr	Toronto 8.00 Uhr
London 13.00 Uhr	Tokio 22.00 Uhr	Berlin 14.00 Uhr	New York 8.00 Uhr	Moskau 16.00 Uhr

3 Die Reisezeit beträgt 2 h und 17 min.
Die Fahrt beginnt um 8.30 Uhr.

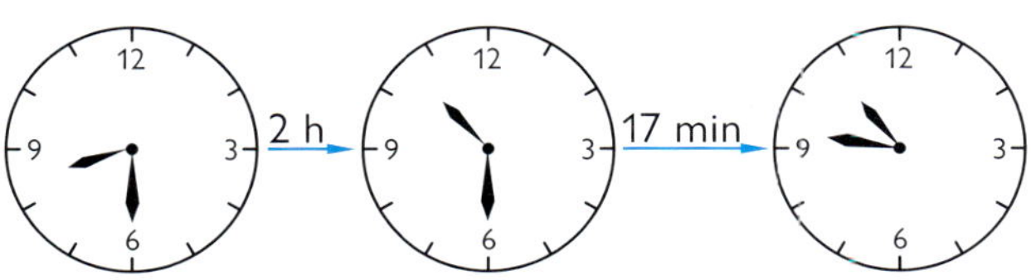

8 h 30 min + 2 h = 10 h 30 min
10 h 30 min + 17 min = 10 h 47 min
Ankunftszeit: 10.47 Uhr

a Berechne die Ankunftszeit!

Abfahrt	Fahrzeit
6.10 Uhr	27 min
12.25 Uhr	42 min
13.17 Uhr	75 min
21.35 Uhr	2 h 15 min

b Berechne nun die Fahrzeit!

Abfahrt	Ankunft
8.05 Uhr	8.57 Uhr
9.16 Uhr	9.45 Uhr
12.58 Uhr	14.25 Uhr
16.25 Uhr	19.03 Uhr

1 Florian und Julia sind im Schwimmbad.
Um 18.30 Uhr wollen sie wieder zu Hause sein.
Für ihren Heimweg brauchen sie 50 Minuten.
Wann müssen sie das Schwimmbad verlassen?

2 Heike will ihre Oma besuchen.
Um 15.00 Uhr möchte sie bei ihr sein.
Für den Weg bis zur Bushaltestelle braucht sie 10 Minuten.
Die Busfahrt dauert 18 Minuten. Dann sind es noch etwa 15 Minuten Fußweg bis zu ihrer Oma.

a Wie viel Minuten braucht Heike mindestens von zu Hause bis zu ihrer Oma?
b Warum geht Heike schon um 14.00 Uhr los?

3 Beim Sportfest beteiligt sich die Klasse 6 b am 50-m-Lauf, am Weitsprung, am Ballweitwurf und in der Staffel.

a Wann beginnt der Wettkampf im Weitsprung?
b Berechne, wie viel Minuten die Klasse 6 b für jede Disziplin hat!
c Wie viel Zeit liegt zwischen den Wettkämpfen?
d Um wie viel Uhr findet die Siegerehrung statt?

Zeitplan der Klasse 6b

50-m-Lauf:	9.15 Uhr – 9.45 Uhr
	25 Minuten Pause
Weitsprung:	___ Uhr – 10.40 Uhr
Ballweitwurf:	11.45 Uhr – 12.05 Uhr
Staffel:	12.30 Uhr – 12.45 Uhr
Siegerehrung:	15 min nach dem letzten Wettkampf

4 Ergänze und schreibe vollständig auf!

a 9.02 Uhr $\xrightarrow{+10\text{ min}}$ ___ $\xrightarrow{+18\text{ min}}$ ___

b ___ $\xrightarrow{+5\text{ min}}$ 10.10 Uhr $\xrightarrow{+\ \_\_\_}$ 10.50 Uhr

c 14.26 Uhr $\xrightarrow{+14\text{ min}}$ ___ $\xrightarrow{+\ \_\_\_}$ 15.05 Uhr

5 Herr Kühn war mit dem Auto unterwegs.
Am Vormittag ist er 159 Kilometer in 120 Minuten gefahren.
Dann legte er eine Pause von einer Stunde ein.
Am Nachmittag fuhr er noch 213 Kilometer.
Dafür benötigte er 2 Stunden und 35 Minuten.

a Wie viel Kilometer ist er insgesamt gefahren?
b Berechne die reine Fahrzeit für die Gesamtstrecke!
c Wie lange war er insgesamt unterwegs?

1 Wann kommen die Linienbusse an?

Abfahrt	4.28 Uhr	6.32 Uhr	9.52 Uhr	10.05 Uhr	12.15 Uhr
Fahrzeit	19 min	23 min	45 min	51 min	62 min
Ankunft	Uhr	Uhr	Uhr	Uhr	Uhr

2 Übertrage die Tabelle in dein Heft und ergänze die fehlenden Angaben!

Abfahrt	9.20 Uhr	23.30 Uhr	15.46 Uhr	Uhr
Fahrzeit	48 min	1 h 15 min	h min	2 h 20 min
Ankunft	Uhr	Uhr	17.27 Uhr	7.45 Uhr

3 Holger fährt mit dem Zug von Berlin nach Dresden.
Um 6.15 Uhr beginnt die Reise. Ankunft in Dresden ist 8.06 Uhr.
Sein Freund kann ihn erst um 9.45 Uhr vom Bahnhof abholen.

a Wie lange dauert die Zugfahrt?
b Wie lange muss Holger auf seinen Freund warten?

4 Frau Kolbe will von Hamburg nach Münster fahren.

a Wie lange dauert die Fahrt?
b Nach wie viel Minuten hält der Zug in Bremen?
c Wie viel Minuten hat der Zug insgesamt Aufenthalt?

Hamburg Hbf	ab	8.40
Bremen	an	9.38
	ab	9.40
Osnabrück	an	10.36
	ab	10.38
Münster	an	11.01

5 Löse die folgenden Aufgaben mithilfe eines Kalenders!

a André sagt, dass er in zwölf Tagen ein Fußballturnier hat. An welchem Tag ist das?
b Pauls Mutter hat in drei Wochen Geburtstag. Bestimme das Datum!
c Welches Datum ist in einem Vierteljahr?
d Kerstin hat am 13. Oktober Geburtstag. Wie viele Tage und Wochen muss sie noch bis dahin warten?

6 **a** Ordne die Geburtstage nach dem Datum! Beginne mit dem jüngsten Kind!

Frank:	4. 12. 1985	Oliver:	22. 1. 1989	Michael:	13. 5. 1992
Katrin:	2. 10. 1990	Grit:	9. 8. 1986	Gabi:	31. 3. 1989
Monika:	7. 10. 1991	Peter:	25. 7. 1992	Daniel:	11. 4. 1988

b Wie alt ist Frank am 4. 12. 2003?
c Wie alt ist Oliver am 22. 1. 2004?

Berlin Zoolg. Garten
→ Leipzig Hbf

Ab	Zug	Umsteigen	An	Ab	Zug	An	Verkehrstage
5.32	EC 11 ✕					**7.25**	täglich 01
6.15	RE 3531	Berlin Ostbf	6.27	6.38	IR 2162 Ⓡ	**8.36**	täglich 02
6.22	RE 3703	Dessau Hbf	8.04	8.15	RB 7405	**9.22**	täglich
7.32	IC 813 ✕					**9.30**	täglich 01
8.22	RE 3705	Dessau Hbf	10.04	10.15	RB 7407	**11.22**	täglich
9.32	IC 815 ✕					**11.30**	täglich 01
10.22	RE 3707	Dessau Hbf	12.04	12.15	RB 7409	**13.22**	täglich
11.32	IC 817 ✕					**13.30**	täglich 01
12.22	RE 3709	Dessau Hbf	14.04	14.15	RB 7411	**15.22**	täglich
13.32	IC 819 ✕					**15.30**	täglich 03
14.22	RE 3711	Dessau Hbf	16.04	16.15	RB 7413	**17.22**	täglich
15.32	IC 911 ✕					**17.30**	täglich 03
16.22	RE 3713	Dessau Hbf	18.04	18.15	RB 7415	**19.22**	täglich
17.32	IC 913 ✕					**19.30**	täglich 04
18.22	RE 3715	Dessau Hbf	20.04	20.15	RB 7417	**21.22**	täglich
19.05	RE 4557	Berlin Ostbf	19.17	19.24	IR 2115 Ⓡ	**21.28**	05
19.32	IC 915 ✕	Bitterfeld	20.59	21.06	IR 2115 Ⓡ	**21.28**	täglich 04
19.52	EN 229 2.Kl					**22.02**	täglich 04
20.22	RE 3717	Dessau Hbf	22.04	22.15	RB 7419	**23.22**	täglich
21.32	IC 917 ✕					**23.32**	täglich 04

Zeichenerklärung:
EC – EuroCity
IC – InterCity
RE – RegionalExpress
EN – EuroNight

1 Lies die Abfahrtszeiten der Züge von Berlin nach Leipzig!

2 Mit welchen Zügen kann man nach Leipzig fahren, ohne umsteigen zu müssen?

a Schreibe die Zugnummern auf!
b Berechne jeweils die Fahrzeit!

3 Bei Fahrten mit dem RegionalExpress (RE) müssen die Fahrgäste meistens in Dessau umsteigen. Wie viel Zeit ist für das Umsteigen jeweils vorgesehen?

4 Frau Fröhlich möchte um 20.00 Uhr in Leipzig sein. Sie überlegt, ob sie um 16.22 Uhr oder um 17.32 Uhr abfährt.

a Berechne die Fahrzeit für beide Züge!
b Wie viel Minuten ist sie länger unterwegs, wenn sie um 16.22 Uhr abfährt?

5 Frau Sommer soll um 12.30 Uhr zu einer Beratung in Leipzig sein. Für den Weg vom Hauptbahnhof Leipzig bis zu dem Haus, in dem die Beratung stattfindet, braucht sie etwa 20 Minuten.

a Mit welchen Zügen kann sie fahren?
b Um 16.24 Uhr fährt sie mit dem InterCity (IC) zurück nach Berlin. Ankunft ist 18.25 Uhr. Wie lange war sie von der Abfahrt in Berlin bis zur Ankunft in Berlin unterwegs?

Brüche

Yvonne will Sahnepudding kochen.
Ihr Bruder Steffen kocht den Schokoladenpudding.
Reicht die Milch für die beiden Puddings aus?

Yvonne und Steffen teilen einen Liter Milch in zwei gleiche Teile.
Jeder Teil ist ein halber Liter.

Wenn wir ein Ganzes in 4 **gleiche** Teile teilen,
so erhalten wir 4 Viertel.
Ein Teil davon ist 1 Viertel.
Wir schreiben: $\frac{1}{4}$
Drei Teile davon sind 3 Viertel.
Wir schreiben: $\frac{3}{4}$

Wenn wir ein Ganzes in 8 **gleiche** Teile teilen,
so erhalten wir 8 Achtel.
Ein Teil davon ist 1 Achtel.
Wir schreiben: $\frac{1}{8}$
Fünf Teile davon sind 5 Achtel.
Wir schreiben: $\frac{5}{8}$

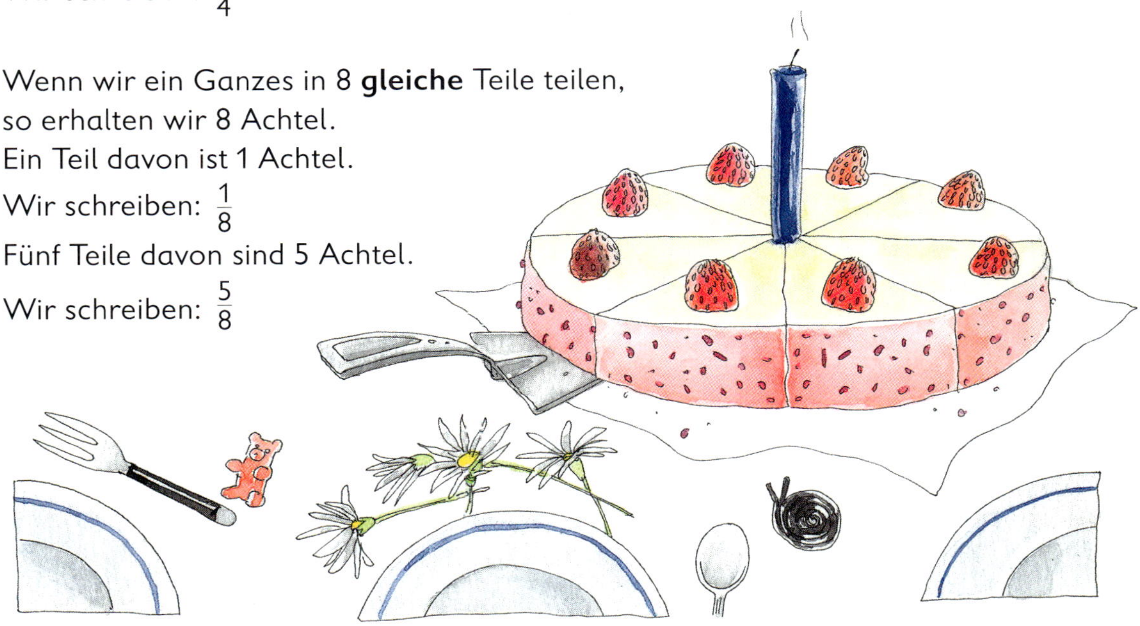

1 a Zeichne zwei Kreise (r = 6 cm) und schneide sie aus!
b Falte die Kreise wie in den beiden Bildern! Zerschneide sie dann entlang der Faltlinien!
c Vergleiche die Teile von Kreis A miteinander! Was stellst du fest?
d Vergleiche die Teile von Kreis B miteinander! Was stellst du fest?

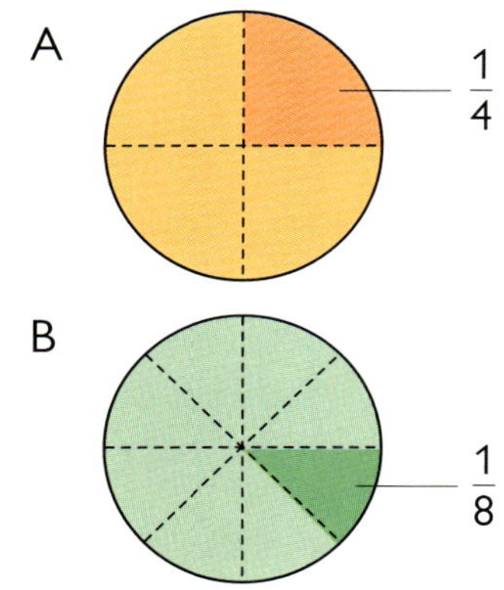

2 a Lege aus den Kreisteilen $\frac{1}{4}$, $\frac{3}{8}$, $\frac{7}{8}$, $\frac{1}{2}$, $\frac{6}{8}$!

b Lege nun fünf Achtel! Wie viele Achtel musst du dazulegen, damit du ein Ganzes erhältst?
c Lege drei Viertel! Wie viele Viertel fehlen noch zu einem Ganzen?

3 a Zeichne auf Kästchenpapier drei Rechtecke mit den Seitenlängen a = 12 cm, b = 6 cm!
b Färbe die Flächen und schneide sie aus!
c Falte die Rechtecke A, B und C wie im Bild!
d Zerschneide die Rechtecke entlang der Faltlinien!

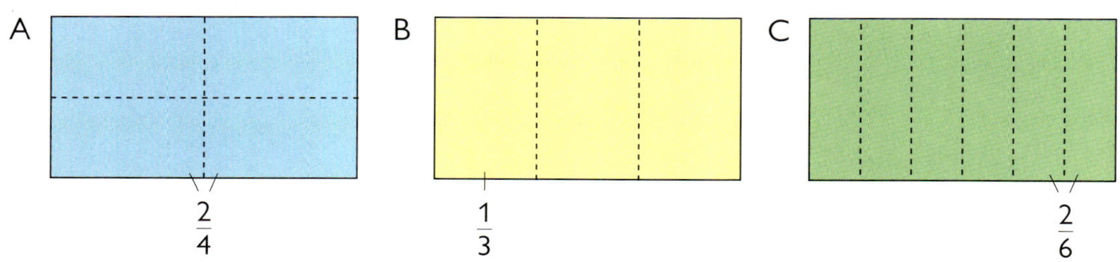

4 a Lege aus den Rechteckteilen $\frac{1}{3}$, $\frac{2}{3}$, $\frac{2}{4}$, $\frac{1}{6}$, $\frac{5}{6}$!

b Lege drei Sechstel! Ergänze dann zu einem Ganzen!
c Lege ein Viertel! Ergänze dann zu einem Ganzen!

Teilt man ein Ganzes in gleiche Teile, so entstehen Bruchteile.

Wir schreiben dafür Brüche: $\frac{1}{2}$, $\frac{2}{3}$, $\frac{1}{4}$, $\frac{3}{4}$, $\frac{1}{6}$, $\frac{5}{6}$, $\frac{1}{8}$, $\frac{3}{8}$

Zu einem ***Bruch*** gehören:

der ***Zähler***
der ***Bruchstrich***
der ***Nenner***

$\frac{5}{6}$

Der ***Nenner*** gibt an, in wie viele gleiche Teile das Ganze geteilt wird.
Der ***Zähler*** gibt an, wie viele gleiche Teile betrachtet werden.

Verschiedene geometrische Figuren sind in gleiche Teile geteilt.
Welcher Bruchteil ist gefärbt?
Bestimme dazu Zähler und Nenner!

1 a

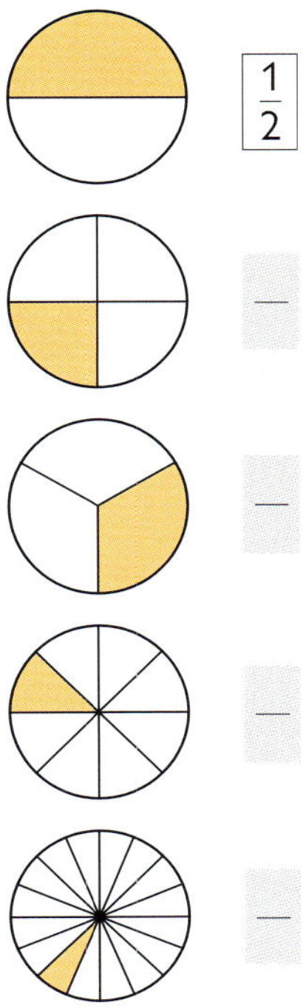

b

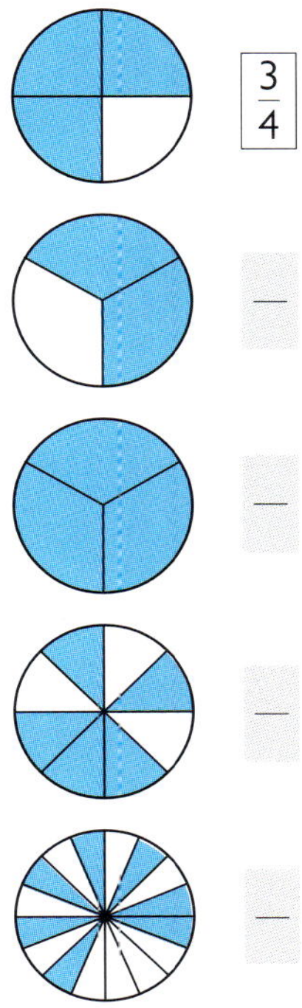

c

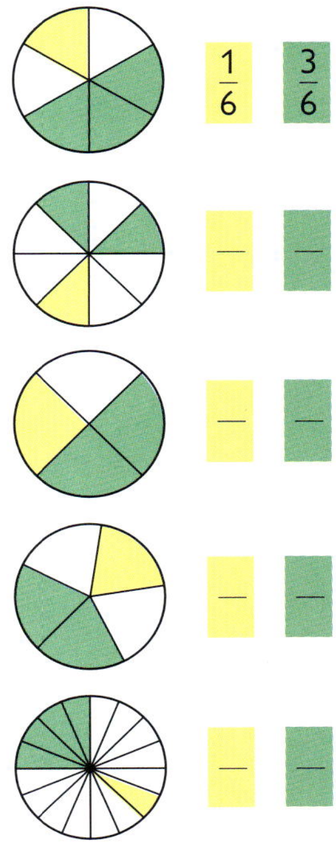

2 a

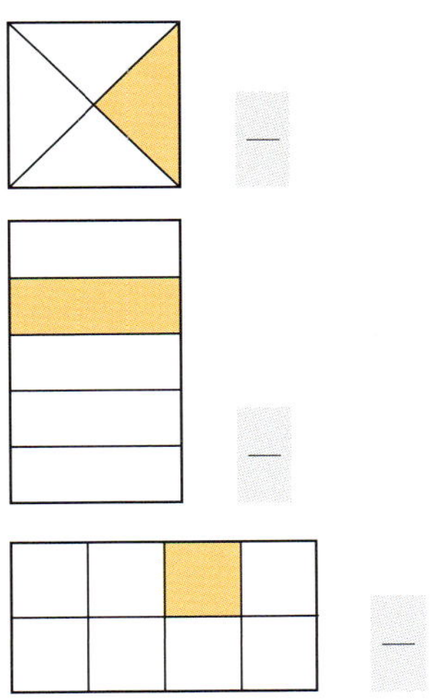

b

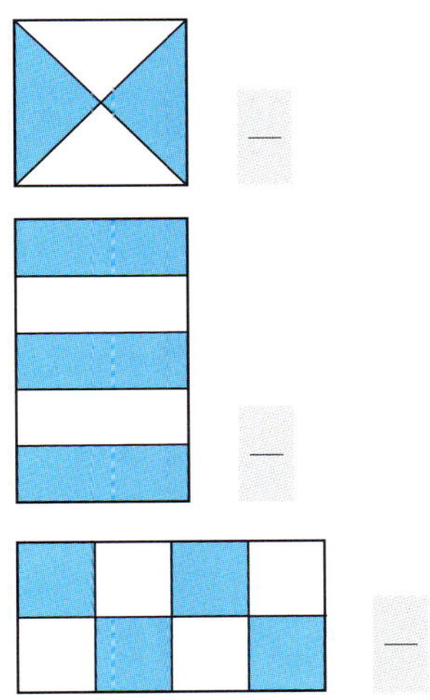

c

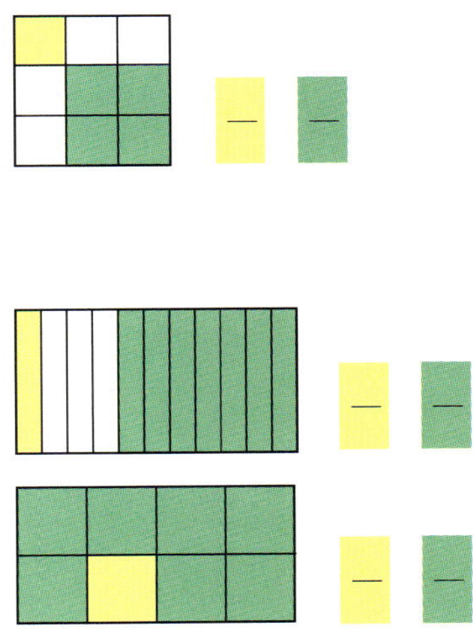

3 a

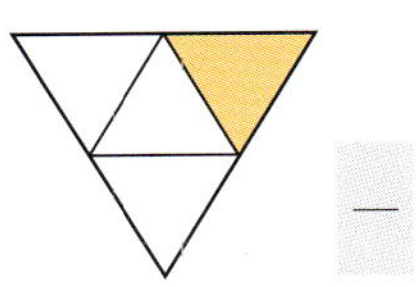

b

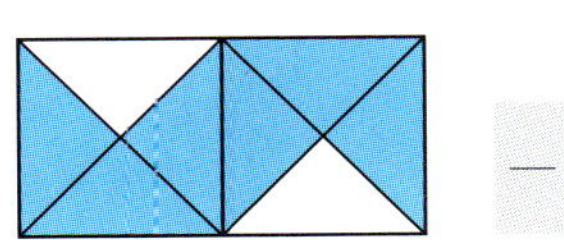

c

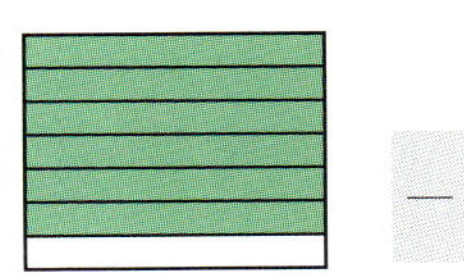

d

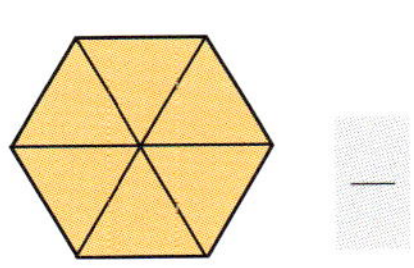

e

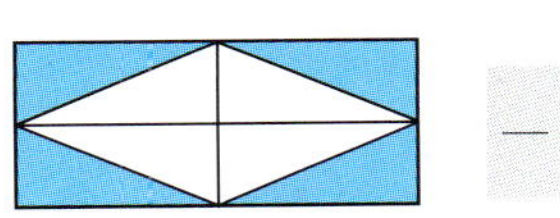

f

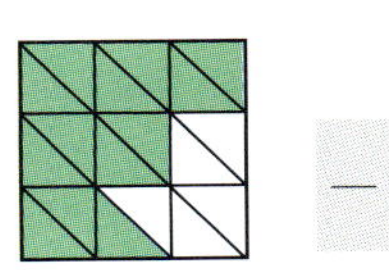

1 Welcher Bruchteil der Strecke ist rot gefärbt?
Schreibe die Brüche auf!

a 

b 

c 

d 

e 

f 

2 Welcher Bruchteil des Körpers besteht aus blauen Würfeln?
Schreibe die Brüche auf!

a 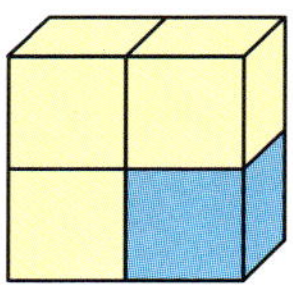

b 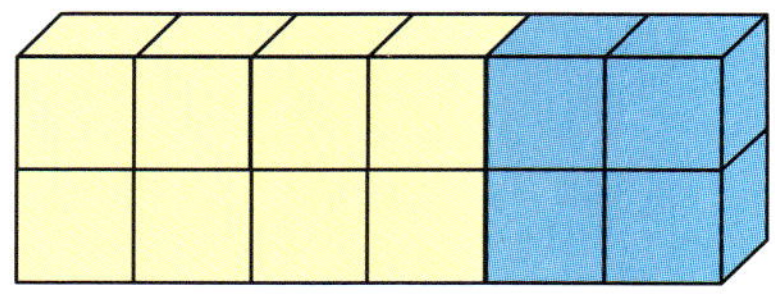

c 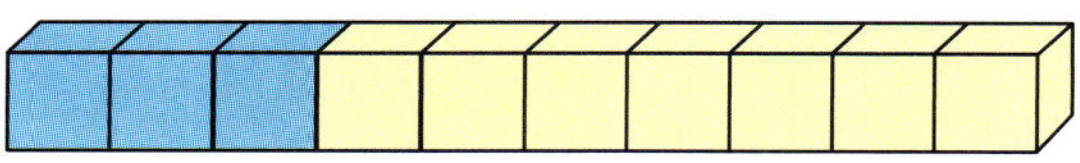

d 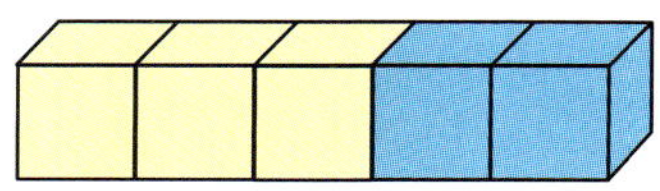

3 a Fülle eine Schachtel mit verschiedenfarbigen Plättchen oder Spielfiguren!
Lass deine Partnerin/deinen Partner die Anzahl (das Ganze) bestimmen!

b Stellt nun gemeinsam fest, wie viele Dinge von jeder Farbe in der Schachtel sind!
Schreibe dazu Brüche auf!

Beispiel:  $\frac{4}{16}$

4 a Zeichne ein Ganzes auf Kästchenpapier!
Teile es in 3 gleiche Teile!

b Färbe zwei Drittel!
Vergleicht eure Ergebnisse!

Beispiel: Ein Ganzes wird in 6 gleiche Teile geteilt.

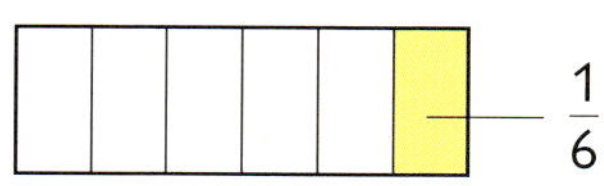

5 a Zeichne auf weißes Papier ein Rechteck mit den Seitenlängen $a = 6$ cm, $b = 5$ cm! S. 64

b Falte das Rechteck in 4 gleiche Teile!

6 Susi ist beim Abtrocknen ein Teller heruntergefallen.
Er ist in 8 Teile zersprungen.
Susi hebt einen Teil auf und sagt:
„Ich habe ein Achtel des Tellers in der Hand."
Was meinst du dazu?

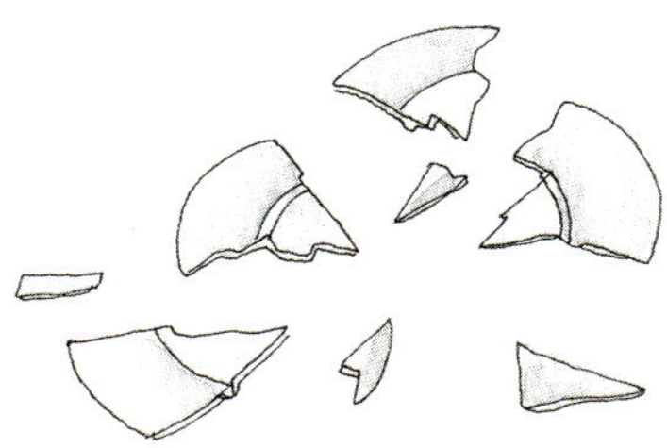

1

Wie kann man überprüfen,
ob die verschiedenen Sorten
zu gleichen Anteilen in der Tüte sind?

2 In der Packung soll von jeder Sorte Pralinen jeweils ein Drittel sein. Prüfe, ob das stimmt!

Claudia und Sven kommen aus der Schule.
Auf dem Tisch steht ein Teller mit 3 Stück Kuchen.
Die Kinder wollen genau teilen.
Geht das?

Jedes Kind bekommt $\frac{3}{2}$ Stücke.

drei halbe Stücke

Jedes Kind bekommt $1\frac{1}{2}$ Stücke.

eineinhalb Stücke

3 Vier Kinder wollen sich 6 Stück Kuchen teilen.
Jedes Kind soll gleich viele Stücke bekommen.
Zeichne ein Bild! Schreibe die Brüche wie im Beispiel auf!

4 **a** Zeichne zwei Kreise (r = 6 cm) und schneide sie aus!
Falte beide Kreise wie im Bild!
Zerschneide sie entlang der Faltlinien!
Du erhältst 16 Achtel.

b Lege nun 9 Achtel, 10 Achtel, 11 Achtel, 14 Achtel!
Schreibe die Brüche so auf: $\frac{9}{8} = 1\frac{1}{8}$

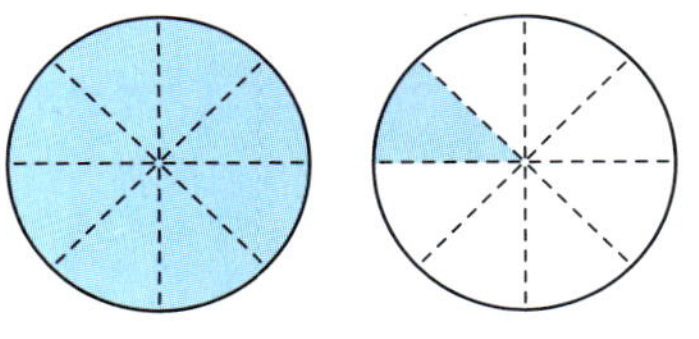

$\frac{9}{8}$ sind gefärbt. $\frac{9}{8} = 1\frac{1}{8}$

5 **a** Zerschneide zwei Kreise in Viertel!
Wie viele Viertel erhältst du?

b Lege nun 5 Viertel, 6 Viertel, 7 Viertel und schreibe die Brüche wie in Aufgabe 4 auf!

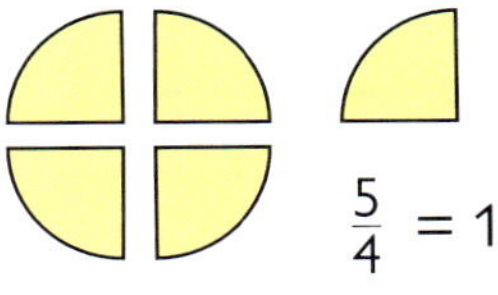

$\frac{5}{4} = 1\frac{1}{4}$

1 **a** Zeichne Strecken mit den folgenden Längen! S. 54
$\overline{AB} = 3$ cm, $\overline{CD} = 7$ cm, $\overline{EF} = 6$ cm, $\overline{GH} = 10$ cm

b Teile die Strecke $\overline{AB}$ in 3 gleiche Teile!
Färbe $\frac{1}{3}$ der Strecke $\overline{AB}$!
Teile die Strecke $\overline{CD}$ in 7 gleiche Teile!
Färbe $\frac{2}{7}$ der Strecke $\overline{CD}$!

Beispiel:

$\frac{3}{5}$ der Strecke $\overline{BC}$ sind rot gefärbt.

★ **c** Färbe nun $\frac{4}{6}$ der Strecke $\overline{EF}$!
Färbe $\frac{1}{5}$ der Strecke $\overline{GH}$!

2 **a** Zeichne untereinander zwei Strecken von jeweils 10 cm Länge!
b Halbiere die obere Strecke und färbe die eine Hälfte grün!
c Teile die untere Strecke in 4 gleiche Teile!
Färbe 2 Viertel der Strecke grün!
d Vergleiche beide Bilder! Was stellst du fest?

3 **a** Zeichne untereinander zwei Strecken von jeweils 12 cm Länge!
b Teile die obere Strecke in 3 gleiche Teile!
Färbe jedes Teil mit einer anderen Farbe!
c Teile die untere Strecke in 6 gleiche Teile!
Färbe immer 2 Sechstel mit verschiedenen Farben!
d Vergleiche beide Bilder! Was stellst du fest?

4 **a** Peter hat einen Schulweg von einem halben Kilometer.
Wie viel Meter sind das? Fertige eine Skizze an!

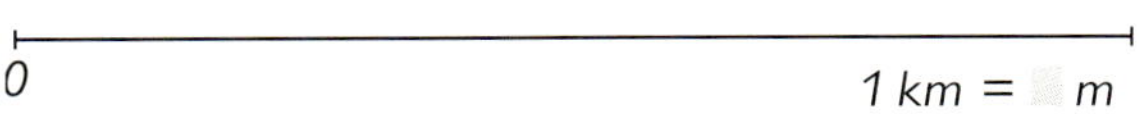

b Stefanie muss einen viertel Kilometer bis zur Schule laufen.
Wie viel Meter sind das?

5 Pauls Arbeitsstelle ist 9 Kilometer von zu Hause entfernt.
Nach zwei Dritteln der Strecke ist ein Markt. Dort kauft Paul oft ein.

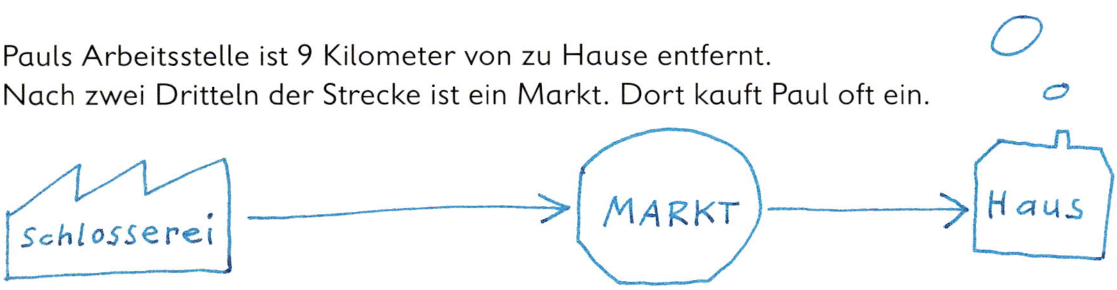

a Wie viel Kilometer sind es von der Arbeitsstelle bis zum Markt?
b Wie viel Kilometer sind es vom Markt bis nach Hause?

6 Eine Runde im Stadion ist 400 m lang. Laura läuft jeden Abend $2\frac{1}{2}$ Runden.
Wie viel Meter sind das?

1 Die Klasse 6 b hat sich für den Wandertag eine Strecke von 12 km Länge ausgesucht. Nach einem Viertel der Strecke soll immer Rast gemacht werden.
Nach wie viel Kilometern ist das jeweils?
Fertige zuerst eine Skizze an!

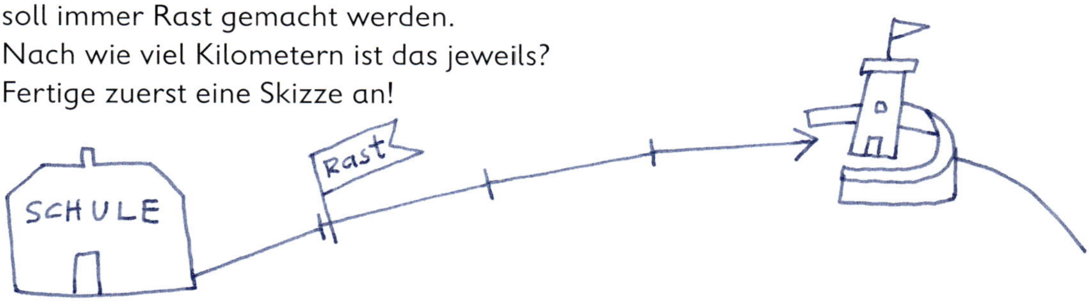

2 Mandy, Anke und Peggy nehmen sich für die Ferien eine Radtour vor.
Die gesamte Strecke wird 24 Kilometer lang sein.

a Nach einem Viertel der Strecke wollen die Mädchen die erste Pause einlegen.
Bis zum Mittag soll die Hälfte der Strecke erreicht sein.
Fertige eine Skizze an!
Trage Brüche und Kilometerangaben ein!

b Wie viel Kilometer bleiben für die Rückfahrt?

3 Felix ist mit Sandra verabredet.
Er wartet: $\frac{1}{4}$ Stunde, $\frac{1}{2}$ Stunde, $\frac{3}{4}$ Stunde.
Wie viel Minuten vergehen?

4 Von Montag bis Freitag ist Frau Winter ein Drittel des Tages im Büro und ein Drittel des Tages schläft sie.
Wie viel Stunden bleiben für andere Tätigkeiten übrig?

5 Notwendige Ausgaben

a Die Gebühren für Rundfunk und TV sind vierteljährlich zu bezahlen.
Wie oft wird in einem Jahr kassiert?

b Familie Stein bezahlt die Versicherungen halbjährlich.
Wie oft wird in einem Jahr kassiert?

c Ein Zwölftel der Unfallversicherung beträgt 6 Euro.
Das ist ein Monatsbeitrag.
Wie hoch ist der Jahresbeitrag?

1 a Wie viele Wägestücke ergeben jeweils 1 Kilogramm?
Probiere es aus!

b Wie viel Kilogramm sind 500g, 250g, 125g?

Ergänze die Brüche und schreibe so: 500g = – kg, 250g = – kg, 125g = – kg

2 a Für einen Kuchen braucht Sonja die Hälfte des Mehls und den zehnten Teil des Zuckers. Wie viel Gramm Mehl und wie viel Gramm Zucker sind das?

b Von 250 g Butter nimmt Sonja zwei Fünftel. Wie viel Gramm Butter sind das?

3 Im Krug ist ein drei viertel Liter Saft.
Wie viel Milliliter Saft sind das?

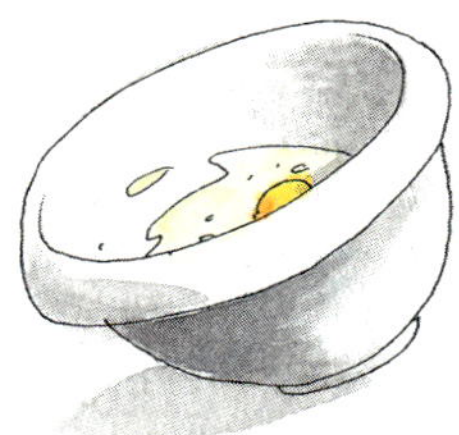

4 Pauls Mutter bäckt für die Geburtstagsfeier eine große Pizza.
Dafür braucht sie $\frac{1}{4}$ l Wasser und $\frac{1}{8}$ l Öl.
Wie viel Milliliter Wasser und wie viel Milliliter Öl misst sie ab?

5 Familie Scholz hat ein monatliches Einkommen von 2 200 Euro.
Ein Viertel davon muss für die Miete gezahlt werden.
Wie hoch ist die monatliche Miete?

6 Die Großeltern haben für ihre drei Enkel 450 Euro gespart.
Jedes Kind soll ein Drittel des Geldes bekommen.
Stelle eine Frage und löse die Aufgabe!

7 Mehr oder weniger?

$\frac{1}{2}$ Liter oder $\frac{3}{4}$ Liter

$\frac{2}{4}$ Liter oder $\frac{1}{2}$ Liter

$\frac{3}{4}$ kg oder $\frac{1}{2}$ kg

8 Kürzer oder länger?

$\frac{1}{4}$ Stunde oder $\frac{3}{4}$ Stunden

$\frac{1}{2}$ Meter oder $\frac{2}{2}$ Meter

$\frac{3}{2}$ Stunden oder $1\frac{1}{2}$ Stunde